国家自然科学基金项目（30571490）资助

风景林调查规划与合理经营的理论和实践

李明阳　菅利荣/著

中 国 林 业 出 版 社

图书在版编目(CIP)数据

风景林调查规划与合理经营的理论和实践/李明阳，菅利荣著. —北京：中国林业出版社，2008.12

ISBN 978-7-5038-5415-6

Ⅰ. 风…　Ⅱ. ①李…②菅…　Ⅲ. ①风景林－森林调查　②风景林－森林经营　Ⅳ. S727.5

中国版本图书馆 CIP 数据核字(2009)第 009070 号

出版　中国林业出版社(100009　北京西城区德内大街刘海胡同 7 号)
网址　http：//www. cfph. com. cn　电话：(010)83224477-2028
E-mail：cfphz@ public. bta. net. cn
发行　新华书店北京发行所
印刷　北京地质印刷厂
版次　2008 年 12 月第 1 版
印次　2008 年 12 月第 1 次
开本　787mm × 1092mm　1/16
印数　1 ~ 800 册
印张　11.25
字数　280 千字
定价　30.00 元

作者简介

李明阳　南京林业大学森林资源与环境学院副教授，生态学博士，硕士生导师，2000年被司法部授予律师资格，2002～2004年担任国家环保总局南京环境科学研究所客座研究员。2005年获国家留学基金委员会全额资助，2007年7月至2008年7月，以公派访问学者的身份在美国科罗拉多州立大学自然资源与生态实验室学习。

1967年生，1989年毕业于中南林学院林学专业，同年考取该校森林经理专业林业系统工程方向硕士研究生。1992年毕业，分配至南京林业大学森林资源与环境学院规划教研组工作。2000年获得南京林业大学生态学景观生态研究方向博士学位。

1992年以来，先后主持、参加国家自然科学基金课题"风景林调查规划与合理经营"、"风景林多情境规划方法研究"、林业部科学技术司课题"南方高效林业经营管理技术"、江苏省农林厅课题"江苏省生态公益林建设与功能恢复技术"、国家十五攻关课题"履行《生物多样性公约》基础研究"、江苏省教育厅重点课题"当代城市生态理论及应用研究"、北京林业大学省部共建"森林培育与保护"教育部重点实验室开放基金课题"基于GIS和Web数据库的南京紫金山风景林外来入侵生物适生性研究"、国家林业局948项目"重要外来森林病虫害记载成图与预测技术引进"等国家、省部级课题10多项，在基于Geomatics的风景林多情境规划方法、外来入侵物种经济损失评估的理论与方法、生物多样性潜在生境空间建模方法、基于GIS的空间平衡抽样方法、森林生态系统可持续经营的管理模式和技术体系及政策法规等方面进行了较为系统的研究，近10年来，先后在《Biological Invasions》《Electronic Journal of Biology》《生态学报》《北京林业大学学报》《人文地理》《生态经济》《中国园林》《长江流域资源与环境》《南京林业大学学报》《林业资源管理》等学术刊物上发表学术论文30多篇，其中3篇被SCI、EI检索，2篇被CSSCI检索。

1997年研究成果获林业部科技进步三等奖，1998年获得中国林学会林业经济分会优秀论文二等奖，2004年获国家环保总局科技进步三等奖，2006年、2008年分别获得第七届、第八届中国林业青年学术年会优秀报告奖、优秀论文奖。参编国家十五规划教材《景观生态学》、十一五规划教材《森林资源经营管理学》，参编国家十五攻关科研专著《生物多样性公约热点研究：外来物种入侵、生物安全、遗传资源》，主编南京林业大学精品教材《森林规划设计》。

菅利荣　南京航空航天大学经济与管理学院教授，博士生导师，兼任中国(双法)灰色系统专业委员会理事和《灰色系统学刊》编委。

1968年生，1995年毕业于南京林业大学硕士研究生。1995～2005年在金陵科技学院计算机系从事教学与科研工作。2004年，获得东南大学管理科学与工程专业管理学博士学位；同年进入南京航空航天大学管理科学与工程博士后流动站从事博士后研究。2007年，博士后出站进入南京航空航天大学经济与管理学院从事教学科研工作。

目前，主要从事粗糙集、灰色系统等不确定性软计算技术理论方法、应用及电子商务的研究。主持、参加完成国家、省部级课题10多项。在国内外学术刊物上发表论文40多篇，其中多篇论文被EI收录。出版教材4部(其中，2部主编，2部参编)，专著1部。

前 言

风景林是森林公园、风景区的基础。风景林或与名胜古迹融为一体，或通过陪衬、背景作用使风景增辉，或和独特的地貌特征相结合直接构成景观资源。风景林在森林公园、风景名胜区中具有不可替代的作用。自1982年我国建立第一处国家森林公园——张家界国家森林公园以来，我国森林公园和森林旅游事业得到了迅猛发展。至2003年，全国已经建立森林公园1658处，总经营面积1 390万 hm^2，共接待游客1.15亿人次，以门票为主的直接收入达46.89亿元人民币。截至2005年12月，中国经政府审定命名的风景名胜区已有677个，其中国家重点风景名胜区187个、省级风景名胜区452个、市县级风景名胜区48个，风景区总面积占国土面积的1%以上。在这些风景名胜区中，以森林为背景的名山风景区约占1/3。由联合国教科文组织列入《世界遗产名录》的16处中国国家重点风景名胜区，均为名山风景区，其中包括泰山、黄山、峨眉山—乐山、武夷山、庐山、武陵源、九寨沟、青城山—都江堰等闻名世界的风景名胜。随着旅游业的发展，风景林调查规划与合理经营成为林业工作者研究的一个重要内容。从1992年开始，作者先后主持和参加国家自然科学基金“风景林调查规划与合理经营”(1997年获林业部科技进步三等奖)、“风景林多情境规划方法研究”、江苏省农林厅课题“生态公益林建设与功能恢复技术”、江苏省教育厅重点课题“当代城市生态理论及应用研究”。作者在长达16年的科研过程中，对风景林调查规划与合理经营的理论与方法进行了较为深入的研究，并实地考察了数十家国内外国家公园、森林公园、风景名胜区。

在计划经济年代传统的森林经理学中，森林规划设计的重点是用材林。用材林调查的因子、调查的方法、规划设计的深度和广度、森林经营技术体系都有一套成熟的理论和方法。相对于用材林、经济林、防护林而言，风景林经营规划的研究成果较少。南京林业大学陆兆苏、赵德海、李春干、李明阳等人于1993~1995年在从事国家自然科学基金课题“风景林调查规划与合理经营”研究过程中，对风景林规划的森林美学原理、风景林景观类型划分、风景林抚育整形伐的技术做过较为深入研究，限于当时景观生态学理论发展水平及计算机软件、硬件等技术条件的限制，对基于3S技术的风景林调查技术、基于Geomatics的风景林规划方法、基于森林旅游活动的风景林经营技术方法未作详细的探讨。

在森林资源调查技术上，1977年以后，我国很多县市都建立了比较完善的森林资源调查体系。1996年后，国家林业局对一类清查和二类调查的技术规程进行了修订，增加了生态状况监测内容。随着调查内容的增加、调查精度要求的提高和森林公园、风景名胜区社会经济条件的变化，风景林调查成本急剧增加。与此同时，风景林调查过程中抽样框变化、无反应样本单元的现象日益突出。设计一种具有严格统计学基础的、高效低成本的、适应性强的风景林资源抽样调查方法，已经成为摆在林业勘察设计工作者面前的一项紧迫任务。基于GIS平台的空间平衡抽样方法，为解决这一矛盾提供了新的契机。

在规划方法上，由于森林公园、风景区规划范围空间幅度大而变化缓慢、复杂的空间异质性、缺乏重复性和参照系统、研究资金和取样技术方面的问题，传统的风景林规划，是一种单情境规划。建立在可视化GIS、计算机模型技术基础之上的多情境规划途径，可以在计算机上进行模拟规划，还可以对各种规划方案进行比较，大大降低了景观规划多方案选优、汇总和制图的工作量，从而将规划由传统的"野外"搬进了实验室，并将规划变成可测试和可验证的过程，为风景林规划这种复杂多因素交互作用控制下的不确定性问题决策提供了新型问题识别和辅助决策方法。2005 年，作者申请项目"风景林多情境规划方法研究"获得国家自然科学基金资助，课题组在风景林变化驱动因素分析、风景林经营区划方法、基于 Geomatics 风景林多情境规划方法、风景林美景度与旅游活动适宜度关系量化模型研究、风景区环境容量测算和视域分析、基于可视化技术的风景林美学功能动态评价方法方面进行了系列研究。

我国现有的风景林经营技术体系研究，侧重于国外风景林经营理论与方法介绍、风景区景点和旅游线路两侧的绿化美化技术上。我国大多数森林公园、相当一部分风景名胜区起源于国有林场，用材林比重大，风景林美景度低，对于景观尺度上的风景林林相改造，在经营实践中缺乏具体、可操作的经营措施。另一方面，风景林的经营目标是提高森林美景度，而森林公园、风景名胜区的经营目标是通过开展各种森林旅游活动、吸引更多的游客从而提高经济效益。作者的研究表明，风景林美景度与各种森林旅游活动适宜度、各种森林旅游活动适宜度之间的相关关系并不完全一致，针对不同的森林旅游活动，如何制定不同的经营技术体系，国内的研究尚很薄弱。作者在总结国内外学者研究成果的基础上，针对各种生产实践需要，对风景林经营技术做了全面总结分析。

2007 年 7 月至 2008 年 7 月，作者以公派访问学者的身份，在美国科罗拉多州立大学自然资源与生态实验室学习期间，参观了美国科罗拉多州落基山国家公园、美国南达科他州卡斯特州立公园、美国怀俄明州北 Platte 河沿岸森林荒野，重点研究了基于 GIS 的空间平衡抽样方法、美国游憩林经营技术体系。

在上述研究的基础上，作为国家自然科学基金"风景林多情境规划方法研究"的主要成果，在吸收作者参加的国家自然科学基金"风景林调查规划与合理经营"部分成果的基础上，从 2006 年 10 月起，开始写作此书。全书共分为 7 章，主要包括风景林与风景资源、森林风景资源调查、风景林美学评价、森林公园总体规划、风景林规划、风景林经营、中外风景林经营规划实践分析等内容。

在"风景林与风景资源"一章，主要介绍了风景、风景林与风景资源的基本概念，我国风景林的特点、风景林与森林公园及风景名胜区的关系，我国风景林资源开发利用的主要成就和面临的主要问题。在"森林风景资源调查"一章，首先介绍了森林风景资源调查的目的和任务、已开发风景区和未开发风景区森林风景资源调查的内容，在此基础上，介绍了基于 GIS 的森林风景资源抽样调查方法，并进行了案例研究，最后介绍了利用遥感数据通过生物参数反演估计缺失风景小班蓄积量的方法、基于 3S 技术的风景林生物量定量估测方法。在"风景林美学评价"一章，在介绍德国古典森林美学理论基本原则基础上，总结了森林风景美学评价的研究现状和风景资源美学评价的发展趋势，回顾了中山陵风景区森林美学评价的历史沿革，最后介绍了 2 项课题组风景林美学评价相关科研成果：基于 Geomatics 可视化功能的风景林美学评价方法研究，风景林美学评价与森林旅游活动适宜度量化模型研究。由于风景林规划属于森林公园总体规划的一个有机组成部分，在介绍风景林规划之前，作者简单介绍了森林公园规划的作用、深度和广度、原则和方法，在森林公园规划案例分析和美国国家公园规划经验介绍的基础上，总结了我国森林公园规划过程中存在的问题。在风景林规划一章，作者结合《国家森林公园总体设计规范》、《风景名胜区规范》，分析了风景林规划的地位、作用和要点，接着以紫金山国家森林公园为例，探讨了影响风景林规划目标的主要驱动因素，接着以3S为主要技术平台，采用多情境规划方法，围绕经营区划、环境容量测算、基础设施规划、多方案比较等风景林规划的主要内容，进行了理论和方法探讨。在“风景林经营”一章，首先从技术体系的角度，总结了风景林经营的主要环节，接着以紫金山国家森林公园、千岛湖国家森林公园为例，针对不同森林旅游活动、人工风景林经营模式、风景林空间布局、特色风景点设计、风景林林相改造等各种生产实践需要，全面总结了风景林经营措施，最后结合作者在美国国家公园的考察经历，介绍了美国游憩林经营措施。在“中外风景林规划实践分析”一章，作者首先介绍了千岛湖、庐山、武夷山、泰山等风景名胜区风景林培育保护规划，然后分别介绍了美国、德国等西方发达国家风景林经营规划和越南、肯尼亚等发展中国家风景林经营规划实例，最后总结了我国风景林经营规划的未来发展趋势。

与已经出版的同类书相比，本书具有以下特点：

①将当代地统计学的最新成果融进相关章节当中 如在风景林美学评价过程中引入森林美景度多元线性回归模型、在风景林调查中引入基于GIS的空间平衡抽样方法、在风景林规划中引入多情境规划方法、在基础设施规划过程引入虚拟GIS技术。

②理论研究和实证分析相结合 在风景林调查、风景林美学评价、风景林多情境规划、风景林经营区划理论和方法研究的基础上，以紫金山国家森林公园为研究对象，进行了实证分析。

③中外对比分析 在国家森林公园总体规划技术、风景林美学评价、风景林经营规划案例分析，借鉴了德国森林美学、美国国家公园规划的理论和方法。

④自然科学与人文科学的有机结合 在风景林多情境规划、风景林经营区划、基于虚拟GIS的风景林美学评价、森林旅游活动适宜度评级、环境容量测算等章节，借鉴了遥感（RS）、全球定位系统（GPS）、地理信息系统（GIS）、多元统计分析等自然科学技术成果，在森林美学理论、森林文化方面，则吸取了人文科学的成果。

本书得以出版，感谢国家自然科学基金提供资助。在写作过程中，得到了南京林业大学陆兆苏教授、江苏省林业勘察设计院吕忠义教授级高工、中山陵园管理局万志洲处长、广西壮族自治区林业勘察设计院李春干总工、南京大学环境学院王保忠副教授的大力支持。在野外调查、资料整理、数据分析过程中，得到南京林业森林资源与环境学院教师李明诗博士、崔志华博士、申世广博士以及硕士研究生刘礼、吴翼、席庆的大力帮助。本书的大部分内容是作者过去16年科研成果的结晶，其中不少章节已经以学术论文的形式公开发表。为力求形成完整的内容体系，本书在写作过程中还参考和引用了国内外不同学者在这一领域的文献和成果，在此，谨表衷心的感谢；由于时间仓促，挂一漏万之处，恳请相关专家、学者见谅。由于风景林经营规划是个新兴的领域，涉及的学科较多，实践中遇到的问题十分复杂，由于时间、资金、设备的限制，更由于作者才疏学浅，本书难免存在不当之处，恳请读者批评指正。

作者

2008 年 9 月

目　录

第 1 章

风景林与风景资源

1.1 风景、风景林与风景资源

1.1.1 风景

汉语中的“风景”等同于英语中的“scenery”，都是视觉美学意义上的概念。我国从东晋开始，山水画（风景画）就已从人物画的背景中脱胎而出，独立成门，风景（山水）很快就成为艺术家们的研究对象，丰富的山水美学理论堪称举世无伦，因此也才有中国山水园林的臻美。风景的这种含义，一直为文学艺术家们沿用至今。

所谓风景，是以自然风光为主，经人工开发而成为人们游憩环境的四维空间（长、宽、高、时间）。古迹就说明了时间的价值，同样的游憩环境，往往由于某些古迹的存在而身价百倍。

风景资源也称景源、景观资源、风景名胜资源、风景旅游资源，是指能引起审美与欣赏活动，可以作为风景游览对象和风景开发利用的事物与因素的总称，是构成风景环境的基本要素，是风景区产生环境效益、社会效益、经济效益的物质基础。

1.1.2 风景林

所谓风景林，就是指以发挥森林的游乐效益为主要经营目标的森林，在林种划分中，属于公益林中的特种用途林。风景林资源是指风景林区内具有旅游观赏价值的各种天然景观、人工设施和其他自然资源的总称。

风景林是以发挥森林的卫生保健、旅游观光为主要目标的特种用途的生态公益林，它具有美学措施完善、舒适、优美的自然景观，同时也具有观赏和游憩价值的天然林或人工林。风景林是具有风景美学价值的林分，但单单只有美学价值还是不够的，因为风景林是一类特殊的林种，不是所有的林分都能成为风景林分。目前，对风景林看法不同的主要原因是由于其功能分类有所偏差。有些研究认为，风景林同时具有观赏和游憩功能，但有些研究认为风景林与游憩林不能笼统地合在一起，而将风景林定义为“具有较高美学价值，并以满足人们审美需求为目标的森林的总称”。总而言之，“具有较高美学价值”和“以满足人们审美需求为目标”是构成风景林的两个基本要素。

1.1.3 风景资源

“资源”一词是经济学的概念，指大自然和社会所提供给人类生活、生产的一切物质的和非物质的原生资料，包括自然资源、文化济源、环境资源、人力资源等。作为“资源”，必须受到时代、社会与技术条件的制约。譬如，水在古代本是无所不有的自然物，但到现代的文明社会，水在某些情况下便成为“水资源”。早期的煤，能够为人类提供生活和生产所需要的能源，因而是一种极其重要的自然资源。石油发现以后逐渐取代了煤。而当石油危机的年代，煤又重新获得主要能源的地位。因此，人类文明愈进步，技术愈发达，资源的范畴相应地愈广泛。

“风景资源”，属于风景学的概念，泛指能作为“景观”而供人们鉴赏的自然物、自然现象和人文诸要素。它不属于经济学意义上的资源，但却同样受到时代、社会与技术条件的制约。人类文明日益进步，旅游和风景建设事业日益发展，相应地风景资源的范畴随之而拓宽，内涵也随之而丰富。

一般说来，风景资源包括两大类的内容：自然资源和人文资源。前者为天生地就的自然物和自然现象，如山体、水体、生物、天象等，经过开发之后，可以成为自然景观；后者属人工创造，是足以成为人文景观的一切物质文化和人类活动。1987 年，建设部颁布的《风景名胜区管理暂行条例实施办法》，对“风景资源”所作的界定，即已包含自然资源和人文资源的内容：

“具有观赏、文化或科学价值的山河、湖海、地貌、森林、动植物、化石、特殊地质、天文气象等自然景物和文物古迹、革命纪念地、历史遗迹、园林、建筑、工程设施等人文景物和它们所处环境以及风土人情。”

1.2 我国风景林的特点

1.2.1 风景林与自然山水、名胜古迹融为一体

“自古名山骚士多”“文因景成、景随文传”，我国风景林多与自然山水、名胜古迹融为一体。安徽琅琊山因欧阳修的“醉翁亭记”而闻名，山上的森林因而能世世代代保存下来。我国很多著名的寺庙都在山上，寺庙周围都有风景林。安徽九华山是我国佛教四大名山之一，“九华一千寺，撒在云雾中”。在我国历史上，战火连绵、兵荒马乱之际，森林遭受严重破坏，但是名胜古迹、寺庙周围的森林一直保存下来。

1.2.2 风景林与天然疗养区结合在一起

作为一种特种用途林，风景林同样具有净化空气、调节气候、涵养水源、保持水土、减轻自然灾害和人为污染、提供生物栖息地多种生态功能。风景林资源丰富的名山大川，往往成为天然疗养区，建有多种休憩疗养设施，历史上成为帝王将相、达官贵人的避暑胜地。我国著名的一些避暑胜地，如江西庐山、河南鸡公山都有大片风景林，景区内及周边地区都设有林场，经营历史都有几十年之久。

1.2.3 已开发的风景林大多为集中在大中城市附近的人工林

历史上的中国人，没有到森林中去野营和野餐的习惯。但是，随着东西方文化交流和人民生活的提高，到森林中旅游的人越来越多。随着回归自然的森林旅游热的兴起，在大中城

市附近几十年来营造起来的人工林慢慢就具有了风景旅游价值。江苏省 34 个森林公园中的风景林，绝大部分位于大中城市附近，如南京牛首山、苏州上方山、连云港锦屏山、常熟虞山等。

1.2.4　具有较高旅游价值的风景林多为天然常绿阔叶混交林

旅游价值较高的风景林，多为历史上地理位置偏僻、受人类干扰活动较少的天然林，特别是天然常绿阔叶混交林。如湖南西部的张家界，位于四川、甘肃两省交界的九寨沟，安徽南部的天柱山，历史上长期处于交通条件不便、工业落后状况，有些是革命老区，使得当地生态顶极群落——常绿阔叶林，得以较好地保存下来，结合当地独特的山水和地貌特征、人文景观，从而具有较高的旅游价值。

1.3　风景林与森林公园

森林公园是以良好的森林生态环境为基础，以森林景观为主体，融合其他自然景观和人文景观，利用森林的多种功能，以开展森林旅游为宗旨的综合性服务场所。

1.3.1　我国森林旅游的发展简史

我国是开展森林旅游最早的国家，比较有影响且有历史记载或专著的就有：孔子周游列国而作的《春秋》；屈原流放沉江而有《楚辞·山鬼》《招隐士》和《天问》；张骞“出陇西，径匈奴”而有《张骞传》；司马迁“二十而南游江、淮，……”足迹遍及大半中国成书的《史记》；陶渊明走出官场重返自然，方有《桃花源记》的问世；唐玄奘西行取经十七年“撰《西域记》十二卷”；李白一生“好入名山游”而“斗酒诗百篇”；柳宗元贬永州十年作《永州八记》；陆游漫游楚蜀而著《入蜀记》；徐宏祖“驰骛数万里，纵横三十年”，成书《徐霞客游记》，等等。这些历史名人，在当时的历史条件下，或为阐述主张、政见而四处游说；或直言谏上遭贬逐流放而抒发性情感叹；或为修史广集轶闻趣事而畅游；或为张扬国威震慑胡虏而奉命；或不满现实丑恶而避世解脱……凡此种种，尽管出发点不同，但都反映了一个共同的特点：他们是中国森林旅游的先行者，并留下了宝贵的文化遗产，这笔文化遗产就是中国森林文化的先声。

我国森林公园事业始于 1982 年张家界国家森林公园的建立，但直到 20 世纪 90 年代初，全国的森林公园数量仍然是屈指可数。1992 年，在林业部“凡在森林优美、生物资源丰富、自然景观和人文景观比较集中，具有观赏、文化、科研价值和一定规模，经保护管理，合理经营和适度开发后，可供人游览、观光、休憩、疗养或进行科研、教育的国营林场，都要首先建立森林公园”的号召和组织下，在全国形成了一次建立森林公园的高潮。截至 2005 年底，全国共建立各类森林公园 1 928 处，森林风景资源保护总面积达 1 513. 42 万 hm^2，其中国家级森林公园总数达 627 处，保护面积 1 105. 15 万 hm^2。森林公园占全国森林面积的 8. 65%，分布范围遍及除台湾、香港、澳门的 31 个省（自治区、直辖市）。森林公园在保护林业自然文化景观资源方面的作用日益突出，全国 32 处世界自然、文化遗产中，有 10 处涵盖了森林公园的景观资源；12 处世界地质公园中，有 8 处是森林公园。

1.3.2 我国森林公园的发展现状

随着城市化的发展和都市生态环境的恶化，到森林公园旅游日益受到公众欢迎。许多地方以森林旅游为龙头，旅游搭台，经贸唱戏，带动发展了交通、餐饮、旅馆等服务设施、旅游设施、娱乐设施的配套发展，从而刺激了当地经济、文化事业的发展，改善了投资环境，促进了地方社会经济的发展。据不完全统计，2005 年全国森林公园共接待游客 1.74 亿人次，占国内旅游总人数的 14.3%，其中，接待海外游客 541 万人次。2005 年，全国森林公园以门票为主的直接旅游收入达 83.98 亿元。截至 2005 年底，全国森林公园内直接从事管理和服务的职工达 103 372 人，其中导游 9 234 人。据不完全统计，2005 年全国森林公园为社会提供就业机会 40 余万个，带动社会综合旅游收入达 760 亿元。“十五”期间，森林公园累计为社会提供就业机会 160 余万个，带动社会综合旅游收入超 3 000 亿元，森林旅游已经成为我国林业第三产业的龙头。

1.3.3 我国森林公园的分类

森林公园的建设应以保护森林生态环境为前提，遵循开发与保护相结合的原则，突出自然野趣和保健等多种功能，因地制宜，发挥自身优势，形成独特风格和地方特色。为此。在森林公园经营规划时首先应确定森林公园的功能类型，确定了功能类型，也就是确定了森林公园的发展方向，明确了某一森林公园的性质。我国的森林公园可以划分为以下几种功能类型：

1.3.3.1 游览观光型

这一类森林公园自然景观、森林景观和人文景观均有特色。例如，江苏常熟虞山、连云港云台山和贵州锦屏等森林公园。经营规划要尽量恢复原有的景观景点，合理安排旅游线路，净化美化环境，配套相应的服务设施。

1.3.3.2 文体娱乐型

这一类森林公园景观比较平淡，但交通方便，客源丰富，并具备建设活动场地的条件。例如，无锡惠山规划了多功能山地游乐运动场，有高尔夫球练习场、跑马场、射击场、山地滑道、山地自行车道、野营、野炊、垂钓，还有茶文化馆、观赏植物园和野生动物园等。

1.3.3.3 保健康复型

这一类森林公园湖泊、河流、瀑布等水资源丰富，具有山美、水美、环境美的景观特征，适宜度假、避暑、疗养。例如，江苏溧阳沙河水库、宜兴横山水库、吴县东山和西山，适宜规划度假村、疗养院、干休所。

1.3.3.4 生态屏障型

这一类森林公园多数为环城或城郊森林公园，景区的风景林具有净化空气、改良气候、保持水土、减轻自然灾害和人为污染等多种功能，经营目标主要是为城市居民提供一个优美的生态环境。例如，江苏南京紫金山国家森林公园、徐州环城森林公园以及其他市县营建的环城或城郊森林公园。这一类森林公园在经营规划时，应该把山地的成片林与平原的点线带网、片林连接，把用材林、防护林、经济林、竹林联结起来，组成一个完整的森林生态系统。

1.3.3.5　自然教育型

这一类森林公园包含或连接自然保护区，要以受保护的动物、植物为核心，建成科研、教学、生产和科普宣传园地。例如，在江苏大丰麋鹿保护区周围建森林公园，就可以在人们观赏国宝“四不像”的同时，进行科普宣传和爱国主义教育。与此类似的还有以江苏射阳林场为基础建立的森林公园，因地处江苏沿海珍禽保护区（丹顶鹤等珍禽越冬栖息地）；还有江苏泗洪城头林场建森林公园（洪泽洪大鸨自然保护区范围），这样更有利于野生动物保护，也为森林旅游增添新奇色彩。

1.3.3.6　特殊风物型

这一类森林公园具有特殊的历史遗迹或风物景观。例如，江苏江阴要塞森林公园，自春秋战国以来就是“江防要塞”，在 1949 年人民解放军百万雄师过大江时，国民党炮台官兵在中共地下党的策动下，英勇起义而载入史册。又如，江苏新沂马陵山森林公园原为新四军重要据点，有陈毅等老一代革命家的革命遗迹。

1.3.3.7　综合型

这一类森林公园大部分处于近郊的风景旅游区，兼有上述两类以上功能。经营规划应突出主题，要有主有从，两类旅游设施若风格不同，不能靠得太近，以防排斥。安排得好，可建成大型的多功能、全方位、高效益的森林旅游胜地。

1.3.4　风景林在森林公园中的作用

风景林是森林公园、风景区的基础。风景林或与名胜古迹融为一体，或通过陪衬、背景作用使风景增辉，或和独特的地貌特征相结合直接构成景观资源。根据风景林在森林公园环境建设中的作用，可以归纳为以下四大美学功能：

1.3.4.1　构造功能

森林植物的构造功能主要体现在两个方面：一是充当野外游憩空间的围合物；二是可以构造景物。

1.3.4.2　协调功能

森林植物能协调环境中不和谐的因素，软化和减弱外貌粗陋和呆板的建筑物，还可以把不同风格的建筑物或杂乱的景物协调为一个整体。

1.3.4.3　衬托功能

森林公园中的一个景点是由一个或几个景观要素组成的空间，凡美学价值较高的景点，一般都有相应的森林背景作为衬托。这种森林背景相当于舞台后面的天幕，决定了画面的基调。

1.3.4.4　屏障功能

利用森林植物，可以营造垂直郁闭型的林带或片林，从而把不雅观的地段巧妙地掩蔽起来。通过营造垂直郁闭型森林，还可以减低噪音，保护宁静的森林环境，在听觉方面发挥屏障功能。

1.4 风景林与风景区

1.4.1 我国风景区建设概况

根据2006年9月19日颁布的《风景名胜区条例》，风景区是指具有观赏、文化或者科学价值，自然景观、人文景观比较集中，环境优美，可供人们游览或者进行科学、文化活动的区域。

截至2005年12月，中国经各级政府审定命名的风景名胜区已有677个，其中国家重点风景名胜区187个、省级风景名胜区452个、市县级风景名胜区48个，总面积占国土面积的1%以上。在这些风景名胜区中，由联合国教科文组织列入《世界遗产名录》的中国国家重点风景名胜区已达16处，其中包括泰山、黄山、峨眉山—乐山、武夷山、庐山、武陵源、九寨沟、黄龙、青城山—都江堰、三江并流 等闻名世界的风景名胜。

风景名胜区源于农耕文明时代的天下名山大川，相当于现代国际上的国家公园，其价值达到世界级的为世界自然或世界文化遗产，达到国家级的为国家自然或国家文化遗产。无论是农耕文明时代的天下名山，或是工业文明时代的国家公园和迈向生态文明时代的自然文化遗产，主要是满足人类在不同发展阶段对大自然精神文化和科教活动的需求，是人与自然精神往来的理想场所。

根据中华人民共和国国家标准《风景名胜区规划规范·术语》（GB50298－1999）一章的定义，国家级风景名胜区（原称“国家重点风景名胜区”）在保护地体系归类中相当于“海外的国家公园”。2007年4月3日起通用的国家级风景名胜区徽志图案也体现了这点，其圆形图案上半部英文“NATIONAL PARK OF CHINA”，直译为“中国国家公园”，即国务院公布的“国家级风景名胜区”；下半部为汉语“中国国家级风景名胜区”全称。

1.4.2 风景名胜区的价值

我国风景名胜区，一般都具有自然科学、自然美学和历史文化三重价值，只是有些新颁布的风景名胜区文化遗产较少，但自然科学、自然美学价值都十分突出。

1.4.2.1 自然科学价值

自然科学价值主要包括地质、地貌、水文、生物、生态等科学价值。地质地貌是地球发展演变过程中的遗迹，也是构成风景区景观空间的基础，又是气候、水体及生物多样性的载体。生物生态学价值，主要是指生物多样性及具有科学保存价值的濒危动植物栖息地。生物多样性的价值包括使用价值和潜在价值。使用价值，包括直接使用价值，即作为人类生活、生存和发展所必须的物质资源，如衣、食、住、行等；间接使用价值，即保全本底作为人类精神和科教活动所需的风景区，体现科教、游览、启智、创作体验等价值。风景区作为生物基因库和生态实验室而论，其潜在价值的意义也是十分巨大的。

1.4.2.2 自然美学价值

由于民族习惯、审美观念和文化素养的差异，世界各国、各民族，以至个人之间都存在各自的审美观，不同于自然科学有统一的标准，但也存在具有共识的审美标准。中国风景名胜区的自然美，一般包括形象美、线条美、色彩美、动态美、静态美、音响美、嗅觉美等要

素。形象美是风景美的主体和基础，可概括为雄、奇、险、秀、幽、奥、旷等。以宏观的形象美为基础，相应地展现出中观、微观及各种美学元素，如色彩、线条、动静、音响等有机结合，构成各有特色的风景美学价值。

1.4.2.3　历史文化价值

中国名山有数千年历史，我国187处国家风景名胜区大部分在唐宋时代即已成为名山，积累了深厚的历史文化遗产，包括有形文化和无形文化。有形文化主要是指物质文化，如古建筑、道路、桥梁、摩崖石刻等，无形文化是指史书记载的名山文献，文人创作的山水诗词、游记、绘画以及民俗风情等，极为丰富。风景名胜区历史文化价值的精华在于以自然为主，自然与文化融为一体。

1.4.3　风景名胜区的性质

北京大学世界遗产研究中心的谢凝高教授认为风景名胜区具有保护性、公益性、展示型、传世性4个性质。

1.4.3.1　保护性

“自古名山骚士多”，在我国许多风景名胜区，风景林与自然山水、名胜古迹融为一体。出于封建迷信和维护统治阶级利益的需求，在中国历史上，对于风景名胜区的文物古迹、山石树木，历朝历代的封建帝王均下旨保护，文人骚士也多加颂扬。与此同时，宗教信徒保护其仙山佛国，寻常百姓也视名山大川为神圣福地，由此形成一整套社会保护体系。在改朝换代的战乱年代，名胜古迹、寺庙周围的森林一直能够得以保存下来。

1.4.3.2　公益性

在欧美国家，“切实保护好国家公园的自然景观资源和人文景观资源”“向国民提供宣传、讲解、培训、科普知识等方面的服务”是国家公园的最高宗旨，这一宗旨凸显了风景名胜区的公益性。世界遗产保护要求签约国“竭尽全力”做好遗产“鉴定、保护、保存、展示，并传之后代”的工作。我国国家风景区属国家所有，世界各国的国家公园亦多为国有。在中国历史上和西方发达国家，从皇帝到老百姓，各有所求，人人皆可登临国家公园或风景名胜区进行游览，景区管理经费主要是靠政府财政拨款维持日常运转，公园免费或象征性地收取低廉的门票。

1.4.3.3　展示性

由于风景名胜区具有自然科学、自然美学、历史文化等多重价值，在景区内适宜开展各种丰富多彩、精神高尚文化和体育活动，如祭祀、宗教、游览、赋诗、作画读书等。现代国家公园和世界遗产亦是根据法律和功能分区规划，开展多种活动，尤其强调科研、教育活动。

1.4.3.4　传世性

在中国历史上，“天人合一”，“万万年与天地同久远”，是许多国人对名山大川的美好愿望。这与现代风景区、国家公园的性质大体相当，只是其内容与形式随时代的发展而发展了。在西方发达国家，国家公园自然资源具有2个最高规划目标：“为今后所增加的数以百万计的游客提供对国家公园系统的最高质量的使用和观赏”，同时又要“为了实现其最高目标而永久保存国家公园的自然、历史和娱乐资源”。这些资源的“最高目标”要求国家风景名胜区世代传承，永续利用。

1.4.4 风景林在风景区中的作用

根据风景资源的分类标准，风景林属于风景名胜区自然景观资源中的生物资源。作为风景资源的生物，主要指覆盖山体的树木花草，植物群落——植被，以及栖息其间的动物。风景林在风景名胜区的作用主要体现在以下几个方面：

1.4.4.1 直接构成一种景观资源

在我国许多名山大川，一些古树名木，以其苍劲奇特的姿态、特殊的生长位置或历史意义，往往作为单独观赏的对象，甚至以它为中心而形成一个个景点，如黄山的迎客松、黑虎松，泰山的五大夫松。

1.4.4.2 为名山风景区提供背景

据调查，在我国国家级风景名胜区中，以森林为背景的名山风景区约占1/3，其中的泰山、黄山、武当山经联合国教科文组织世界遗产委员会正式批准，分别列入“世界遗产名录”的自然和文化遗产项目。受制于温度和降水的水平空间分布规律，我国名山风景区在全国的分布情况，与全国植被的分布情况有着明显的对应关系。在这些风景区，风景林为风景区提供了衬托和背景。

1.4.4.3 辅助水景、天象等自然风景资源的形成

作为一种森林资源，风景林具有涵养水源、保持水土、调节气候的功能，因而成为水景、天象等自然风景资源的重要构成因素。如黄山的云海、峨眉山的“峨眉佛光”、苍山下的洱海、九寨沟的瀑布。峨眉山景区中山部分的洪椿坪，周围山林环抱，地僻境深。每当炎夏清晨，林中湿度饱和的空气经过凉夜骤然冷却，凝结而成水滴仿佛霏霏细雨。“山行本无雨，空翠湿人衣”，于是就形成了“洪椿晓雨”之景。

1.4.4.4 为寺庙、佛塔等人文景观提供自然屏障

在我国很多风景区，拥有大量的宗教建筑、摩崖石刻，宗教朝拜活动构成了旅游活动的核心。在这些风景名胜区，风景林为这些人文景观提供自然屏障。利用森林植物，可以营造垂直郁闭型的林带或片林，从而把人文景观中不雅观的地段巧妙地掩蔽起来。通过营造垂直郁闭型森林，还可以减低噪音，保护宁静的森林环境，在游客听觉方面发挥屏障功能。

1.5 风景林资源开发利用的主要成就

1.5.1 转变了观念，提高了林业地位

长期以来，培育森林的主要目的在于生产木材，获取较大的经济效益。建设森林公园，开发利用风景林资源，开展森林旅游，是将生态、经济、社会三大效益结合在一起的最佳形式，是林业可持续发展的重要途径，可以使社会更好地了解林业，从而提高了林业的地位，增强了林业发展的活力。

1.5.2 有效地保护了森林资源和人文资源

建立森林公园，对风景林资源的开发利用，进一步促进了森林资源的保护和管理，尤其在护林防火、病虫害防治、林政管理等方面。开发利用风景林资源，不仅保护了自然景观，

而且有效地保护了人文景观。一大批文物古迹得到修复和保护，大大提升了森林旅游的文化内涵。

1.5.3　基础设施和服务设施不断完善

随着风景林资源的开发利用，与之配套的水电、交通、通讯等基础设施建设，围绕“食、住、行、游、购、娱”旅游六要素的各项服务设施也在逐步完善，为森林旅游业的更大发展奠定了基础。

1.5.4　改善了生态环境和投资环境

随着风景林资源的开发利用，森林资源和人文资源得到有效的保护，完善了相应的基础设施，生态环境和投资环境明显改善，有利于当地招商引资，促进地方经济的发展。

1.5.5　拓宽了就业门路，取得了一定的经济效益

随着风景林资源的开发和相应配套设施的建设，安置分流了国有林场部分冗余职工，也为社会上下岗职工提供了就业机会。旅游业的开展，带动了交通、通讯、商业和服务等行业发展，产生了较好的经济效益。

1.6　风景林资源开发利用面临的主要问题

1.6.1　思想认识有差距，轻视森林风景资源建设

林业系统某些基层领导，受以往“大木头挂帅”和计划经济的影响比较深，将自己的眼光局限于木材和某些林产品，或者将自己的精力集中在一些缺乏竞争能力的工副业上面。在风景林开发利用上，还希望靠上级全额拨款来搞项目建设。在风景林开发建设过程中，出现了注重基本设施建设而轻视森林风景资源建设的现象，势必影响森林公园的长远可持续发展。

1.6.2　投资渠道单一，资金投入不足，开发力度低

风景林开发利用投资巨大，需要开辟多种渠道。目前国有林场的经济状况普遍不好，有的还受困于解决职工吃饭问题，对于景点开发和基础设施建设显得无能为力，导致招商引资困难、景区游客稀少。已开园的森林公园也普遍存在开发力度低的状况，产品比较单一，突出表现为观光型旅游唱独角戏，休闲、度假、健身疗养等特色旅游项目仅处于开始起步，许多应该开发的森林旅游产品都未能开发。

1.6.3　管理体制不顺，经营机制不活

有的森林公园经营范围内存在着多种土地所有权单位，权属纠纷严重；有的地区在森林公园取得一定经济效益后，任意划走国有林场的林地，改变山林权属；有的国有林场被排斥在旅游事业之外。相当一批森林公园管理者面对瞬息万变的旅游市场，缺乏开拓进取的精神，等、靠、要思想严重，将发展森林旅游业的希望寄托在上级林业部门财政优惠政策扶持

和宏观旅游市场环境的改善上。

1.6.4 森林资源与环境保护压力大

由于缺乏风景林开发、建设、保护和管理等方面的有力的执法依据，导致了森林公园、风景区一些问题无法有效解决，诸如擅自占用林地搞游乐，无证带团搞旅游，乱摆摊点做买卖，随意设卡乱收费等，给林区的正常生产经营来了极大的混乱，给护林防火、森林病虫害防治及动植物种群保护带来了极大的压力，扰乱了森林公园、风景区的正常工作秩序，增加了管理难度，影响了旅游业的可持续发展。

1.6.5 缺少专业人才和管理人才

由于大多数森林公园是在国有林场的基础上发展起来的，必须将原有的用材林培育成风景林、生态公益林，就需要运用旅游心理学、森林美学、旅游资源学的理论和原理，优化旅游环境。森林公园建设和森林旅游业的发展急需专业人才和管理人才。

第2章

森林风景资源调查

2.1 森林风景资源调查的目的与要求

2.1.1 关于森林风景资源的基本概念

什么是风景？所谓风景，是以自然风光为主的，经人工开发而成为人们游憩环境的四维空间。四维空间是三维（长、宽、高）加时间。古迹就说明时间的价值，同样的游憩环境，往往由于某些古迹的存在而身价百倍。

所谓风景林就是指以发挥森林的游乐效益为主要经营目标的森林；由风景林与地貌景观和建筑物融为一体组成为风景区。森林是风景区的一个重要组成部分，并起着衬托与点缀的作用。在林种划分上，风景林属于生态公益林中的特种用途林。

森林风景资源是指风景林区内具有旅游观赏价值的各种天然景观、人工设施和其他自然资源的总称。

2.1.2 森林风景资源调查的意义

我国林区自然与人文风景资源十分丰富，但长期未能充分利用，及时进行区划、调查、规划，将这一部分风景资源挖掘出来，合理地开展森林旅游事业，对于发展林业和林区经济，提高林区人民生活水平等都有重要意义。

根据原林业部《林区风景资源调查区划与规划工作原则规定》（试行草案），凡分布在各国有林区，国有森工局和林场施业区内以及南方集体林区具有旅游价值的各种自然和人文景物，包括地理景观、古建筑以及当地人民的良风美俗等等，都属于林区风景资源。

2.1.3 森林风景资源调查的目的与要求

森林风景资源调查的目的，是通过森林风景资源的调查、评价，正确地区划风景区，进行区划论证，最后编制森林风景资源规划方案。

林区风景资源调查属于多资源调查的一个重要内容，它以未开发或已开发旅游地区的林区风景资源为对象，按照美学原则和旅游开发的经济学原则，调查林区供旅游的风景资源以及开展旅游有关的林区交通，经济发展水平和障碍性因素等等。由于林区风景资源内容丰富，种类繁多，涉及部门较多，管理体制复杂，在调查与规划工作中要求处理好以下几个关系：

①划清并处理好自然保护区与林区风景区的关系；

②划清并处理好林业单位与名胜古迹所有者等利益相关部门的经营权属关系；

③当风景区内的景物包括不同权属时，划清并处理好在旅游开发时国家、集体、个人以及不同单位经营者的责、权、利关系。

2.1.4 林区风景区区划系统

以林为主开发旅游的风景林区（或森林公园）的区划系统有两种：

第一种：风景林区（森林公园）——景区（管理区）——林班——风景小班

第二种：风景林区——景区——景点——景素

目前，我国有的地区，对林场（森林公园）进行功能区划，首先把森林经营区（生产区）和风景林区两个功能完全不同的区域分开，然后在风景林区内再按旅游资源功能分区（或类型区），森林经营区按经营系统划分：经营区——经营类型——林班——小班；风景林区则按照风景林区——景区——景点——景素系统区划。如张家界国家森林公园的黄狮寨景区——金鱼把芦景点——龟形石卵景素。

大型风景区或森林公园，既要有林区建设的特点，又要有城市的某些特点，除生产区和游览区外，根据功能的差别，一般可划分为：游览区、游览接待区、休疗养区、文娱中心区、集体运动区、野营区、行政管理区、居民区、商业区、农副业丰产区、林特产生产区等。

2.2 森林风景资源调查的内容与方法

2.2.1 风景资源调查的内容

2.2.1.1 基本情况调查

风景区的地理位置、总面积、所属山、水系及大地貌区，中地貌范围、地质年代、地质形成期等以及气候调查，如温度、光照、降水等与交通条件调查。

2.2.1.2 乔灌林景观调查

各观赏树种及外观特点，叶形、叶色及形成的景观，花期、花色、花形、花量及形成的景观与可采程度，果形、果色、果期、果量及形成的景观等等。这些调查、记载都要从有无可供旅游的观赏价值，即可览度为标准，可览度低即无观赏价值者不做记载。

2.2.1.3 森林浴调查

乔灌林木可大量释放氧气，其中有些树种组成的乔灌林分能释放某种可抑制、毒杀某些病菌、毒素的化学物质或其他有益于人体的芳香气味。游人在这些林内漫步、休憩能起到疗养作用，对这样的林分要调查树种及其释放的气体成分，对游人身心疗效以及起治疗作用的机制等等。

2.2.1.4 可观赏的植物调查

要记载种类、分布范围及数量、花期、可采度。

2.2.1.5 珍稀保护植物调查

对林业局、林场范围内的一、二类保护植物，古、大、稀树木及特异形状的树木，珍稀菌类等的调查。调查内容为：树种、分布位置、株树、年龄、高度、胸径以及科学价值与观

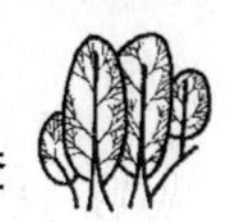

赏价值等等。

2.2.1.6　草地景观调查

调查风景林区内草地位置、面积、坡度、道路、组成、种类、密度、花期以及草地可供游览的用途与价值等等。

2.2.1.7　野生动物调查

通过抽样调查，测定各种野生动物的数量、组成、动向和群体分布的自然区域，确定不同种类野生动物种群对植物和食物的需要。通过访问或查阅历史资料，了解当地近几十年内曾经见到过的野生动物。

2.2.1.8　地貌景物调查

地貌景物主要包括悬崖、陡壁、奇峰、怪石、雪山、溶洞等，主要记载其可览度；此外，还应记载这些景物的山名、海拔高度、母岩性质、坡度、相对高差、山势走向等。对特异山（石）景，还应记载奇峰、怪石的位置，生成原因、数量、分布特点、体态大小与溶（山）洞深度、广度、位置、洞内的景物特点以及各种景物的可览度。

2.2.1.9　水文景物调查

林区水景包括林业局、林场范围内与毗邻的海湾、天然与人工湖泊、潮汐、瀑布、溪流、海、潮、河流的滩地等。

2.2.1.10　古建筑物及人文资源调查

调查林区内古建筑种类、建筑风格及价值、古建筑年代、历史及古建筑物状况、分布、占地面积、目前吸引游人的情况等。人文景观包括当地的民族风情、山上的石雕、石刻等。对于古建筑物及人文资源，应调查其利用价值。

2.2.1.11　可借景物调查

指不属于林业局、林场范围但可借观赏的自然景观和人文景观，如湖泊、古塔、山峰。在调查时，应了解可借景物的名称、距离、景观特征及可在本区吸引游人的数量等。

2.2.2　森林风景资源调查的方法

森林风景资源属于多资源的范畴。森林风景资源种类很多，每次二类调查都将所有资源进行调查，在技术、经济上既不现实，也无必要。森林风景资源应该根据调查内容的不同采用如下相应的方法：①踏查或概况调查；② 线路调查；③全面调查；④重点调查；⑤典型调查；⑥补充调查；⑦书面收集资料；⑧座谈访问。

对于风景区基本情况，如地理位置、地形特征、气候条件，主要采取收集资料的调查方法，收集已有的调查、观测资料。对于古建筑、民族风情、摩崖石刻等人文资源的调查，可采取座谈法询问当地的居民，查阅历史档案。

对于景区内的经济植物资源，如木耳、蘑菇、榛子、藤类植物等食用类资源；杜仲，金鸡纳、人参、天麻、贝母、枸杞子等药材类资源，一般采用标准地、样地、样方、样木、标准枝等方法，调查其种类、数量、质量等因子。

对于景区内水文景物的调查，应选择有代表性的几个点位，进行水量、水质的抽样，在此基础上进行物理（如悬浮物）、化学（pH 值、氮、磷、钾含量）、生物（大肠杆菌、生化需氧量）各项指标的化学、生物分析。

对于草地景观，主要采用抽样调查方法。抽样可在航片或地形图上布设样点。为了提高工作效率，调查可采用分层抽样的方法，样地可为圆形或矩形，其大小应视变动系数而定。变动系数大时，如果样地面积小，为保证精度会大大增加样点数量，导致调查效率下降。

景区野生动物资源种类很多，调查的方式方法不完全一致，通常采用抽样调查方法，样地总面积一般不小于动物栖息地的10%。对脊椎动物群体的调查方法可分为两类，直接调查法（哄赶调查、空中监视调查、航空摄影和红外片调查）和间接调查法（叫声计数、足迹记数、粪堆计数等方法）。

2.2.3 森林风景资源调查的工作步骤

森林风景资源调查的工作步骤，一般分为3个阶段，即外业前的准备工作、外业调查、内业统计。

2.2.3.1 准备工作

主要包括组织准备、技术准备两部分。组织准备的工作包括以下环节：领取森林风景资源调查工作计划任务书；制定外业调查工作计划；编制劳动力指标及财务预算计划；编制物资装备及供应计划。技术准备主要包括：收集调查地区已有的测绘资料以及自然、经济、交通和森林资源等有关的文字资料；制定森林风景资源调查技术方案；领取调查地区近期拍摄的航空相片、卫片。

2.2.3.2 外业调查

主要包括3项内容：风景林区区划、测量和建立区划标志；森林风景资源调查；外业工作的质量检查。

2.2.3.3 内业统计

森林风景资源的内业统计工作，主要包括图面资料的绘制、森林风景资源统计及各种专业调查材料的整理分析等。主要包括以下内容：

（1）调查报告　内容以“森林风景资源调查内容”为主，还要叙述调查人员组成、工作期限、完成工作量及成果。

（2）图件、表格　主要有：①森林风景资源类型分布图；②调查地区位置及交通现状图；③调查地区森林旅游资源一览表；④调查地区珍稀濒危动植物名录；⑤调查地区名胜古迹名录。

（3）影像及其他资料　包括：①录像带，照片集及底片；②调查日记，资料卡片，座谈访问记录及调查工作用图等。

2.2.4 林区风景资源评价

林区风景资源评价分为风景小班美学评价、单项景观评价、风景区综合景观评价。森林美学理论、风景小班美学评价方法放在第3章“风景林美学评价”中叙述。

2.2.4.1 单项景观评价

单项景观评价也称风景要素（景素）评价，即单项景物的可览度评价，根据景物吸引游人的程度可分为3等：

①景象绝妙，举世罕见者为第一等，即上上景；

②景象美妙，比较少见者为第二等，即上景；

③景象美丽者为第三等，即中景。在城镇、工矿附近，第三等即中景可降低标准。

本项评价只是对单项景物的评价。在现实中，不同单项景观常常彼此相邻，构成组合景素，会使单项景观的等级得到提升。例如四川九寨沟的镜湖秋色景观，是由清澈的湖水与满山的红叶二种景素组合在一起，相互生辉，而成为一绝。这是单项景素的中景与上景组合，而成为组合后的上上景的一个典型。因此景观评价，不仅要对单项景素评价，还必须对景区的综合景观的等级进行评定。

2.2.4.2　风景区综合等级评价

风景区综合评价等级可分为 4 级：

第一级：奇景。标准是由众多举世罕见的上上景组成，令游人叹为观止。例如，湖南的张家界，四川的黄龙寺等。

第二级：胜景。标准是由上上景和上景组成的景观，或是由众多不同特色的上等景素组成的集合体，多景相连，丰富多彩，引人入胜。例如安徽省的黄山，黑龙江省的镜泊湖等。

第三级：美景。由上等或中等景素为主组成的风景区，有胜可览，环境幽雅。景区内，以山水、森林为环境，有亭台楼榭或其他古建筑及名胜，或有珍贵动植物、奇花异草、古树等景色。

第四级：佳景。在城镇附近，由大片林木构成的森林环境，景区内山、水、林、路交融，并有各种文娱设施，环境幽雅，是游人较为理想的休闲场所。

2.3　未开发风景区森林风景资源调查

对于尚未开发的风景区和已开发风景区，在调查深度和广度上，应该有所区别，现分别说明如下。

2.3.1　风景区景观类型的划分和论证

要开发一个风景区，首先要摸清它有什么特点，归属于何种类型，具有什么优势。我国自然景观和人文资源多种多样，根据其主要特色，可以分为以下 9 类：

2.3.1.1　以山景取胜的风景区

奇峰怪石、悬崖陡壁、溶洞、石林等景观为主的风景区，如安徽黄山、云南石林等。以山景为主的风景区，森林、树木是必不可少的衬托，即所谓“山因树而茂”“得草木而华”。风景区需要有良好的小气候与清新的空气，茂密的森林植被能使山景锦上添花。黄山松与黄山的奇峰交相辉映，就是明显的实例。

2.3.1.2　以水景为主的风景区

杭州西湖、南京玄武湖、武汉东湖、昆明滇池、贵州黄果树瀑布等。这类风景区多位于天然湖泊或人工水库周围，其特点是以大面积的水体和溪流瀑布为特点，湖光山色与潺潺流水相映生辉。

2.3.1.3　山水结合的风景区

广西桂林和阳朔，广东肇庆星湖和鼎湖等。在这些风景区，山因水秀、水借山活，相映得彰。如桂林是世界著名的风景游览城市，有着举世无双的喀斯特地貌。这里的山，平地拔起，千姿百态；漓江的水，蜿蜒曲折，明洁如镜；山多有洞，洞幽景奇，瑰丽壮观；洞中怪石，鬼斧神工，琳琅满目，于是形成了“山青、水秀、洞奇、石美”的桂林“四绝”，自古就享有“山水甲天下”的赞誉。

2.3.1.4 以森林植被为主的风景区

南京历史上有这样的说法：“春牛首、秋栖霞”。意思是春天可以到牛首山看梅花，秋天应该到栖霞山观赏红叶。中山陵风景区的梅花山每年逢梅花开放季节，南京成千上万的市民涌向梅花山，犹如“赶庙会”一样，成为南京人一年一度的盛会。

2.3.1.5 以历史古迹为主的风景区

北京十三陵、八达岭，安徽九华山、山西五台山、河北避暑山庄、河南嵩山、甘肃麦积山、四川都江堰森林公园等，多以皇家陵墓、宫殿、宗教寺庙建筑、古代工程、摩崖石刻见长，从而成为研究中国历史、宗教文化、古代建筑的理想场所。

2.3.1.6 修养避暑胜地

河南鸡公山、浙江莫干山、广州白云山等，这些风景区虽无黄山的奇峰、泰山的气魄，但夏日气候凉爽，有其独特之处，成为修养避暑胜地。在这些景区往往建有大批风格各异的别墅建筑，其中不乏西方的建筑样式，从而也成为科研院所大中专学生研究中西方建筑艺术的实习基地。

2.3.1.7 近代革命圣地

主要指1840年鸦片战争以来，在旧民主主义革命和新民主主义革命时期留下的革命遗迹，通常作为爱国主义、英雄主义教育基地。前者如辽宁旅顺口国家森林公园、山东刘公岛国家森林公园，后者如江西瑞金、江西井冈山、贵州遵义、河北西柏坡、山东孟良崮、重庆歌乐山、四川夹金山、甘肃腊子口等风景区或国家森林公园。

2.3.1.8 自然保护区中的风景区

福建武夷山、湖北神农架、四川卧龙，既是自然保护区，又是旅游风景区。这类风景区的资源开发受到严格限制，旅游资源的开发仅限于保护区的试验区，旅游业只能成为自然保护区多种经营项目的一个组成部分，风景区的开发要以受保护的动物、植物为核心，建成科研、教学、生产和科普宣传园地。

2.3.1.9 现代工程形成的风景区

典型的如现代水利工程形成的风景区，如安徽太平湖、浙江千岛湖，原来均为国家大型水库，现在成为山、水、森林相结合的综合性风景区。我国84 000多座水库所在地大多风景优美，在青山绿水中蕴藏着巨大的旅游业发展潜力。2005年3月，水利部发布《水利风景区发展纲要》，近几年来，形成了一大批以水利工程为依托，具有一定规模和质量的风景资源与环境条件，可以开展观光、娱乐、休闲、度假或科学、文化、教育活动的水利风景区，如黄河小浪底水库风景区、黄河三门峡大坝风景区。

2.3.2 自然景观的调查和评价

自然景观的调查和评价包括山、水、洞的评价。要调查山的海拔、相对高差，冰川活动的痕迹、死火山口的大小、植物化石的年龄，瀑布的流量、落差，温泉的水质和流量，矿泉水、溪流、溶洞的深度等。

2.3.3 森林植被的调查

森林植被的调查包括森林植被区系、生态种群、珍稀树种、古树名木、绿地面积、森林

覆盖率等。

2.3.4 野生动物的调查

通过抽样调查，测定各种野生动物的数量、组成、迁移方向和群体的自然分布区域，确定不同种类野生动物种群对植被和食物的需求。通过访问或者查阅历史资料，了解当地近几十年曾经见过的野生动物。

2.3.5 文物古迹的考证

历史传说、故事佳话、文物古迹都可以引起人们饶有兴趣的回味和联想，增加风景游览的深度。公鸡似的石头、仙女样的山形等等，初看新鲜，多看则腻，不能长久吸引人们。文物古迹丰富了风景区的游览内容，风景林也凭借文物古迹而得以保存下来。

2.3.6 气候条件的调查

要调查四季温度，最适宜的旅游季节。在风景区进行旅游活动，主要是室外，除滑雪运动外，一般旅游者要求不冷不热的气候条件。

2.3.7 交通条件的调查

森林公园或其他大型的自然风景区的服务对象是全国以至于国际性的。风景区与周围城镇交通联系的方便与否，直接影响其开发利用的程度。交通条件分两个方面调查：一是风景区对外联系的交通线，包括公路、铁路、民航的里程、技术标准、行车密度，最后要计算每个旅游者从附近交通枢纽、大中城市到达风景区的时间。二是调查风景区内部的交通条件，调查和计算在风景区内旅游的最佳线路，例如一日游或三日游、七日游的交通线路。

2.3.8 主副食品和土特产调查

大型风景区在旅游季节要接纳大量游客，主副食品的消费数量是相当巨大的。要调查本地及附近地区供应的可能性。另外，旅游纪念品也是必不可少的，特别是带有浓厚地方色彩的土特产品，更受游客欢迎。所以要认真调查目前和过去历史上有哪些名优土特产，以便研究发展措施。

2.3.9 接待条件调查

风景区应该具备和创造来较好的生活条件，最低标准要让游客有个经济适用的栖身之处，不能按照古代徐霞客那样“无茅无饭而卧”的标准来要求现代的旅游者。目前，我国主要风景区对一般老百姓的接待工作较差，住宿紧张、饮食质次价高、沐浴设施简陋、厕所卫生条件差，“无茅无饭而卧”现象时有发生。饮用水源是接待条件中十分重要的因素。要勘察生活用水的水源地、水质以及修筑蓄水池或水库的可能性。

2.3.10 占用和蚕食风景区土地的情况

由于历史上的原因，风景区被各种各样的、与旅游事业毫无关系的单位占据，邻近地区的农民、居民擅自开荒、建房，不断蚕食风景区的现象，较为普遍。有些单位围墙高筑、铁丝网密布，有的单位成为噪音、污水、废气的发源地。大煞风景，影响极坏。这些问题已经成为风景区开发建设工作中的一大障碍。为此，要查清各种单位的占地面积，对风景区带来何种危害，以便研究对策。

2.4 已开发风景区森林风景资源调查

调查的目的是为编制风景区规划设计方案提供依据。除了对未开发风景区10个调查项目进一步深化外，尚需调查以下4个项目。

2.4.1 森林调查

风景林是森林资源的组成部分，已开发风景区的风景资源调查，仍需开展森林经理调查（二类调查）。调查方法可参照国家林业局有关技术规定，但蓄积量的精度可以放宽，不必要求抽样控制。对于面积精度和立地条件（地质、土壤、地形、小气候等）的调查要求不能削弱。

2.4.2 风景小班的区划和调查

在大型风景区内，除了全面地进行常规的森林调查外，还需要对主要游览区或游览线路两侧进行风景小班的区划调查。现以南京中山陵园风景区为例，介绍本项工作的基本要领和工作步骤。

2.4.2.1 风景小班的区划

森林风景小班的调查是在森林经理小班调查的基础上开展的。由于森林经理调查小班内林分的生物学特征比较一致，林分结构相对均一，保证了小班内森林美学价值的相似性。因此，原则上风景小班的界线与森林经理调查小班的界线应该是一致的。但当森林经理调查小班的面积较大，各地段间的美学价值有明显不同时，则可以在调查小班内进一步区划风景小班。另一方面，相邻调查小班面积较小，美学价值相差不大时，也可以合并为同一风景小班。根据上述原则，2002年，中山陵风景区共划分为667个风景小班。

根据紫金山风景林的外貌特征和林分结构，即根据风景小班内树木的多少、树冠的郁闭度以及林木的分布状况等，把中山陵风景区风景林划分为以下5种森林风景类型：

（1）水平郁闭型　由单层同龄林构成，次林层与主林层的平均高相差不到20%，林木年龄相差不超过一个龄级期年数，水平郁闭度在0.4以上，林木分布平均，能透视森林内景。

（2）垂直郁闭型　由复层异龄林组成，次林层与主林层的平均高相差大于20%，林木年龄相差超过一个龄级期年数。垂直郁闭度在0.4以上，林木呈丛状分布，树冠高低参差。

（3）稀疏型　水平郁闭度在0.1～0.3之间，由丛状乔灌木或单株乔木构成，树冠发达。

（4）空旷型　指林中空地、草坪或水面和草地相连的空旷地，水平郁闭度在0.1以下，周围有森林作背景。

（5）园林型　由亭、台、楼、阁等建筑物和观赏植物综合配置而成，一般是名胜古迹所在地段。

通常情况下，一个风景小班属于一种森林风景类型，在 2002 年划分的中山陵风景区的 667 个风景小班中，水平郁闭型、垂直郁闭型、空旷型、园林型、稀疏型小班的个数分别为 89、399、53、83、43。

2.4.2.2　风景小班的调查和评价

根据森林风景美学评价心理物理学派的观点，森林的美学特征是由其本身的物理特征所决定的，通过林貌因子或测树调查因子可以反映森林的美学质量。根据以上思路，选择了树种组成、水平郁闭度、垂直郁闭度等 17 个风景林评价因子，每种森林风景类型确定 6 个美学评价因子。

评价水平郁闭型风景林的主要美学因子有：①树种组成；②水平郁闭度；③透视度；④树冠长度；⑤色调对照；⑥卫生状况。现将水平郁闭型的美学因子评分标准列表如下（表 2-1）。

表 2-1　水平郁闭型森林风景美学鉴定

美学因子	各因子的状况	得　分
树种组成	针阔混交林、天然阔叶混交林	2
	单纯林（某一树种的胸高断面积占 9 成以上者）	1
	由立地不良、生长不良的树种构成的单纯林	0
水平郁闭度	0.6～0.7	2
	0.8 以上	1
	0.4～0.5	0
透视度	林内透视距离在 100m 以外	2
	林内透视距离为 50～100m	1
	林内透视距离为 50m 以内	0
树冠长度	林冠长度超过树高的 1/2	2
	树冠长度相当于树高的 1/3	1
	树冠长度小于树高的 1/4	0
色调对照	林木色调深浅悬殊，对照明显	2
	林木色调有差别，对照程度中等	1
	林木色调无差别，对照不明显	0
卫生状况	无病虫害，无枯立木或濒死木	2
	有轻微病虫害，有濒死木，无枯立木	1
	有病虫害发源地或其他污染源，有枯立木、濒死木	0

评价垂直郁闭型风景林的主要美学因子有：①树种组成；②垂直郁闭度；③透视度；④树冠宽度；⑤色调对照；⑥卫生状况。现将垂直郁闭型的美学因子评分标准列表如下（表 2-2）。

表 2-2　垂直郁闭型森林风景美学鉴定

美学因子	各 因 子 的 状 况	得　分
树种组成	针阔混交复层异龄林、天然阔叶复层混交林	2
	次林层平均直径在 8cm 以下	1
	由立地不宜、生长不良的树种构成的混交林	0
垂直郁闭度	0.6～0.7	2
	0.8 以上	1
	0.4～0.5	0
透视度	林内透视距离在 50m 以外	2
	林内透视距离 20～50m	1
	林内透视距离 20m 以内	0
树冠宽度	树冠宽度与树高之比为 0.3 以上	2
	树冠宽度与树高之比为 0.2～0.3	1
	树冠宽度与树高之比为 0.2 以下	0
色调对照	林木色调深浅悬殊，对照明显	2
	林木色调有差别，对照程度中等	1
	林木色调无差别，对照不明显	0
卫生状况	无病虫害，无枯立木或濒死木	2
	有轻微病虫害，有濒死木，无枯立木	1
	有病虫害发源地或其他污染源，有枯立木及濒死木	0

评价垂直郁闭型风景林的主要美学因子有：①树种组成；②树冠宽度；③树冠长度；④树木配置；⑤地被物；⑥卫生状况。现将稀疏型森林风景的美学因子评分标准列表如下（表 2-3）。

表 2-3　稀疏型森林风景美学鉴定

美学因子	各 因 子 的 状 况	得　分
树种组成	有季节性主题景色的观赏树木组成	2
	主题景色不够突出的观赏树木	1
	一般绿化树种	0
树冠宽度	树冠宽度与树高之比为 0.3 以上	2
	树冠宽度与树高之比为 0.2～0.3	1
	树冠宽度与树高之比为 0.2 以下	0
树冠长度	树冠长度超过树高的 1/2	2
	树冠长度相当于树高的 1/3	1
	树冠长度小于树高的 1/4	0
树木配置	形状自然的树丛	2
	分布均匀的单株树木	1
	单调的成行树木	0
地被物	覆盖度 0.8 以上的低茎草地	2
	覆盖度 0.5～0.7 的低茎草地	1
	覆盖度 0.5 以下的低茎草地或高茎杂草丛生之草地	0
卫生状况	无枯死的乔灌木，无乱石碎砖等	2
	有濒死木，无乱石碎砖	1
	有枯死的乔灌木，有乱石碎砖	0

评价空旷型风景林的主要美学因子有：①空旷地形状；②树木配置；③周围林相；④地被物；⑤眺望条件；⑥空旷地结构。现将空旷型的美学因子评分标准列表如下（表 2-4）。

表 2-4　空旷型森林风景美学鉴定

美学因子	各因子的状况	得　分
空旷地形状	形状自然，地形略有起伏或倾斜	2
	形状自然，地形平坦	1
	形状规整单调	0
林木配置	形状自然的树丛	2
	分布均匀的单株树木	1
	无乔灌木	0
周围林相	复层异龄针阔混交林	2
	单层同龄纯林或阔叶混交林	1
	无林地或非林地	0
地被物	覆盖度 0.8 以上的低茎草地	2
	覆盖度 0.5～0.7 的低茎草地	1
	覆盖度 0.5 以下的低茎草地或高茎地被物	0
眺望条件	能眺望 500m 以外的远景	2
	能眺望 200～500m 以外的中景	1
	能眺望 200m 以内的近景	0
空旷地结构	由草地和水面构成	2
	无草地相间的水面	1
	由草地构成	0

评价园林型风景林的主要美学因子有：①树种组成；②眺望条件；③建筑物；④服务性设施；⑤道路状况；⑥卫生状况。现将园林型风景林的美学因子评分标准列表如下（表 2-5）。

表 2-5　园林型森林风景美学鉴定

美学因子	各因子的状况	得　分
树种组成	由季节性主题景色的观赏树木组成	2
	主题景色不够突出的观赏树木	1
	一般绿化树种	0
眺望条件	能居高临下眺望远景	2
	能眺望中、近景	1
	无眺望条件	0
建筑物	国家级或省级文物保护单位	2
	一般的古迹或建筑物	1
	年久失修已破坏的建筑物	0
服务性设施	有休息、饮食、工艺美术服务性设施	2
	服务性设施不完善	1
	无服务性设施	0

（续）

美学因子	各因子的状况	得分
道路状况	与风景点主题相适应的硬质路面	2
	保养不善的硬质路面	1
	土质路面	0
卫生状况	环境整洁，无乱石碎砖	2
	不够整洁	1
	环境卫生差，有乱石碎砖或其他污染源	0

2.4.2.3 风景小班调查因子的填写

利用入选的美学评价因子，分不同的森林风景类型对各风景小班进行美学等级评价。每个评价因子都分成好、中、差3级，并分别赋值2、1、0分，然后分类型累计得分。累计分数在10分以上者为第Ⅰ级，属保护巩固对象；分数在5～9分者为第Ⅱ级，属调整改善对象；分数在4分以下者为第Ⅲ级，属改造提高对象。调查结果填入森林风景调查表（表2-6）。

表2-6 森林风景调查表

林班号		小班号		风景小班号		面积	
风景类型						小地名	
美学因子	序号	实况记录				得分	
树种组成	1						
水平郁闭度	2						
垂直郁闭度	3						
透视度	4						
树冠长度	5						
树冠宽度	6						
色调对照	7						
卫生状况	8						
林木配置	9						
地被物	10						
空地形状	11						
周围林相	12						
眺望条件	13						
空地结构	14						
建筑物	15						
服务设施	16						
道路状况	17						
美学等级						总分	

注：水平郁闭型的鉴定因子为1、2、4、5、7、8号，垂直郁闭型为1、3、4、6、7、8号，稀疏型为1、5、6、8、9、10号，空旷型为9、10、11、12、13、14号，园林型为1、8、13、15、16、17号。调查时将所属类型的鉴定因子打一记号（√）。

2.4.3　古树名木的调查和建档

历史悠久的古树名木是森林风景的重要组成部分，也是珍贵的旅游资源，能吸引大量游客。

调查内容和技术档案的项目应包括：（1）所在位置；（2）立地条件；（3）树种名称（俗名、学名）；（4）珍贵原因；（5）起源；（6）年龄；（7）种苗来源；（8）树高；（9）直径（地径、胸径）；（10）古树名木冠幅和树冠覆盖面积；（11）树冠长度；（12）冠径比；（13）生长势；（14）单株材积；（15）有无病虫害及其他伤害；（16）过去实行过的保护措施；（17）需要实施的保护措施；（18）古树名木的彩色照片。

2.4.4　风景区人口结构

风景区的人口由以下三部分构成：

（1）*流动人口*　包括住宿旅游人口、当日旅游人口、休疗养人口。

（2）*常住人口*　包括直接服务人口、间接服务人口及职工家属。直接服务人口是指直接从事旅游接待行业的职工及其个体经营者；间接服务人口是指从事风景区基建、交通、文教、卫生、行政、公用事业等行业的职工或个体经营者。

（3）*当地居民和农民*　流动人口就是游人量，这是风景区规模的主导因素之一。要调查和分析年游人量及其季节分布规律；高峰季节游人量；游人的旅游活动规律；游人的类别；历年来游人增长率等。

2.5　基于 GIS 的森林风景资源抽样调查方法研究

2.5.1　森林资源调查抽样方法简介

森林资源调查抽样方法可以分为两大类：基于模型的抽样推理方法和基于设计的抽样推理方法。如果从样本到总体的推理是建立在样本（总体子集）与总体的显性量化特征关系上，这种抽样方法称为基于模型的抽样。这里的“模型”指的是样本与总体显性量化特征关系的数学表述。基于模型的抽样方法的主要优势在于，可以利用少量的样本数据在数学建模的基础上，通过尺度外推获得对总体一般状况的估计。我国森林资源专项调查中常用的典型抽样，就属于基于模型的抽样方法范畴，如农村居民薪材消耗量调查中采用的典型抽样，测树制表中的标准地、标准木、解析木调查，经济林估产中的标准枝调查。

Levins（1966）提出了评价生态学模型的 3 项标准：即模型的普遍性（generality）、真实性（realism）、准确性（precision）。普遍性是指模型能够代表的系统或现象的总数，真实性是指模型的结构（包括变量、参数、定量关系以及假设）与真实系统的相似程度，而准确性是指模型输出结果与真实系统观察值的吻合程度。森林资源是一个复杂的生态系统，不同时空尺度上占主导地位的格局和过程是不同的，同一尺度或不同尺度组分之间的非线性关系和反馈作用非常复杂，由样本单元构造的模型，很难同时达到普遍性、真实性、精确性三项标准。当采用样本单元构造的模型去尺度外推进行总体统计量预估时，往往会发生“畸变”现象，导致总体调查结果误差偏大，精度降低。基于模型的调查方法另一致命的缺陷在于，由于缺乏统计学基础，总体预估的精度和误差难以计算。因此，基于模型的抽样方法，并不适用于大规模森林资源监测，仅适用于森林资源专项调查的某些特定场合，如森林病虫害调查、森林火灾损失调查、农户薪材消耗量调查、经济林估产调查。

基于设计的抽样推理方法，即从总体中抽取一个子集作为样本，通过对样本单元的调查设计而不是模型尺度外推获得对总体的估计。这种方法又可以分为两类：概率抽样设计和非概率抽样设计。概率抽样设计中总体的每一个样本被选中的概率是一个已知的非零值。概率抽样之所以能够保证样本对总体的代表性，其原理就在于它能够很好地按照总体内在结构中所蕴含的各种随机事件的概率来构成样本，使样本成为总体的缩影。在非概率抽样设计中，总体单元的选取是按照调查者特别喜好（*ad hoc*）的方式加以选取，如立地条件调查中专门选择交通便利的公路两旁森林作为调查对象，遥感图像监督分类中有意识地选择同质的象元作为训练样区。在森林资源调查实践中，为降低调查成本，缩短调查时间，通常采用非概率抽样方法将样本单元局限于某些地类或林分类型，从而产生排除区域。由于排除区域样本单元数量为 0，致使样本单元代表性不足，样本调查结果难以外推到排除区域，致使非概率抽样调查总体预估精度较低。

不管是设计者的故意还是调查者的主观选择，森林资源调查排除区域的产生在降低调查成本、缩短调查时间的同时，容易引发 3 个潜在的问题：①调查设计依据的有限先验知识错误，在排除区域出现了本应进行抽样调查的物种；②用来进行调查方案设计的卫片、航片、地形图空间分辨率低，现势性差，导致部分被调查区域误划、错划进了排除区域；③由于火灾、病虫害、气候变暖、土地利用变化等各种自然、人为的干扰，物种的空间分布发生了漂移，排除区域和调查区域的界限变得模糊。为避免上述现象的发生，在应用非概率抽样设计时，应该分配适当的调查资源于排除区域，以增大样本的代表性。

由于基于模型的抽样和非概率抽样存在的种种弊端，本节分析的重点放在概率抽样上。

2.5.2 传统概率抽样方法比较分析

作为国家森林资源监测体系的核心组成部分，我国森林资源一类清查是以省（直辖市、自治区）为总体，主要采用系统抽样方法在总体范围内布设固定样地，并定期（5 年间隔期）进行复查。作为地方森林资源监测体系的重要组成部分，森林资源二类调查是以县（林业局、林场）为单位，主要是采用小班区划调查的方法，分别山头地块查清总体范围内的森林资源，并利用抽样调查控制总体的蓄积量。主要为林业企业生产作业设计而进行的三类调查，在生产实践中通常采用高强度抽样和现场实测的方式进行调查。除了一类调查的系统抽样外，在二类调查、三类调查中，林业工作者还经常用到简单随机抽样、分层抽样、整群抽样这 3 种抽样方法。以下就上述 4 种概率方法做一简单分析（表 2-7）。

表 2-7　传统概率抽样方法比较分析

抽样方法	主要特点	适用情况
简单随机抽样	随机等概地从含有 N 个元素的总体中抽取 n 个元素组成的样本（N > n），最基本抽样方法	仅适用于空间样本点均匀分布，变化平稳的区域；成本低，灵活性好，但样本变异系数大

（续）

抽样方法	主要特点	适用情况
系统抽样	将总体单元按照某种顺序排列，在规定的范围内随机抽取起始单元，然后按照一定规则抽取其他单元	抽样框实施简单易行；精度与总体的排列顺序有关（线性时降低抽样精度；周期变化时与初始点及间距有关）；用在监测网络或格网取样中
分层抽样	将总体划分成若干相互独立的子总体（层），各层加权估算总体的值。又分为比例分层、最优化分层、指标分层，视应用目标而定	分层时层内变异小而层间变异大，抽样成本高，是较大区域抽样的基础，如森林资源调查，农作物估产
整群抽样	将总体按一定的指标划分成若干子总体，各子总体则分别抽样	总体构成复杂，组成总体元素之间差别较大，样本分布比较集中，代表性相对较差，适于大范围的抽样调查

随机性是概率抽样的基本原则。简单随机抽样是最基本的抽样方法，优点是简单易行、成本低、灵活性好，缺点是样本点空间分布不均，变异系数大。系统抽样也叫等距抽样或机械抽样，即是把总体的单元进行排序，再计算出抽样距离，然后按照这一固定的抽样距离抽取样本，第一个样本单元采用简单随机抽样的办法抽取。样本点空间分布均匀是系统抽样的主要优点，可以减少调查因子的空间关联性。系统抽样的精度与总体的排列顺序有关，当调查因子在空间分布存在着周期性变化或线性趋势时，调查因子的变异系数会显著增大。分层抽样是把异质性较强的总体分成一个个同质性较强的子总体，再抽取不同的子总体中的样本分别代表该子总体，各子总体加权估算总体的值。分层抽样由于扩大了层间差异、减少了层内差异，因此分层抽样的变异较小，但抽样成本较高。整群抽样是从总体中随机抽取一些小的群体，然后由所抽出的若干个小群体内的所有元素构成调查的样本。对小群体的抽取可采用简单随机抽样、系统抽样和分层抽样的方法。优点是简便易行、节省费用，缺点是样本分布比较集中、代表性相对较差。

从表 2-8 可以看出，森林资源调查中常用的 4 种传统概率抽样方法存在着以下缺陷：①除分层抽样外，样本单元变异性较强，抽样精度较低；②除系统抽样外，样本点空间分布不均，导致调查因子空间关联性强，致使样本代表性降低；③除简单随机抽样外，抽样方案对抽样框变化、无反应样本单元等抽样过程中常见意外事件适应性不强；④除简单随机抽样外，抽样成本较高。借助于 3S 技术平台，设计一种随机等概的、高效低成本的、空间平衡性好、适应性强的抽样方法，已经成为摆在林业勘察设计工作者的一项紧迫任务。

表 2-8　四种传统概率抽样方法的比较分析

评价标准	简单随机抽样	系统抽样	分层抽样	整群抽样
变异性	高	高	中等	高
变异计算的复杂度	简单	简单，有偏	中等	中等
空间分布	不均匀	均匀	不均匀到均匀	不均匀到均匀
方法实施难易性	简单	中等	中等	中等
抽样成本	低	中等	高	中等
适应性	强	弱	中等	中等

资料来源：Stehman（1999）

2.5.3 基于 GIS 的空间平衡抽样方法的基本思路

作为一种针对自然资源调查领域广泛存在的空间自相关性和不确定性问题的新颖的抽样方法，空间平衡抽样（Spatially balanced sampling，SBS）1997 年一经 Stevens 提出，就在自然资源调查理论和实践工作者当中引起了广泛的瞩目。该方法目前在美国处于理论探讨和方法介绍阶段，国内的相关研究尚未见诸文献报道。

森林资源调查的很多因子，如森林类型、树种分布、立地条件，都存在着空间自相关性，所谓“近朱者赤，近墨者黑”。空间平衡抽样，使得样本点空间分布具有均匀性，降低了调查因子的空间自相关系数，增大了样本的代表性。因此，SBS 能够产生这样一种抽样方案设计，使得样本点的空间格局与研究总体的空间格局具有近似性。

森林资源调查过程中面临的另一问题，就是调查过程的许多不确定性因素，这些不确定因素主要来自 2 个方面：抽样框（抽样总体）的变化、无反应样本单元。森林资源调查，从下达任务书、抽样设计、现场调查，周期往往较长，在调查过程中有可能出现调查总体因为行政区划变更、边界调整、内部管理单元重组，从而使原有的抽样方案难以适应新的形势需求。无反应样本单元是指当抽中的样本单元由于各种原因（拒绝访问或找不到），调查无法进行造成无回答的现象。森林资源调查中的无反应样本单元产生的原因主要来自以下几个方面：①经费、交通、器材的限制，使一些既定的样本单元无法访问；②地形的限制，如悬崖、陡坎、激流，使样本单元空间不可及；③土地管理权、财产所用权的影响，如私家花园、军事禁地，使抽中的样本单元无法进入；④土地类型的变化，由于抽样方案设计所采用的工作地图现势性较差，原先的森林变成了农田，果园变成建筑用地，使得调查单元被迫放弃。SBS 采用过度抽样策略，首先产生一个比理论计算样数目大得多的空间分布平衡的样本，然后通过一个综合考虑了交通成本、森林类型、地形影响的包含概率栅格图层，对那些可能的无反应单元预先进行“过滤”，在此基础上再进行抽样。通过增加抽样方案的适应性，从而极大地减小了抽样框变化、无反应样本单元带来的影响。

利用地理信息系统进行空间平衡抽样具有很多优势，主要体现在以下几个方面：①利用 GIS 平台建立抽样框。在 GIS 平台上，可以清楚地显示抽样总体的边界范围、空间幅度、土地类型、地形地貌特征，如森林类型、河流走向、交通状况；②利用 GIS 可以建立包含概率栅格图层。对于抽样总体内某些不可及、不可达的区域，如悬崖、陡坎、湍流、军事禁区，可以通过环境图层栅格运算的方式，赋予这些区域较低的包含概率，通过过滤运算将其剔除，从而减少无反应样本单元现象的发生；③利用 GIS 可以使抽样方案可视化。在 GIS 平台上，可以清楚地显示样本点的空间分布、样本点周围的环境条件，如交通状况、植被类型、土地所用权状况、地势地貌特征，借助 于 GIS 的统计功能，还可以对抽样方案进行分析评价；④有利于野外样本点的定位和寻找。在 GIS 平台上，可以方便地确定样本点附近的明显标志物，计算明显标志物到样本点的距离和方位角，同时可以提取样本点的空间坐标，将其输入 GPS 接收仪中，从而减少样本定点引线的野外工作量。

2.5.4 基于 RRQRR 算法的空间平衡抽样工作步骤

目前，在美国统计和资源调查领域介绍的空间平衡抽样方法主要有 2 种：通用随机方格分层算法（Generalized Random-Tessellation Stratified，GRTS）、反向随机四分递归栅格算法

(Reversed Randomized Quadrant-Recursive Raster，RRQRR)，这里采用 RRQRR 算法介绍空间平衡算法的基本步骤。

2.5.4.1　Morton 编址

针对抽样框的每一个栅格单元，计算每个总体单元的二维 Morton 地址。如图 2-1A 所示，调查地区首先被分成 4 个面积大小相同的单元（L_1 层），编号分别为 1、2、3、4。L_1 层的每个单元按照同样的方式划分并编号产生 L_2 层，以此递归，直到产生包含巨大数目总体单元的 L_K 层。从 L_1 层到 L_K 层，针对每个单元进行分层编址，称为 Morton 地址，记为 M（图 2-1A）。

2.5.4.2　Morton 排序

即将 Morton 地址转换为一维线性地址，记为 T。如 M_{111} 记为 T_0，M_{112} 记为 T_1，以此类推，M_{444} 记为 T_{63}。Mark（1990）将这种排序方法称之为“四分递归排序”。当抽样单元数量 s 确定情况下，抽样间距 $I = [(Tmax - Tmin) + 1]/s$，被抽中的样本单元为单元序号被抽样间距去除，余数为 0 的那些样本。如 8×8 抽样框中，采用系统抽样，当 s = 4 时，I = 16，被抽中样本单元为 T_0、T_{16}、T_{32}、T_{48}（图 2-1B）。

A

111	113	131	133	311	313	331	333
112	114	132	134	312	314	332	334
121	123	141	143	321	323	341	343
122	124	142	144	322	324	342	344
211	213	231	233	411	413	431	433
212	214	232	234	412	414	432	434
221	223	241	243	421	423	441	443
222	224	242	244	422	424	442	444

B

0	2	8	10	32	34	40	42
1	3	9	11	33	35	41	43
4	6	12	14	36	38	44	46
5	7	13	15	37	39	45	47
16	18	24	26	48	50	56	58
17	19	25	27	49	51	57	59
20	22	28	30	52	54	60	62
21	23	29	31	53	55	61	63

C

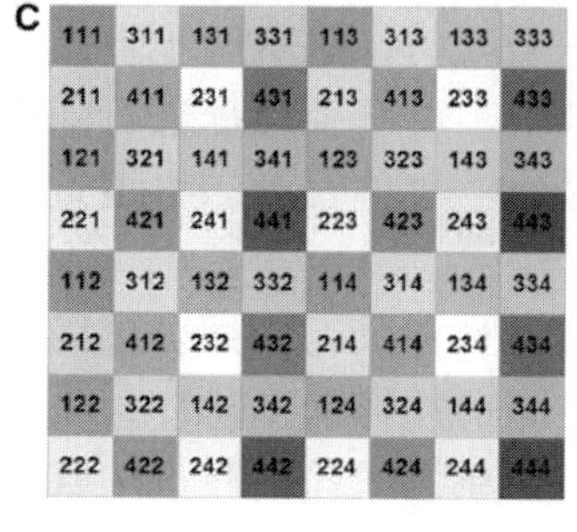

111	311	131	331	113	313	133	333
211	411	231	431	213	413	233	433
121	321	141	341	123	323	143	343
221	421	241	441	223	423	243	443
112	312	132	332	114	314	134	334
212	412	232	432	214	414	234	434
122	322	142	342	124	324	144	344
222	422	242	442	224	424	244	444

D

0	32	8	40	2	34	10	42
16	48	24	56	18	50	26	58
4	36	12	44	6	38	14	46
20	52	28	60	22	54	30	62
1	33	9	41	3	35	11	43
17	49	25	57	19	51	27	59
5	37	13	45	7	39	15	47
21	53	29	61	23	55	31	63

E

27	59	15	47	25	41	53	21
43	11	63	31	9	57	5	37
39	23	35	3	45	29	17	1
7	55	51	19	13	61	49	33
52	4	0	48	46	62	42	58
36	20	32	16	14	30	26	10
24	8	60	28	54	6	18	50
40	56	44	12	22	38	2	34

图 2-1　RRQRR 算法空间平衡抽样工作步骤示意图

2.5.4.3　反向 Morton 编址

即将第一步生成的 Morton 地址，顺序颠倒重新编址。如，M_{123} 变成 M'_{321}。在反向 Morton 编址基础上，进行反向 Morton 排序 T′，从而将反向 Morton 编址转换为反向一维线性地址 T′，结果产生一个总体单元空间大小一致的系统抽样框，为系统抽样提供基础（图 2-1C）。

2.5.4.4　在抽样方案中加入随机成分

即对产生的反向四分法 Morton 序号，进行随机排列，通过序号的随机排列，可以保证被抽中的样本单元编号在空间排列的随机性（图 2-1D）。

2.5.4.5 在抽样方案中加入包含概率栅格层

包含概率栅格层中的像元数值，是总体单元中一个单元相对于其他单元被抽中的相对概率，为避免无反应样本单元的发生，可以赋予那些不可达、不可及的总体单元以较低的抽中概率。通过反向 Morton 排序栅格图层与包含概率栅格层的过滤运算，便可大大降低无反应样本单元现象的发生。经过过滤的反向 Morton 排序栅格图，包含的栅格单元数目，远远大于理论计算样本容量，在此基础上再进行简单随机抽样，便可产生空间平衡抽样方案（如图 2-1E 中的样本单元 11、9、8、10）。

2.5.5 基于 GRTS 算法的空间平衡抽样工作步骤

在美国统计和资源调查领域 2 种空间平衡抽样方法中，本节第四部分介绍了反向随机四分递归栅格算法（RRQRR）。相对于 RRQRR，通用随机方格分层算法（GRTS）方法采用的较多，为便于读者进一步了解空间平衡抽样的工作方法，这里采用 GRTS 算法介绍空间平衡抽样的基本步骤（图 2-2、图 2-3）。

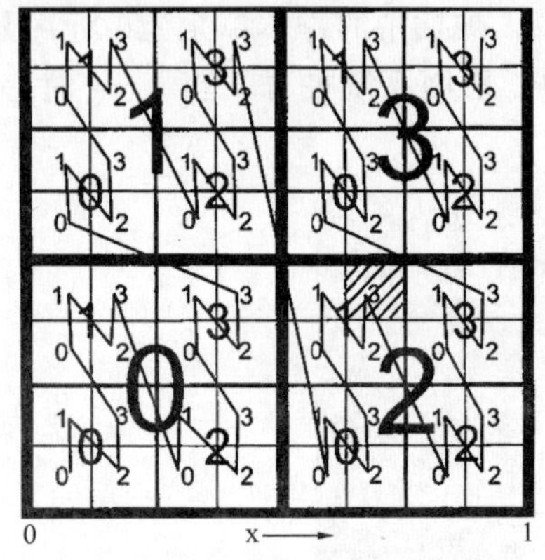

图 2-2 GRTS 抽样工作步骤示意图

（资料来源：Stevens，1997）

A 12 13 22 23 32 34 41 43 44

B 12 13 22 23 32 34 41 43 44

C 12 13 22 23 32 34 41 43 44

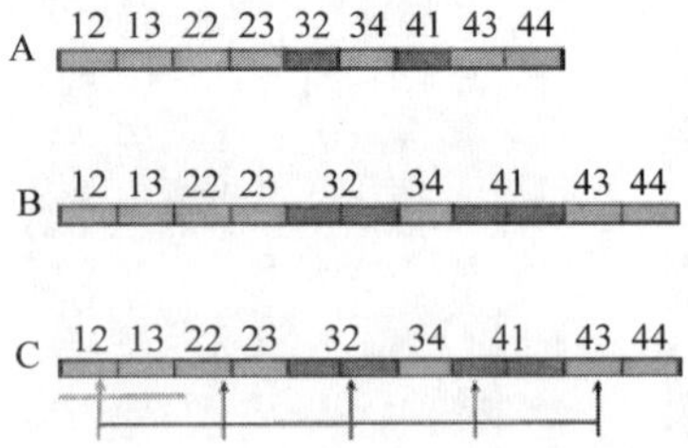

图 2-3 等概抽样与不等概抽样的包含概率（资料来源：Stevens，1997）

（1）获取调查区域所在的卫片、航片、地形图，并进行数字化。在数字化的抽样框（调查总体）上随机放置一透明的正方形膜片。

（2）采用分层四分法，将膜片分成 4 个面积大小相同的单元（L_1 层），编号分别为 1、2、3、4。L_1 层的每个单元按照同样的方式划分并编号产生 L_2 层，以此递归，直到产生包含所有总体单元的 L_K 层，从 L_1 层到 L_K 层，针对每个单元进行分层编址，如图 2-2 阴影部分单元的地址为 M_{213}。

（3）通过 Peano 映射，将二维空间地址转化为一维空间地址，在此基础上，对一维地址进行随机化排列，如图 2-2 中阴影部分样本单元的二维地址 M_{213} 被变成一维地址则为 T_{24}。

（4）将抽样框中的总体单元，按照分层随机排序法，在代表一维地址空间的抽样线上排序，每个总体单元被抽中的概率用总体单元线段的长度来代表。如果采用不等该抽样（包含概率不等），则每个总体单元线段的长度不尽相同。图 2-3A 中，总体单元被抽中的概率相等，而图 2-3B、2-3C 中，总体单元 M_{32}、M_{41} 被抽中的概率是其他单元的 2 倍。

（5）从抽样线上随机挑选一起始点，按照既定的线段间距，采用系统抽样的方式进行抽样设计。图 2-1 中的抽样线从左下角的第一个总体单元 M_{000} 开始，到右上角的最后一个总体单元 M_{333} 结束，包含 64 个总体单元。

（6）将抽中的样本单元的地址，按照反向分层的顺序，进行反排序。如果图 2-2 中阴影部分样本单元 M_{213} 被抽中，则该样本单元的地址 M_{213} 变成 M'_{312}。通过总体单元地址的随机

排列、样本单元的反向编址，实现样本单元空间分布的均匀化。

2.5.6　紫金山风景林空间平衡抽样方法案例研究

2.5.6.1　基于 RRQRR 算法的风景林美景度空间平衡抽样案例研究

（1）材料和方法

数据源：2002 年紫金山森林资源二类调查的数字化林相图，共划分林班 71 个，小班 667 个。在小班属性表中，除地类、林种、树种、平均胸径、平均树高、单位蓄积、郁闭度等常规调查因子外，还增加了美学等级这一风景林美学评价因子。其中主要地类有针叶林、针阔混交林、阔叶林、农地、苗圃、草坪、水域、建筑用地；2004 年 7 月 4 日遥感卫星 Quick Bird 数据包（全色 + 多光谱），全色波段空间分辨率为 0.6m × 0.6m，多光谱波段空间分辨率为 2.4m × 2.4m；根据紫金山 1∶10 000 地形图制作的空间分辨率为 3.3m × 3.3m 的数字高程模型（DEM）。

软件平台：美国 ERDAS 公司开发的专业遥感图像处理与地理信息系统软件 Erdas 9.0、美国 ESRI 公司开发的全系列地理信息系统平台 Arc Gis 9.2、面向对象的脚本语言 Python 2.1。Quick Bird 卫星图像预处理、全色波段与多光谱波段的空间分辨率融合、自然色彩变换、空间子集运算、归一化植被指数（NDVI）计算通过 Erdas9.0 完成。道路栅格图层的生成是通过 Arc Gis 9.2 的 Arc Catalog、Arc Map 模块实现，而缓冲区分析、克里金（Kriging）内插、坡度生成、栅格运算则是通过 Arc Gis 9.2 的空间分析模块 Spatial Analyst 实现，样本抽样点调查成本、风景林美景度提取是利用 Arc Gis 平台上外挂式分析工具 Hawth Tools 中的 Intersect Point Tool 实现的，美景度空间自相关系数 Moran I 的计算通过 Arc Toolbox 的空间分析模块实现。空间平衡抽样的主要步骤通过 Python 语言编程，集成到 Arc Toolbox 中实现。

技术路线：确定抽样框──→影响风景林美景度调查质量与成本因子分析──→包含概率栅格层生成──→反向随机四分递归栅格图层生成──→包含概率栅格层过滤──→抽样样本点数目的确定──→样本点 Point Shape 文件的生成──→抽样方案的比较分析。

（2）结果与分析　确定抽样框，即确定风景林美景度调查的抽样总体的大小和边界。本节中，以 2004 年经过自然色彩合成的紫金山 Quick Bird 遥感图像作为抽样框。根据紫金山森林公园的森林资源和社会经济条件分析，影响风景林美景度调查质量和成本的主要因素有 3 个：风景林生长状况好坏、样本点距离道路的远近、样本点所在位置坡度的高低。风景林生长状况可以用 NDVI 栅格图层代表；而样本点距离道路的远近，则是在提取道路 Polyline Shape 的基础上，加以缓冲分析，通过生成距离道路远近图层 dist_ road 来代表；而坡度图层 slope，则可以根据 DEM 模型来生成。根据以往历次风景林美景度调查的经验，风景林生长状况越好，风景林美景度越高；样本点距离道路越远、坡度越高，调查成本越高。根据以上分析，就可以在 Arc Gis 平台上，生成包含概率栅格层（inclu_ prob）。考虑到紫金山最高海拔仅 448.3m，相对高差不大，坡度较为平缓，分别赋予 dist_ road、NDVI、slope 三个栅格图层权重 0.4、0.4、0.2。由于包含概率栅格层中的数值，是总体单元中一个单元相对于其他单元被抽中的相对概率，先对 dist_ road、slope 进行归一化运算，然后通过公式 2-1 计算包含概率栅格层：

$$inclu\_pro = [1 - dist\_road \div Max(dist\_road)] \times 0.4 + NDVI \times 0.4 + \cos(slope) \times 0.2 \tag{2-1}$$

在生成空间平衡抽样样本点之前，首先要确定过滤运算中包含概率栅格层中的像元概率阈值，这里取 $P=0.1$；其次是确定抽样样本的数目。这里采用简单随机抽样方法按照公式2-2计算样本容量 n：

$$n=\frac{T^2\cdot C^2}{E^2} \tag{2-2}$$

式中：T 为标准误差置信水平，这里取 1.96（$\alpha=0.05$）；C 为总体变异系数，这里取2002年紫金山国家森林公园 667 个风景小班中风景林美景度变异系数；E 为允许误差，这里取20%。考虑到无反应样本单元问题，增加15%的保险系数。计算得知，空间平衡抽样的样本数 n 为92，为简化与简单随机抽样的比较，这里取整数 $n=100$。

参考 Stehman 的抽样方法评价标准，根据紫金山国家森林公园风景林状况和自然社会经济条件，从抽样成本、空间关联性、抽样精度 3 个方面提取指标，对空间平衡抽样和简单随机抽样的性能进行比较。其中，抽样成本采用样本点与道路平均距离来衡量，空间关联性采用样本点美景度空间自相关系数 Moran I 来衡量，抽样精度采用简单随机抽样估计精度来衡量。为考察样本数目的变化对不同抽样方法性能的影响，分别按照理论样本容量的 1/4（25）、1/2（50）、1.0（100）、1.5（150）、2.0（200）生成样本点，分别提取性能指标，计算结果见表 2-9。

表 2-9　基于 RRQRR 算法的空间平衡抽样与简单随机抽样的性能比较

样本数目	抽样成本（m）		空间关联性（Moran I）		抽样精度（%）	
	空间平衡	简单随机	空间平衡	简单随机	空间平衡	简单随机
25	600.76	640.94	0.07	0.18	77.02	80.00
50	584.32	605.82	0.09	0.25	83.92	84.74
100	523.43	738.85	0.13	0.17	89.23	88.47
150	507.24	529.43	0.17	0.19	92.47	91.89
200	492.22	615.73	0.18	0.25	92.61	92.20

从表 2-9 可以看出，从抽样成本来看，随着样本数目的增大，空间平衡抽样样本点距离道路的平均距离在减小，抽样成本逐渐降低，而简单随机抽样没有明显的变化规律；但在相同的样本容量条件下，简单随机抽样的抽样成本都要比空间平衡抽样高。从空间关联来看，随着样本数目的增大，空间平衡抽样的空间关联性逐渐增大，表现在空间自相关系数 Moran I 逐渐提高，而简单随机抽样没有明显的变化规律；但在相同的样本容量条件下，简单随机抽样的空间关联性都要比空间平衡抽样高，说明空间平衡抽样样本的代表性比简单随机抽样强。至于抽样精度，情况比较复杂，在样本容量小于理论计算值 100 时，简单随机抽样的抽样精度甚至比空间平衡抽样略高；但当样本容量达到或大于理论计算值时，空间平衡抽样的抽样精度高于简单随机抽样，但优势不明显。

2.5.6.2　基于 GART 算法的风景林蓄积量空间平衡抽样案例研究

（1）材料和方法

数据源： 2002 年紫金山森林资源二类调查的数字化林相图，共划分林班 71 个，小班 667 个。主要地类有针叶林、针阔混交林、阔叶林、农地、苗圃、草坪、水域、建筑用地；2004 年 7 月 4 日遥感卫星 Quick Bird 数据包（全色 + 多光谱），全色波段空间分辨率为 0.6m ×

0.6m，多光谱波段空间分辨率为 2.4m×2.4m；根据紫金山 1∶10 000 地形图制作的空间分辨率为 3.3m×3.3m 的数字高程模型（DEM）。

软件平台：美国 ERDAS 公司开发的专业遥感图像处理与地理信息系统软件 Erdas 9.0、美国 ESRI 公司开发的全系列地理信息系统平台 Arc Gis 9.2。Quick Bird 卫星图像预处理、全色波段与多光谱波段的空间分辨率融合、自然色彩变换、空间子集运算、归一化植被指数（NDVI）计算通过 Erdas9.0 完成。道路栅格图层的生成是通过 Arc Gis 9.2 的 Arc Catalog、Arc Map 模块实现，而缓冲区分析、克里金（Kriging）内插、坡度生成、栅格运算则是通过 Arc Gis 9.2 的空间分析模块 Spatial Analyst 实现，样本抽样点调查成本、风景林蓄积量提取是利用 ArcGis 平台上外挂式分析工具 Hawth Tools 中的 Intersect Point Tool 实现的，样本点蓄积量空间自相关系数 Moran I 的计算通过 Arc Toolbox 的空间分析模块实现，基于通用随机方格分层算法的空间平衡抽样的主要步骤通过 C 语言编程实现。

技术路线：确定抽样总体──→影响风景林蓄积量调查质量、成本因子分析──→包含概率栅格层生成──→总体单元地理坐标、包含概率的提取──→样本大小的计算──→基于通用随机方格分层算法的样本单元抽取──→样本点 Point Shape 文件的生成──→抽样方案的比较分析。

（2）结果与分析　紫金山森林公园的森林均为风景林，经营轻度较高，在数十年的森林经营中形成了固定小班经营法。因此，风景林蓄积量调查的抽样总体为 667 个风景小班。通过紫金山森林公园的森林资源和社会经济条件分析可知，影响风景林蓄积量调查质量和成本的主要因素有 3 个：风景林生长状况好坏、样本点距离道路的远近、样本点所在位置坡度的高低。风景林生长状况可以用 NDVI 栅格图层代表；而样本点距离道路的远近，可以用距离道路远近的栅格图层 dist_ road 来代表，在提取道路 Polyline Shape 文件的基础上，加以缓冲分析来实现；而坡度图层 slope，可以根据 DEM 模型来生成。根据以往历次风景林蓄积量调查的经验，风景林生长状况越好，风景林蓄积量越高；样本点距离道路越远、坡度越高，调查成本越高。基于以上分析，就可以在 ArcGis 平台上，生成包含概率栅格层 inclu_ prob。考虑到紫金山最高海拔仅 448.3m，相对高差不大，坡度较为平缓，分别赋予 dist_ road、NDVI、Slope 三个栅格图层权重 0.4、0.4、0.2。由于包含概率栅格层中的数值，是总体单元中一个单元相对于其他单元被抽中的相对概率，采用公式 2-3 计算包含概率栅格层：

$$inclu\_\ pro = [1 - dist\_\ road \div \mathrm{Max}(dist\_\ road)] \times 0.4 + NDVI \times 0.4 + \cos(slope) \times 0.2 \tag{2-3}$$

在生成空间平衡抽样样本点之前，首先要确定抽样样本的大小。这里采用简单随机抽样方法按照公式 2-4 确定样本容量 n。

$$n = \frac{T^2 - C^2}{E^2} \tag{2-4}$$

式中：T 为标准误差置信水平，这里取 1.96（$\alpha = 0.05$）；C 为总体变异系数，这里取 2002 年紫金山国家森林公园 667 个风景小班中风景林蓄积量变异系数；E 为允许误差，这里取 20%。计算得知，空间平衡抽样的样本数 n 为 98，为方便与简单随机抽样比较，这里取整数 100。

参照 Stehman（1999）抽样方法评价标准，根据紫金山国家森林公园的风景林状况和自然社会经济条件，从抽样成本、空间关联性、抽样精度 3 个方面提取指标，对空间平衡抽样和简单随机抽样的性能进行比较。其中，抽样成本采用样本点与道路平均距离来衡量，空间关联性采用样本点蓄积量空间自相关系数 Moran I 来衡量，抽样精度采用简单随机抽样估计精度来衡量。样本点与道路距离，通过样本点与道路距离栅格图层的 Intersect Point 运算生成；样本点风景林蓄积量提取，则是首先通过 2002 年 667 个风景小班的蓄积量调查数据进行 Kriging 内插生成风景林蓄积量栅格图层，然后通过样本点与蓄积量栅格图层进行 Intersect Point 运算而生成。简单随机抽样，采用与空间平衡抽样相同的抽样总体，通过 A rcGis 外挂式软件 HawthTools 中的 Random Selection with Subsets 工具实现。为考察样本数目的变化对不同抽样方法性能的影响，分别按照理论样本容量的 1/4（25）、1/2（50）、1. 0（100）、1. 5（150）、2. 0（200）生成样本点，分别提取性能指标，计算结果见表 2-10。

表 2-10　基于 GART 算法的空间平衡抽样与简单随机抽样的性能比较

样本数目	抽样成本（m）		空间关联性（Moran I）		抽样精度（%）	
	空间平衡	简单随机	空间平衡	简单随机	空间平衡	简单随机
25	286. 34	325. 29	-0. 03	0. 30	89. 10	94. 13
50	310. 37	314. 56	-0. 01	0. 17	89. 44	92. 39
100	302. 85	313. 75	0. 01	0. 21	90. 42	89. 82
150	306. 47	311. 41	0. 02	0. 17	91. 81	89. 77
200	290. 32	302. 71	0. 03	0. 19	91. 99	90. 27

从表 2-10 可以看出，从抽样成本来看，随着样本单元数目的增大，简单随机抽样样本点距离道路的平均距离在减小，抽样成本逐渐降低，而空间平衡抽样没有明显的变化规律，但在相同的样本容量条件下，空间平衡抽样的抽样成本都要比简单随机抽样低。从空间关联性来看，无论样本数量如何变化，空间平衡抽样的 Moran I 的绝对值始终接近于 0，并且在相同的样本容量条件下，简单随机抽样的 Moran I 都要比空间平衡抽样高，说明空间平衡抽样样本的代表性比简单随机抽样强。至于抽样精度，情况比较复杂，在样本容量小于理论计算值 100 时，简单随机抽样的抽样精度甚至比空间平衡抽样略高；但当样本容量达到或大于理论计算值时，空间平衡抽样的抽样精度超过简单随机抽样，且随着样本单元数量的提高抽样精度逐渐提高。

2. 5. 7　结论与讨论

（1）传统的森林资源调查方法存在的空间关联性强、适应性差的缺陷，森林资源调查过程中的抽样框变化、无反应样本单元现象的存在，有限调查费用与迅速上升调查成本之间的矛盾，是空间平衡抽样方法产生的历史背景。

（2）空间平衡抽样结合了随机抽样和系统抽样 2 种抽样方法的优点，强调样本点抽取的随机等概和空间上的均衡分布。通过包含概率栅格层的过滤运算，极大地减少了无反应样本单元现象的发生。

（3）利用 GIS 平台进行空间平衡抽样具有很多优势，主要体现在建立抽样框、计算栅格包含图层、抽样方案可视化、方便样本点的定位和寻找 4 个方面。

（4）案例研究表明，空间平衡抽样在降低调查成本、减少空间关联性强方面，明显优于简单随机抽样。但只有当样本容量大于或等于理论计算容量时，空间平衡抽样才表现出一定的抽样精度优势。

（5）空间平衡抽样算法的统计学基础尚待进一步研究，抽样框栅格图层大小、像元分辨率对 Python 软件的限制要求尚需进一步研究，包含概率栅格图层各个环境要素的选择和权重的确定，尚需进一步探讨。

2.6　遥感数据生物参数反演估计缺失小班蓄积量方法研究

2.6.1　研究背景

了解和掌握森林资源信息——森林资源的种类、数量、质量、生长规律、环境条件等，是科学合理地经营管理森林的前提。由于自然条件的变化、生态演替的进行、经营措施的改变，森林资源的结构、数量在发生不断的变化。由于森林资源的这种动态变化性，森林经营者必须对不同状态下森林的不同经营对策以及产生的不同生态效果，进行调查、分析和评价。通过对各个时期森林资源情况资料的对比分析，森林经营者可以掌握森林的现状及其动态变化，预测森林资源的发展趋势。在森林区划中，小班是指内部自然特征相同、与周围林分有明显区别而需要采取相同经营措施的地段。在森林区划系统中，小班是国有林业局、林场、森林公园范围内最基本的经营单位，是清查森林资源、统计计算和资源管理的最基本单元，也是建立森林资源档案的基础。

由于管理设备落后，技术力量薄弱，在我国目前基层林业单位的森林资源档案管理部门，由于人为的疏忽和档案保管条件的变化，有很多 20 世纪 80 年代调查的纸质林班簿，在计算机数字化前散落或丢失了部分小班卡片，对森林资源数据的连贯性造成了影响。由于缺少了这些历史数据，在进行森林动态变化分析、森林经营规划时，无法做出科学、准确的决策。这时我们是否可以利用遥感生物物理参数建模的方法，根据保存的早期少部分蓄积量数据估算出其他缺失的小班数据？本节是在对紫金山 TM 遥感数据进行图像处理（主成分变换、缨帽变换等）的基础上，研究紫金山已知小班的遥感图像光谱特征和小班蓄积量之间的相关关系，进而建立蓄积量的估算模型，从模型中选取最优模型加以分析，以预测缺失小班的蓄积量，从而探索出一条基于遥感数据生物参数反演技术的缺失小班蓄积量估计途径。

2.6.2　研究方法

2.6.2.1　数据源

1988 年紫金山森林资源二类数字化调查资料。紫金山森林公园共划分 71 个林班，667 个小班，每个小班包括地类、林种、树种、蓄积、郁闭度等常规调查因子。利用 GIS 软件地理坐标的自动提取功能，添加小班中心点 X、Y 坐标。1988 年 7 月 5 日美国资源卫星 Landsat 的 TM 数据包，每个波段的空间分辨率 30m × 30m。

2.6.2.2　软件平台

美国 RSI 公司开发的遥感图像处理软件 Envi 4.3；美国 ERDAS 公司开发的专业遥感图像处理与地理信息系统软件 Erdas 9.0；美国 MapInfo 公司开发的桌面地图信息系统 MapInfo Professional 8.0；美国 Microsoft 公司电子表格软件 Excel 2003；美国 ESRI 公司开发的全系列地理信息系统平台 ArcGis 9.0。

2.6.2.3 技术路线

实现蓄积量参数反演的技术路线为：遥感图像预处理——→TXT 点文件生成——→遥感图像灰度值提取——→建立经验模型——→蓄积量生物参数反演——→缺失小班蓄积量生成。

2.6.3 研究结果与分析

2.6.3.1 遥感图像预处理

TM 数据只经过了辐射校正，在生物参数建模之前，需要对它进行几何精校正。运用 ERDAS 软件对遥感图像进行图像运算、多光谱增强。在此基础上，提取 NDVI（归一化植被指数），进行 KL（主成分）变换、KT（缨帽）变换和监督分类。

2.6.3.2 点文件生成

通过 MapInfo 软件 Table 菜单下的 Create Points 功能，借助于小班属性表中的中心点 X、Y 坐标 2 个属性，生成包含单位面积蓄积量等属性在内的 TAB 格式的点状矢量文件。再通过 Table 菜单下的 Export 功能，输出含属性数据的 ASCⅡ文件。

2.6.3.3 灰度值提取

通过 ENVI 软件 Basic Tools 菜单下 Layer Stacking 功能，将进行图像运算和增强的所有波段和未经运算的波段合成一个文件。然后在 ROI Tool 菜单下调用 Input Points From ASCⅡ功能，将点文件导入。再利用 ROI Tool 菜单下 Output ROIs To ASCⅡ功能，得到包含点坐标和灰度值的 ASC 文件。

2.6.3.4 建立经验模型

经验模型是一种完全依靠数据而得到的模型。在这样的模型中，变量之间的关系是通过考察所给数据的变化特点而选取的一种数学形式，它既有数学表达上的简单性又有一定的精确性。这样的经验模型的明显特点是所考察的变量之间的关系并不是来自于假设，也不是基于物理的规律或原理，而是基于数据的变化所吻合的某个数学关系。在经验模型中，简单的线性回归模型和非线性回归模型广泛的被用于森林生物量的监测。

将点数据导入 EXCEL，以单位面积蓄积量为因变量，以提取的波段灰度值为自变量，在 Excel 下分别以线性、对数、指数、乘幂 4 种形式进行一元回归分析，并计算相关系数。

全部 21 个波段分别进行经验模型的建立和选优。根据单位面积蓄积量与对应的平均灰度值之间的相关关系画出散点图。之后，再根据散点图的趋势，建立对应的数学模型。以 KT 第一波段为例，计算结果见图 2-4、2-5。

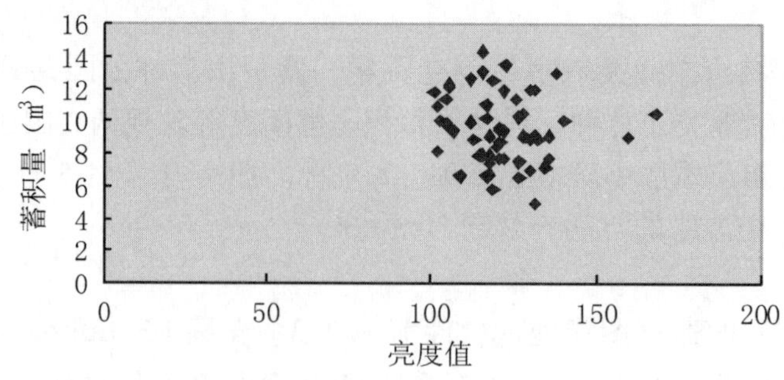

图 2-4 蓄积量—灰度值散点图（KT-1）

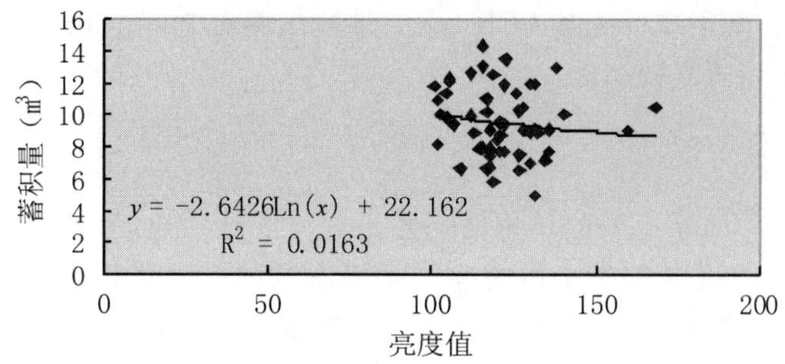

图 2-5　蓄积量与 KT-1 波段灰度值关系

最后分别比较，得出最适于估算单位面积蓄积量的波段及数学模型。拟合灰度与单位面积蓄积量效果最好的 3 个波段及其估算模型见表 2-11。

表 2-11　单位面积蓄积量生物参数反演模型

波段	蓄积量估算模型	模型相关系数
NDVI	$y=27.151e^{-2.0393x}$	$R^2=0.4425$
KT-1	$y=-2.6426\mathrm{Ln}(x)+22.162$	$R^2=0.0163$
KL-1	$y=-3.2621\mathrm{Ln}(x)+26.137$	$R^2=0.0119$

NDVI 波段的蓄积量估算模型的相关系数最高，$R^2=0.4425$，比较显著，因此拟和灰度与单位面积蓄积量效果最好的是 NDVI 波段（图 2-6）。本节采用 NDVI 波段的蓄积量估算模型进行生物参数反演，提取小班蓄积量。

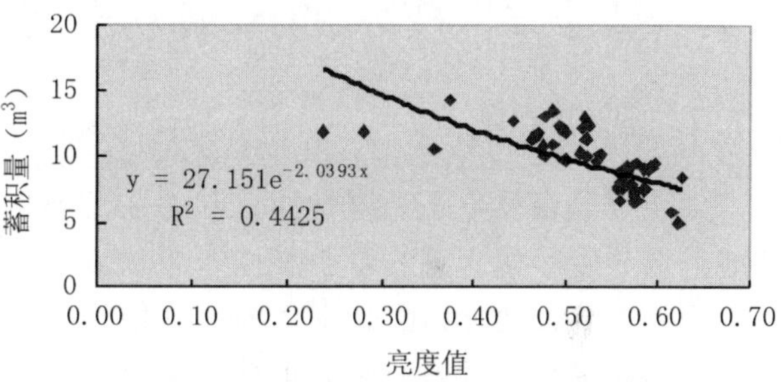

图 2-6　蓄积量和 NDVI 波段灰度值关系

2.6.3.5　参数制图

将分类遥感图像在 ERDAS 中打开，然后调用 ERDAS 的 Modeler 模块，载入 NDVI 波段，键入对应的最优经验模型生成新的生物参数反演遥感影像（图 2-7），这幅影像中的像元灰度值就是紫金山单位面积蓄积量。

图 2-7　1988 年紫金山蓄积量遥感数据生物参数反演图

2.6.3.6　缺失小班蓄积量的提取

将生物参数反演生成的 IMG 格式蓄积量分布文件连同 1988 年小班 Shape 文件一并加载到 Arc Map 环境下，调用 Spatial Analyst 模块的 Zonal Statistic 功能，选择 SUM 函数进行运算就得到了每个小班的蓄积量。

将结果输出成表，用未缺失小班数据与估测小班数据进行分析。将两组数据导入 EXCEL 表中，调用统计函数 CORREL，计算出两者之间的相关系数为 0.78，表明生物参数反演模型的估测精度较高。

2.6.4 结论与讨论

（1）根据同期森林风景小班的单位面积蓄积量和 NDVI 波段灰度值的关系，建立生物参数反演模型，修补了 1988 年缺失小班的单位面积蓄积量，模型的估测精度较高。本次研究表明，采用同期遥感数据进行生物参数反演这一技术，在对森林资源档案缺失资料修补方面，可以发挥相当大的作用。

（2）由于遥感数据获取的时相和天气状况的影响，本次的遥感图像质量一般，有一些云团干扰，虽然在遥感数据预处理过程中采用了线性拉伸、去霾等方法，但效果并不理想。如果能够获取质量较好的图像，模型的拟合精度和估测精度将会进一步提高。

（3）本研究采用的生物参数反演模型均为一元模型。由于受植被类型、光照条件、观察位置、冠层结构、下垫面等因素的影响，遥感信息与植被生物物理参数间的相关关系变得弱化。若能在模型中加入 GIS 专题数据（如坡度、海拔、土壤肥力、气候因子等），模型的估测效果将会得到进一步改善。

2.7 基于 3S 技术的风景林生物量定量估测方法研究

2.7.1 研究背景

生物量是森林生态系统性质、状态的重要指示特征，是生态系统功能、过程的基础。森林地上部分生物量，制约着森林由于采伐或火灾等引起的潜在碳释放量，因此准确地进行森林生物量提取及变化监测，对于深入理解土地利用或植被覆盖变化引起的局部、区域性甚至是全球气候变化及环境、生态退化意义重大。

传统的关于森林地上部分生物量测定方法，是在大面积、高强度的树高、胸径、郁闭度等森林结构参数测定的基础上，借助蓄积量——生物量经验转换模型推算出森林生物量。在景观和区域尺度上进行森林蓄积量调查，由于空间尺度大、历时周期长、劳动强度大，需要消耗大量的人力、物力、财力，动态、实时评价数据很难获得。在森林生物量提取方面，现代遥感技术相对于上述传统野外调查方法而言，优势十分明显并且有一定的精度保证。然而，由于树冠阴影、林分结构的异质性以及光谱数据的饱和问题等影响，单纯依靠遥感光谱信息建立森林生物量估算模型存在精度不高、适用性不强等缺陷。课题组成员李明诗博士采用光谱特征结合遥感图像纹理特征以及对生物量分布有影响的高程、坡度及坡向等地形特征的方法，探讨风景林地上部分生物量估算模型的建立及验证，并深入分析不同纹理测度对不同森林类型生物量空间分布差异的表达能力，从而探索出一条景观尺度上基于 3S 技术的高效、经济、适用的森林生物量定量估测方法。

2.7.2 研究方法

2.7.2.1 数据来源

此次研究所获取的数据资料主要有：紫金山国家森林公园 1∶10 000 地形图；2002 年紫

金山森林资源二类调查数据，包括森林分布图及相关属性表；2002 年 11 月 9 日获取的 SPOT5 HRG 卫星影像数据包（4 多光谱波段 +1 全色波段），全色波段空间分辨率为 2.5m，多光谱图像空间分辨率为 10m。

2.7.2.2　软件平台

美国 RSI 公司开发的遥感图像处理软件 Envi 4.2；美国 Microsoft 公司电子表格软件 Excel 2003；美国 ESRI 公司开发的全系列地理信息系统平台 Arc Gis 9.0。研究区域空间子集生成、遥感数据的大气校正、正射校正、光谱特征变换、纹理特征提取是通过 Envi 实现的，地形图和森林分布图矢量化、DEM 生成、地形因子提取是在 Arc Gis 平台上实现的，生物量参数模型建立、精度检验则是通过 Excel 实现的。

2.7.2.3　技术路线

见图 2-8。

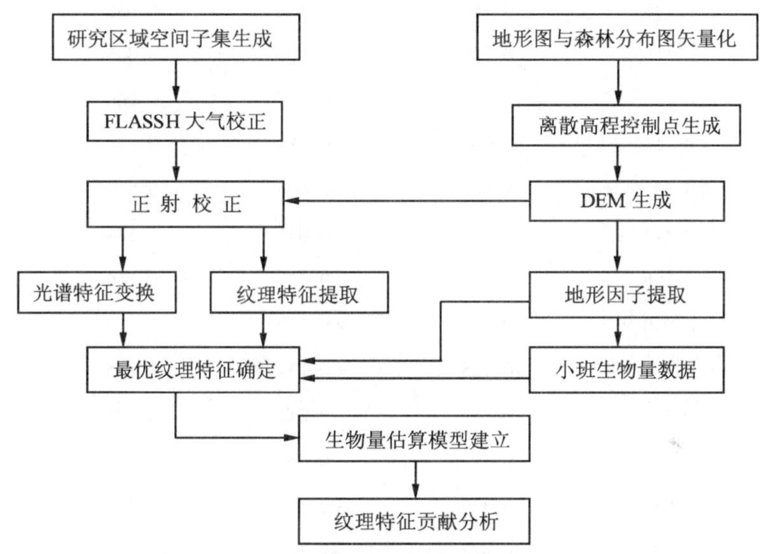

图 2-8　生物量生物参数建模研究技术流程

2.7.3　遥感数据处理

利用森林资源二类调查成果中的单位面积蓄积量数据，参照方精云等人的蓄积量——生物量转换经验公式，将小班单位面积蓄积量依照优势树种或树种组转换为对应的地上部分生物量。据此，共完成 60 个马尾松小班、30 个国外松小班、50 个枫香小班、87 个栎类小班以及 140 个杂阔混交小班的地上部分生物量转换。在 Envi 4.2 环境中，分别优势树种提取生物量建模的光谱、纹理及地形特征数据集。

2.7.3.1　用于建模的纹理特征筛选

可供建模使用的特征包括：①采用 9 个纹理测度，每个测度又分不同窗口大小从 3×3，5×5，…，到 51×51 进行纹理特征提取，共生成纹理特征 225 个；②光谱变换及原始波段共 10 个特征；③采用高程、坡度和坡向 3 个地形特征。在 225 个纹理特征中，需要找出与不同树种类型的生物量相关程度高的纹理测度及其对应窗口大小，进行相关分析，结果如表 2-12 所示。

表 2-12 光谱、地形及纹理特征与树种生物量相关分析

特征名称	马尾松	国外松	枫香	栎类	杂阔混交类
XS1	-0.117	-0.206	-0.064	0.165	0.158
XS2	-0.233	-0.256	-0.216	0.001	0.193
XS3	-0.499	0.178	-0.108	0.150	0.079
XS4	-0.447	-0.069	-0.220	-0.001	0.186
PAN	-0.148	-0.178	0.041	0.017	0.164
PC1	-0.369	-0.294	0.033	0.014	0.182
PC2	-0.327	-0.084	0.093	-0.008	0.279
PC3	0.281	0.348	0.258	0.174	0.162
NDVI	-0.126	0.267	0.181	0.035	0.256
RVI	-0.116	0.252	0.171	0.045	0.276
Elevation	-0.286	0.018	-0.118	-0.268	-0.217
Slope	-0.212	-.164	-0.233	-0.173	-0.242
Aspect	-0.033	-0.002	-0.094	0.076	-0.030
ME	0.444	-0.334	0.042	0.144	0.267
VA	0.156	-0.124	0.157	0.146	-0.053
HO	0.040	0.248	-0.247	0.122	0.094
CO	0.166	-0.185	0.131	0.135	0.057
DI	0.139	-0.230	0.211	0.120	0.112
EN	0.093	-0.319	0.257	-0.035	0.048
SM	0.052	0.415	-0.213	0.228	-0.067
CR	0.198	0.427	-0.143	-0.146	-0.134
SK	0.112	-0.156	-0.142	0.098	-0.056

2.7.3.2 模型建立及验证

将5种优势树种（组）建模数据进行标准差标准化处理，随机选取80%样本点进行生物量估测模型拟合，余下20%样本点用于模型验证。在建模特征共线性诊断基础上，按照公式2-6计算经过修正的复相关指数 R_a^2，取 R_a^2 达到最大的回归方程为最优回归方程，分别不同优势树种建立各自生物量估算模型并进行验证，结果如表2-13所示。

$$R_a^2 = 1 - \left[\frac{n-1}{n-p}\right]\frac{SSE_p}{SST} = 1 - \frac{MSE_P}{\left[\frac{SST}{n-1}\right]} \tag{2-6}$$

式中：P 为进入模型的自变量数目；n 为模型拟合时的样本点数目；$MSEp$ 为所有 p 个自变量的均方误差；SST 为因变量的总变差；$SSEp$ 为所有 p 个自变量不能解释的由随机误差所能引起的变差。

2.7.4 研究结果与分析

从表 2-12 的单相关分析可以大致说明各类型生物量与哪些特征有较强的线性关联，如马尾松的生物量与 XS3、XS4、PC1、PC2、Elevation 及纹理测度 ME 等特征有较强相关性，但这不代表用这些变量来建立关于马尾松生物量估算模型会取得高的精度，因为存在于这些变量之间的关联可能会降低这些变量对生物量变动的解释能力，同时，从统计角度分析，不排除某些与生物量相关性弱的特征进入模型会改善模型的解释能力。从表 2-12 我们还可以看出，地形特征中的坡向 Aspect，与 5 种森林类型的生物量的相关性都很弱，而坡度 Slope 和高程 Elevation 对森林生物量的影响相对较大并且都与生物量呈负相关关系，这与森林生长的实际情形相一致，通常处于越陡峭、海拔越高生境的森林其生长状况越差，因而有较小的生物量。至于与国外松的 0.018 非常弱的正相关，通过数据查证，发现 30 个国外松小班中心点高程值几乎都在 50 ~ 70m 之间，变动较小，出现弱的正相关是随机因素所导致的。纹理特征中，ME 和 VA 与生物量之间的关联较紧密。

表 2-13　生物量估算模型及相关统计量

优势树种(组)	最优生物量估算模型	复相关指数 R^2(R_a^2)	RMS	纹理特征贡献
马尾松	Y = 0.001 + 0.261XS1 − 0.375XS3 + 0.488Pan + 0.289PC2 − 0.228PC3 − 0.382Elevation − 0.807ME(51) + 0.211VA(31) + 0.410HO(23) + 0.408CO(11) + 0.227SM(5) + 0.159CR(7)	0.582 (0.397)	0.80	0.205
国外松	Y = 0.003 − 0.754XS3 + 2.628PC1 − 2.806PC2 − 0.669PC3 + 7.976NDVI − 5.050RVI − 1.489ME(3) + 1.039VA(9) − 0.876EN(9)	0.642 (0.422)	0.74	0.258
枫香	Y = − 0.000036 − 0.342XS2 − 0.581XS3 + 0.335PC3 + 3.679NDVI − 3.199RVI + 0.446ME(27) + 1.175VA(9) − 4.294HO(7) − 4.964DI(7) + 0.446EN(11) + 0.226SM(5) + 0.471CR(9)	0.518 (0.388)	0.85	0.120
栎类	Y = − 0.117XS2 + 0.185XS3 + 0.173Slope − 0.403Elevation + 0.369SM(29) − 0.291CR(5)	0.263 (0.208)	0.99	0.122
杂阔类	Y = − 0.744XS3 + 0.705XS4 − 0.958PC1 + 1.933PC2 + 0.524PC3 − 1.175NDVI − 0.320Slope − 0.175VA(3) + 0.129EN(3) + 0.162CR(3)	0.298 (0.237)	0.98	0.044

从表 2-13 可见，由光谱、地形和纹理特征作为控制因素的 5 类森林生物量估算模型中，针叶林生物量估算模型的精度较高，而阔叶林的生物量估算精度较低（由模型验证的 RMS 解释）。从表 2-13 的第 5 列可以看出，针对不同的森林类型的生物量估算模型，不同纹理测度的引入是重要的，特别是对针叶林生物量估算，纹理特征导致了估算模型解释能力较大的变动。而对于阔叶林生物量估算，纹理特征的作用相对较低，主要是由于阔叶树树冠形状不规整，其空间的可重复性差，因而用纹理测度来再现阔叶林的空间形态特征时表达能力下降，如各种阔叶树形成杂阔类森林（大小、高低、形状不一的树冠彼此交叠），其空间重复异常紊乱，因而用 9 个纹理测度来探测其空间分布形态能力下降。

2.7.5 结论与讨论

通过研究发现，基于灰度共生矩阵的纹理测度在刻画森林空间分布形态上是有效的并且是重要的，特别是对于针叶林空间形态特征的表达，纹理测度十分有效，但是，纹理测度在表达阔叶林空间分布形态方面性能欠佳。同时，9 个纹理测度中，ME 和 VA 相对其他特征而言在刻画森林空间形态上有良好的性能，几乎每类估算模型它们都出现并且具有一定的解释生物量变动的能力。当然，遥感光谱特征和研究区地形特征在再现森林结构参数方面也是重要的控制因子。

第3章

风景林美学评价

3.1 德国古典森林美学的基本理论

3.1.1 德国古典森林美学的主要论点

1750年德国理性主义哲学家鲍姆加通（A. G. Baumgarten）教授出版《美学》第1卷。此后，经过德国古典主义哲学家康德（I. Kant）、谢林（F. W. J. V. Schelling），特别是黑格尔的丰富与发展，产生了严格的由概念系统构成的理论形态的学科——美学。

美学研究的内容主要包括美的本质、美的普遍性、美的客观性、美的妥当性等等。美学问题属于认识论的范畴，因而属于哲学的组成部分。19世纪中叶工业革命以来，科学技术的迅猛发展和生产力的极大提高，极大地改变了美的创作技巧，对人们的世界观产生了深刻的影响，美学与自然科学之间的相互渗透日益加强。

森林美学，是从自然科学的角度来研究美的本质和内容的林学的一个分支学科。“森林美学”，从词源上讲，是从德语 Forstaesthetik 一词翻译而来的，这是个由 Forst（森林）和 Aesthetik（美学）组成的复合词。但是德语中的 Forst 仅指用人工经营和培育的森林，即“施业林”。森林美学思想的萌芽可以追溯到18世纪初的德国。它以英式园林艺术为开端，使得巴罗克时代园林和景观建设中偏好的和常用的地貌形式和造型逐渐被自然形式所取代。这就是说，风景式园林的自然审美倾向引起了人们对森林美的注意。当时个别林主已开始有意识地美化自己的森林。

Forstaesthetik 一词是由德国冯·沙立希（H. VonSalisch）于1876年开始使用的，1885年他创立了“森林美学”，正式把“森林美学”定义为关于施业林美学理论的学说。冯·沙立希是德国林业实践家，也是一位林学家。他所经营的森林是德国艺术型林业的楷模，在几十年森林经营实践基础上提出的森林美学理论，对德国的林业发展具有深远的影响，当代德国林业发展的双重战略目标的形成（即培育木材和森林旅游并重）跟冯·沙立希的森林美学理论是一脉相承的。冯·沙立希的理论对我国风景林经营规划有着现实的借鉴作用，其主要观点可以概括为以下几点：

3.1.1.1 森林美是客观存在，森林美学是林学的一个分支

大多数具有正常感觉的人，对美的认识是一致的，森林美学就是研究美的本质和美的普遍性。冯·沙立希认为，大多数具有正常感觉器官的人，对森林的美感审辨力具有共同性。在此前提下，森林美学研究的重心在于如何实现森林的美化问题。实现森林美化的作业法是一系列特殊的森林艺术手段，虽然不同于一般商业林的营林技术体系，但仍属于林学的

范畴。

3.1.1.2 森林景观与园林景观在规模、景观要素结构、功能上有明显区别

冯·沙立希把森林和园林分得一清二楚，认为园林是模仿自然、再现自然的人工景观，在规模和景观要素的结构方面与森林景观有差别，而且在功能上有很大区别。他认为园林的经营目的在于为人们提供游憩的环境，不应该同时进行某种林产品的生产；而森林则是多功能的，不仅为人们提供游憩环境，同时还可以生产木材和其他林产品。他认为森林美学就应该探索施业林的美化问题，同时使施业林不间断地提供木材和其他林产品。施业林尽管有人力的作用，但比之其他艺术品，如园林、绘画、雕塑等，人力的作用微乎其微，所以施业林的美仍是以森林的自然美为主，不必再去模仿自然了。

3.1.1.3 森林美化与森林的经济目的可以统一

冯·沙立希认为美观的森林往往也是经济上最有效的，在实现森林经济目标的同时，也可以创造美好的森林景观。沙列希经营的森林就是这方面的模式。当时，到过冯·沙立希的森林中参观过的人都认为，他不仅在理论上创建了森林美学，而且在实践上树立了森林美学的样板。当代德国的林业被国际林学界视为生态和经济协同发展的艺术型林业，这与冯·沙立希的森林美学理论和实践不无相关。

3.1.1.4 森林景观的美有单纯美和复合美之分

单纯形式的美是指林木而言，复杂形式的美除林木外，还包括林区的山、水、鸟兽、林道、建筑物在内，要求各种景观协调和谐，安排得体。

3.1.1.5 植物是森林景观的主体，人工建筑物是森林景观的配角

植物构成了森林景观的主体，丰富多彩的植物为人们引发了视觉、听觉和嗅觉多方面的美感。冯·沙立希主张森林风景区内的人工建筑物越少越好，必要的旅游服务设施不能破坏森林景观的整体风貌，一切建筑物力求就地取材，使其和谐地跟周围的森林景观融为一体。沙立希认为，为了充分发挥植物在森林景观中的主体作用，在森林经营中应遵循以下一些美学原则：①尽量选择乡土树种；②合理配置常绿树种和落叶树种；③疏林、草地、水面等各种森林景观类型要多样化；④通过疏伐为林木提供足够的生存空间；⑤保持良好的森林卫生状况。

3.1.1.6 优美的森林景观应该在3个方面达到完美的境界：生活美、自然美、艺术美

生活美主要是指，方便的交通、完美的生活服务设施，即有吃喝玩乐的地方。自然美是指大自然的森林、草地、山川、日月星辰、鸟兽虫鱼以及宇宙间的奇特风光。即自然美不仅要求能用视觉器官观赏，而且要求听觉和嗅觉也能得到美的享受。森林的艺术美是指，森林只能表现生机勃勃、枯木逢春、山清水秀、郁郁葱葱的景象，从而激发人们热爱大自然、热爱祖国的高尚情操，而不能描写荒漠、死亡、断垣残壁、悲剧。

3.1.2 森林美的本质

世界上一切美好的事物，可分为两大类，即现实美和艺术美，现实美又有自然美和社会美之分，自然美是不依赖于人类社会而客观存在的、有序、均衡、和谐、完善、符合进化演替规律的事物。社会美是依赖于人类社会而存在的、符合社会进步和发展规律的事物。艺术美来源于现实美，但又不同于现实美，它是人们通过劳动和创造，把现实美进行加工、抽象，使之典型化，把现实美加以再现。森林美的本质何在呢？人们可以从以下几方面加以

认识：

3.1.2.1　森林美具有复合的属性

森林有天然林、人工林之分，天然林是以自然美为主，人工林的美包含着自然美和艺术美，某些风景林往往与人文景观融为一体，成为自然美、艺术美和社会美有机融合的森林景观。

3.1.2.2　森林美的主体是自然美

森林美的形成以自然力的影响为主，人为作用相对较小。但是人类急功近利的短期化行为的破坏力很大，这种破坏力可以把千百年形成的森林美毁于一旦。

3.1.2.3　森林美是一种自然、文化现象

森林美体现了自然界生态平衡、进化演替的客观规律，同时也反映了人类对自身生存环境的态度。随着社会的进步和发展，人类对森林美的追求更为迫切，因而森林美既是一种自然现象，也是人类社会的文化现象。

3.1.3　森林的美学特性

森林美在宏观上属于自然美的范畴，它包含着丰富的表象和内涵。森林的美学特性可以从森林植物的色彩、体态、形状、气味、声响、意境等方面进行分析。

3.1.3.1　色彩

鲜艳的色彩给人造成轻松欢乐的气氛，森林的色彩是通过植物的叶、花、果、枝条和树皮等呈现出来的，其中树叶的色彩起主导作用。色彩直接影响到环境的气氛，因而是一项重要的美学特性。物质世界有各种不同的色彩，各种色彩对光线的吸收和反射是不同的。红色的反射率为61%，黄色为65%，绿色为47%，青色为36%。反射率在60%以上的色彩容易使人产生刺眼的感觉，绿色和青色对光线的反射率比较适中，对人体神经系统、大脑皮质和视网膜组织的刺激比较柔和。森林植物色彩是以绿色和青色为主，人们在森林环境中感到愉悦和舒适，美感油然而起。森林景观的色彩多种多样，即便是绿色，还有深浅之分。美好的森林景观在绿色基调上，还有冷色调、暖色调、明色调、暗色调的协调和对比，变化万千的色彩，使人产生视觉上的美感。

3.1.3.2　体态

形象美是森林美中最显著的特征，主要表现为个体美、群体美和配合美（配合山水、建筑、其他树木或树群）。根据南京林业大学陆兆苏教授的研究成果，森林树木的个体美主要体现在：

（1）乔木　按高生长稳定后的自然高度来区分，有大乔木（12m以上）、中乔木（9～12m）、小乔木（5～8m）之分。大中乔木是森林景观的基本框架，使其具备立体的轮廓，在顶平面和垂直面上封闭空间，林冠的高度和宽度是限制空间边缘和范围的关键因素，由大中乔木构成的森林环境是一种宏伟、荫凉、幽静的绿色空间。小乔木也能从顶平面和垂直面限制空间，当其树冠低于视平线时，将从垂直面上完全封闭空间。当视线能透过树干和枝叶时，小乔木形成的漏窗使人对绿化空间产生深远感。小乔木形成的顶平面，使空间变矮，能使游人产生亲切感。

（2）灌木　按自然高度来区分，有高灌木（3～5m）、中灌木（1～2m）、矮灌木（0.3～1.0m）之分。高灌木能形成四周封闭、顶部开放的垂直面闭合空间，也能构成长廊型空间，

将人们的视线和行动引向终端。高灌木还可以形成一道绿色围墙，作为视线屏障或分隔景区之用。高灌木中有不少观叶、观花类的观赏植物，可以作为季相特色风景林的主要树种。高灌木作为某些人文景物（如雕塑）的背景，能把人文景物衬托得更加高大突出。中灌木的叶丛略高于地面，其美学特性与高灌木基本相同，但其围合的空间稍大些，能在高灌木与小灌木之间发挥视线过渡作用。矮灌木的叶丛贴近地面，但又高于地被物。它能在不遮挡视线的条件下限制和分隔空间，但并不以实体封闭空间，而是以暗示的方式来控制空间，矮灌木还能跟其他乔灌木形成对比，使其他树木的体态更加显得高大。

（3）地被物　是指高度在0.3m以下或爬蔓的草本或木本植物。地被植物与疏林、空旷地配合，构成稀疏型和空旷型森林景观，犹如一片绿色地毯，成为这二种景观的基调色彩。由地被物为主体的疏林草地和草坪，可以把周围的森林景观充分展现在游人视线内。这种绿色空间是游人小憩、娱乐、野餐、日光浴等活动的理想场所。爬蔓植物可以改变人工建筑物的色调，使人工建筑物和谐地融合于森林环境。

3.1.3.3　形状

形状，是指森林植物自然形成的轮廓，不含人工修剪而成的外形。在自然界，可以见到的树木形状有：纺锤形、圆柱形、水平展开形、圆球形、圆锥形、垂枝形、特殊形等。纺锤形和圆柱形突出了树木的垂直面，能给人一种超过实际高度的幻觉。此类树木如果安排过多，会形成过多的视线焦点，使景观构图破碎。水平展开形的树木，其树冠宽度和高度几乎相等，使景观构图产生一种宽阔的外延感，引导游人视线沿水平方面移动。此类树木与圆柱形及纺锤形配合，能构成明显的对比效果；如果与平坦的地形配合，可使地面显得更加广阔。圆球形树木在引导游人视线方面无方向性和倾向比，所以在景观构图中不会破坏景观的统一性，其形状圆柔温和，可以用来调和其他外形变化强烈的景物。圆锥形树木从底部逐渐向上收缩，最后在顶端形成尖塔状树冠，此类树木可以作为孤植和群植（3～5株）的材料，还可以跟尖塔形建筑或尖耸的山峰相呼应。垂枝形树木具有明显的悬垂或下弯的枝条，可以把游人的视线引向下方，适合配置在水边和高地的边沿地带。特殊形状的树木具有不规则的弯曲外形，有时能构成人体或动物的形状，不少古树名木都具有特殊的形状，往往成为单独的景观要素。

3.1.3.4　气味

不少森林植物能散发出多种有益于人体健康的气味，这些气体能调节心肌功能，促进血液循环，增加内分泌和人体免疫能力，使人产生嗅觉美感。目前，在一些发达国家中风行的森林浴，实质上就是让人们从呼吸道中吸取森林中各种芳香气体和负离子。这些气体不仅在嗅觉上提供美的享受，而且能促进人体各种机能的正常运作。

3.1.3.5　声响

森林中的各种自然声响能使人产生听觉美感，如潺潺流水声、秋风松涛声、杨树枝叶摩擦的簌簌声、竹林细雨的淅沥声、雨打芭蕉声、鸟鸣蝉噪声等，这种声响能烘托森林环境的幽深意境。南朝诗人王籍有一对名句：“蝉噪林愈静，鸟鸣山更幽”，就是对森林各种声响的真实描写，令人浮想联翩，美感倍增。

3.1.3.6　意境

意境美是具有一定文学修养、艺术修养和美学修养的人，在游览过程中通过感觉和联想，所抒发出来的一种神情意趣。森林的美学特征往往被人们赋予一种人格化的个性，这在

古今中外都可见到。在我国传统文化中，常把松柏视为坚贞不渝、浩气长存的象征；俄罗斯人特别喜爱白桦树，把它比喻为美丽纯洁的少女。

我国著名森林风景区和宗教有密切联系，有不少风景林就是因为有了庙观的存在而免遭劫难。地处森林公园中的寺院庙观，往往是旅游的热点。森林公园的建设要把自然景观和人文景观的功能结合在一起合理开发。有自然风光而无人文古迹则缺乏文化气息，有人文古迹而缺少森林景色，则无怡悦之情。江苏虞山国家森林公园有个佛教名寺兴福寺，寺内的"三绝碑"，是由宋代书画大师米芾手书唐代诗人常建《题破山寺石禅院》一诗的碑文："清晨入古寺，初日明（照）高林，竹（曲）径通幽处，禅房花木深，山光悦鸟性，潭影空人心，万籁此都（俱）寂，但余（惟闻）钟磬音"。这是一篇绝妙的森林风景的赞美诗，在这里，我们可以领会到山水、林木、花草、动物、寺院、钟声、相互渗透、和谐融合于一体。寺院的钟声虽非自然声响，但在森林环境中发出的古刹钟声，显然别有一番情趣。

3.1.4　森林的美学功能

根据森林在环境建设中的作用，可以归纳为以下四大美学功能：

3.1.4.1　构造功能

森林植物的构造功能主要体现在两个方面：一是充当野外游憩空间的围合物，二是可以构造景物。所谓游憩空间，是指由地平面、垂直面及顶平面单独或共同组合成的，具有实体性或暗示性的游憩范围。森林植物可以分别在上述三个面上发挥围合物的功能。在地平面上，不同种类、不同高度的地被物或矮灌木可以暗示空间的边界，在一块草地和一片小灌木丛之间边界处，虽不具有实体的垂直视线屏障，但却能暗示空间范围的变化。在垂直面上，森林植物以其树干和枝叶空间进行围合，树干好似直立于野外空间的支柱和围墙，它不仅以实体限制着空间，也以暗示的方式围合了空间。在顶平面上，树冠如同房屋的天花板，构成了空间的上方，直接影响着平面的美感。由于植物的各种美学特性的差别，构造了多种不同类型的森林风景，例如：由草地或灌木构成空旷型景观；由疏林、草地构成半空旷型景观；由复层混交异龄林构成垂直郁闭型景观；由单纯同龄林构成水平郁闭型景观。

森林植物还可以构造相互联系的游憩空间系列。森林植物构成的林带或片林如同一道道门窗、围墙或通道，引导游人穿越一个个空间，观赏各色各样的景观。江南园林艺术常用云墙、龙墙或灯窗墙作为分隔景区、构造空间的材料。在森林公园中，不宜搬用这种艺术手法，最好还是应用植物作为分隔景区的材料，构成大小不一的绿化空间，产生大与小、开与合、闹与静的对比效果。增添幽深、隐蔽、曲折的自然野趣，给人以"山穷水尽疑无路，柳暗花明又一村"的美感。森林植物可以作为构造框景的材料。所谓框景，是由画面和景框两部分组成的景观。植物可以作为框景的景框，也可以作为框景的自然画面。它以大量的叶片、枝干遮蔽了景物的四周，为景物提供无阻拦的视野，把游人的注意力吸引到画面上。森林公园、风景区中框景的画面可以采用远景，也可用近景，远景可取湖光山色、茫茫林海等；近景可取古树名木、亭台楼阁等。由于景框内外明暗对比和境界的差别，使框景形成一幅可望而不可及的大型天然风景画，从而使游人产生一种高雅的美感。在我国森林公园、风景区中，可以作为框景的场合相当多，稍加整饰，即可构造成美学价值很高的框景。

3.1.4.2　协调功能

森林植物能协调环境中不和谐的因素，软化和减弱外貌粗陋和呆板的建筑物，还可以把不同风格的建筑物或杂乱的景物协调为一个整体。在人文景观附近配置适当的树木，可以协调周围环境的气氛。在我国风景区的人文历史古迹附近，通过配置银杏、圆柏、柳杉等树木，能够增添古朴典雅的气氛。森林对地形的协调作用也是十分明显的，它能增强或减弱地形的变化。在缓坡丘陵或小山顶上的森林能增强地形的起伏感；反之，在山洼处的森林可以减弱地形的起伏感。游人在悬崖陡坡上的小道上行走时，如果路边有丛林，则可以缓解人们的恐惧感。

3.1.4.3 衬托功能

森林公园、风景区中的一个景点是由一个或几个景观要素组成的空间，凡美学价值较高的景点，一般都有相应的森林背景作为衬托，这种森林背景相当于舞台后面的天幕，决定了画面的基调。按照景深的差别，背景有远近之分。远背景可能是蓝天、白云、水面、群山、林海；近背景可能是乔木、大灌木或竹子构成的林墙。影响衬托功能主要因素是色彩，要综合考虑背景和被衬托景物的色彩冷暖度、明暗度、色相对比等要素。例如由枝叶浓密、叶色深绿的阴性树种构成的背景之前放置人工雕塑，就不能用相同的深绿色，而应该用白色、黄色或粉红等明色为宜；否则，这座雕塑就会被背景所“吞没”。凡能成功地发挥衬托功能的景点，大都属于色彩的巧妙搭配，利用森林植物具有多种色彩的特性，构成景点的基调和气氛，可以把某一景物加以强调和突出，把游人的注意力吸引到主要的审美对象之上。

3.1.4.4 屏障功能

利用森林植物，可以营造垂直郁闭型的林带或片林，从而把不雅观的地段巧妙地掩蔽起来。通过营造垂直郁闭型森林，还可以减低噪音，保护宁静的森林环境，在听觉方面发挥屏障功能。东方造园艺术崇尚曲幻含蓄的自然情趣，习惯于在公园入口处安排一些屏障，将全园景色适当遮掩，以免一进公园就把全园风景一览无余，即所谓障景艺术。有时在屏障物中再安排一些透视点，采取“虽遮犹露”的手法，激发游人怀着急切的情趣去寻幽览胜，即所谓漏景艺术。在大型森林公园、风景区的景点布局中，可以利用森林植物的屏障功能，安排适当的障景和漏景，以提高森林公园的美学价值。在森林公园中，难免有一些非游览性的人工建筑、服务设施和居民生活区，往往容易造成大煞风景的局面。利用森林植物的屏障功能，营造垂直郁闭型的林带或片林，可以把不雅观的地段巧妙地掩蔽起来。森林植物的屏障功能不仅体现在视觉的屏障作用，还可以在听觉方面发挥屏障功能。选择常绿、阴性、圆柱形或纺锤形的树种，造成垂直郁闭型森林，可以减低噪音，保护宁静的森林环境。

3.2 森林风景美学评价研究现状

3.2.1 国内外风景资源美学评价的基本流派

从事风景资源美学评价研究的人员，涉及许多领域，除了风景规划专家和专业资源管理人员外，还有一定比例的心理及行为科学家、生态学家、地理学家、林学家等。他们从不同的侧面或出发点对风景资源的美学评价提出了各自独特的方法，形成了目前公认的 4 个学派：专家学派、认知学派、经验学派、心理物理学派。

3.2.1.1 专家学派

专家学派认为，符合形式美原则的风景都具有较高的风景美学价值。风景美学评价工作是由少数几位训练有素的专家人员来完成的。用线条、形状、颜色和结构 4 个要素来分析景观的特点，根据诸如多样性、奇特性、统一性等形式美原则来评定风景的美学质量。专家学派的评价方法，如因子评价法，由于其实用性而经常被采用，如美国林务局的风景资源管理系统（VWS）、加拿大的风景评价及管理系统。

3. 2. 1. 2　认知学派

风景美学的认知学派是经 Appleton、Kaplan 和 Ulrich 等人发展起来的。该学派把进化论美学思想、情感学说以及对风景的整体把握思想融为一体，把风景作为人的生存空间、认识空间而不是自然成分来评价。该学派认为，自然风景的作用并不仅仅在于其作为审美对象而存在，也直接影响人的其他生理和心理的各种反应。优美的自然风景往往会明显地加快病人的恢复，产生积极的心理反应；而杂乱的城市风景则会延缓病体的恢复，产生消极的心理反应。

3. 2. 1. 3　经验学派

经验学派突出强调人在审美评判过程中的主观作用，把人的审美活动看作是人的个性及其文化历史背景、志向和情趣的表现。该学派的研究方法通过心理调查、问卷访问的方式，不仅评定风景的优劣，而且要详细地描述个人经历体会及关于某风景的感受，从而分析某种风景美学价值所产生的背景和环境。

3. 2. 1. 4　心理物理学派

Fechner（1860）、Stevens（1958）等研究建立了人的感觉同环境刺激物的物理特征（如声、光等）或一维变化的物体（如光亮度、声强、重叠等）的数量关系。在此理论基础上，Zube 等（1974）和 Daniel 等（1976）提出了心理物理学方法，把森林美和森林的物理特征（例如树木的胸径、树高、林分的郁闭度）联系起来，用于森林风景美学质量的研究。

我国具有独特的传统的风景美学理论（山水理论）。受该理论影响，对风景美学评价的研究大多处于传统的定性描述阶段，用艺术手段和文学语言对评价对象进行美的描述，是一种艺术再创造的过程。

20 世纪 60 年代以来，在西方风景资源美学评价理论的影响下，随着统计学和计算机技术、以 3S 为代表的空间信息技术的发展，国内一些有志于风景美学研究的学者，开始采用专家学派的因子评价法、经验学派的问卷调查法、心理物理学派的美景度测定法（SBE 法）和比较评判法（LCG 法），对风景资源美学评价做系统的研究，从定性研究到定量，取得了一些研究成果。

俞孔坚（1988）在基于美景度评判法和比较评判法两种方法的基础上，提出了平衡不完全区组比较评判法（BIB—LCJ 法），并用此法研究了公众、专家、非专业学生和专业学生在风景审美方面的特点及相互关系。结果表明，不同类型的人之间在自然风景的审美评判方面具有普遍的一致性。俞孔坚在风景质量评价方面进行较深入研究的基础上，提出“中国自然风景资源管理系统”，并于 1989 年在国家级丹霞风景名胜区总体规划中进行了较全面应用和相应修正，提出以美学质量、景观阈值、景观敏感度和景观特殊价值四类评价作为景观保护规划的基本依据。

3.2.2 国内外森林风景的美学评价

3.2.2.1 国外森林风景的美学评价

美国、俄罗斯近40年来对森林风景美学价值开展了许多研究，其研究方法有心理调查方法、心理物理学方法等，而后者应用的更多。通过心理物理学派途径研究森林的风景质量，一方面考虑了公众的平均审美评判标准，另一方面林木调查、经营等评价因子易于获得并易于控制，不仅在理论研究上，而且在实践应用上都是一种比较好的方法。

T. C. Brown 等（1986）用心理物理学方法建立了美国黄松（*Pinus ponderosa*）林分的风景美学价值回归模型。研究表明，美国黄松的风景美学价值在很大程度上可由黄松林分的物理特征来说明：美学价值随草本植物和大树的增加而增高；随着倒木和林木密度的增加而下降。

L. M. Arthur（1977）利用心理物理学途径研究风景林美学评价回归模型自变量的选择。他把风景因素分成自然成分、设计因素、林木调查指标三大类。其中，自然成分包括倒木、林木大小、密度等7个因子，设计因素包括观察仰角、景深、多样性等20个因子，林木调查指标主要指胸径、树高、郁闭度等测树因子。研究表明，林木调查指标与自然成分之间有很好的相关性，且用林木调查指标建立的模型更能有效地预测森林的风景美学质量。设计因素也能很好地预测风景质量，但这些因素较为抽象，不易量化和通过经营管理措施得到控制，因而实用性较差。

G. J. Buhyoff 等（1986）从林分结构出发研究建立美国长叶松（*Pinus palustris*）林分的风景预测模型。研究表明：林分年龄、平均直径、林分疏密度与风景美学质量呈正相关；而1~5英寸[①]径级的林木株数平方与风景美学质量呈负相关。Buhyoff 还采用植被调查方法测定的参数预测城市森林风景美学质量。研究发现，城市森林美学价值随林分平均胸高直径、胸高断面积、林冠郁闭度的增大而增高；树木大而稀疏的林分往往比树木小而密的林分具有较高的风景质量。

R. B. Hull 等（1986）研究建立了基于森林经营活动的森林风景美学价值时间序列分布模型。研究表明，总的来说，天然林分具有很高的风景美学价值；未经疏伐和强度疏伐的人工林次之，其中二者美学价值高低没有显著的不同。一般情况下，降低林木的密度可以提高风景美学价值，生产力较低的立地具有较高的风景美学价值；随着林分年龄的增长，风景美学价值也随之提高。

俄罗斯也是很早就注意风景林经营的国家，在城市周围建立了很多森林公园。俄罗斯林业工作者认为，森林美是测数调查因子和林貌因子综合而成的具有鲜艳的林相、和谐的分层结构的外貌以及爽心的内景的结合体。俄罗斯森林风景美学评价的方法类似于因子评价法，即按小班调查因子和林貌特征确定评价因子，建立相应的评分标准，通过评价因子得分来确定森林风景的优美程度。

3.2.2.2 国内森林风景的美学评价

国内的森林风景美学评价起步较晚且开展较少，主要开始于20世纪90年代且大都采用描述因子法，在现场进行评判，而且对美景度的得分值大多没有经过标准化处理，使不同研究结果之间可比性大大降低。评价的尺度多限于森林公园、景区、景点，对风景林小班的美

① 英寸 = 0.0254m

学评价研究较少，心理物理学方法在森林风景美学评价中的运用较为欠缺。

20世纪50年代初期，我国在中山陵风景区开展了首次风景林经理调查。20世纪60年代，在南京林业大学陆兆苏教授的主持下，开始对中山陵风景区进行风景小班的区划和风景林美学评价。根据长期的风景林经营实践，陆兆苏、赵德海等人根据风景林的外貌特征或森林公园某一地段与周围森林景观的联系，把中山陵风景区风景林划分为水平郁闭型、垂直郁闭型、空旷型、稀疏型、园林型等5种森林风景类型，每大类确定6个美学评价因子。每个因子都分成好、中、差3级，并分别赋值2、1、0分，然后分别类型累计得分，累计分数在10分以上者为第Ⅰ级，属保护巩固对象；分数在5~9分者为第Ⅱ级，属调整改善对象；分数在4分以下者为第Ⅲ级，属改造提高对象。同时还提出了树种组成、水平郁闭度、垂直郁闭度等17个风景林评价因子。

吴楚材（1991）应用心理物理学方法结合层次分析法及数量化理论Ⅰ，建立了国家森林公园风景质量评价的数量化模型，并应用该模型对张家界国家森林公园的景区、景点进行了定量评价。

倪淑萍、施德法（1996）以实地调查为基础，采用了定性定量相结合的方法对普陀山风景区森林景观进行评价。对20种景观因子分别采用10、7.5、5.0、2.5、0五级进行打分，然后进行偏相关分析、排序分类，划分为低分区（25~45分）、较低分区（45~60分）、中分区（60~80分）、高分区（80~100分）4种类型，并对主要森林景观提出了改造措施。

李春阳、周晓峰（1991）在帽儿山森林景观质量评价研究中，采用了调查分析法、民意测验法和直观评判法于一体的综合评价法，即定性描述和定量评价相结合的方法，利用大学生的现场评价资料，筛选出组成帽儿山景观的八大要素（地貌、植被、色彩、镶嵌度、奇特性、水体、飞禽走兽及邻近风景），建立了美景度与景观要素的多元线性回归模型。

但新球（1995）提出了由五大类、共17个因子组成的森林景观资源美学价值评价指标体系。这五大类是指新奇性（3个因子）、多样化程度（5个因子）、天然性与神秘性（4个因子）、科学价值与历史价值（3个因子）、和谐协调性（2个因子），每个因子区分为5级，每级赋予分值，然后按一定的权重计算各景观区的综合得分，根据综合得分进行景观等级划分。

3.3 风景资源评价的发展趋势

3.3.1 学派兼容并蓄，不断走向融合

20世纪60年代以来，景观评价以专家学派和心理物理学派之间的竞争为特色。它们都普遍接受景观质量来源于生物物理特征和观察者的感知判断过程这一观点，但专家学派在景观管理中居于主导地位，而心理物理学派在研究领域处于支配地位。它们都依赖于景观的可视特征，从可操作性角度评价景观质量，但很少直接涉及生物物理分析，也不直接评价声音、气味、触觉等特征，或多或少地存在一定的缺陷。这两种方法的区别在于景观概念、相对重要性与观察者的构成不同。经过40多年的探索，景观评价理论仍然缺乏统一的结论，西方学者偏爱抽象分析而忽视系统综合，这种思想仍延续至今。尽管这样，专家学派与心理

物理学派已开始呈现结合的趋势。21 世纪，景观评价各学派的不断融合，有助于更好地阐明景观特征，确保景观质量有效展示。

3.3.2 多学科交叉，注重量化评价

现代美学是由多因素形成的一个开放系统和不断创造的复合体，景观评价是涉及到艺术、环境、地理、人文、心理等边缘学科，已发展成为一门交叉性很强的科学，这就需要专业结构的调整，把相关学科浓缩为一体。只有运用哲学、社会学、人类学等多学科的理论方法，对审美主体和审美经验进行全方位、多角度探索，才能使景观评价有新的突破。借助统计学、应用数学、系统工程等理论，景观数量化评价将呈现多学科融合的发展趋势。因此，多学科融合和定量化评价仍是 21 世纪景观评价的主要特征。例如，以模糊数学为理论基础的模糊综合法，以灰色系统工程为基础的灰色聚类法、相似率价值工程法、基于遗传算法的可持续发展指数模型、细胞自动机模型。随着计算机技术的迅速发展，利用随机景观模型、邻域规则模型、景观过程模型（渗透模型、个体行为模型、空间动态模型）等描述景观格局和功能变化的景观生态模式评价已成为未来发展的新趋势。

3.3.3 强调环境信息，重视生态价值

20 世纪 60 年代以来，随着环境质量的不断恶化和生态危机的愈演愈烈，西方国家掀起了日益高涨的环境运动，景观的环境价值凸显出来，逐渐形成环境美学，使美学研究视野超出了艺术，对人类生活环境做出回应，具有重要的理论和现实意义。目前，传统景观评价受到以生物为中心的现代生态运动的挑战，以生态系统复杂的地理——时间动态为中心的生态美学也向传统景观评价提出质疑。生物中心哲学主张，内在的生态价值应当统领专家学派或心理物理学派所偏爱的美学价值。Gobster 认为，景观美学与生态质量具有一致性，应通过自然或生态价值去解释景观质量。许多环境要素，如地形、气候、温湿度、动植物与生态系统密切相关，生态系统中的潜在秩序是景观动态的基本线索，正常的秩序和生物群落有机地联系在一起，生物多样性及生物量均达最佳值，形成明确的环境特征（如雨林、沼泽等）。可见，生态系统是景观环境变化的控制性因素，体现了环境内部因素作用的结果，景观则是这种关系和结果的外部表象。生态平衡、秩序正常的环境才能生成和谐宜人颇具特色的景观。所以，生态环境价值较高的地域一般都具有较高的景观质量。总之，生物中心审美运动降低了人类的传统审美价值，而关注生态美及生物的自然生态价值，现代景观资源评价需要适应这种由地理、时间等环境条件决定的景观生态质量。

3.3.4 现代科技普遍应用，景观信息动态智能化

现代高新技术应用和多学科融合已经成为国际景观资源评价理论和方法创新的主要动力，不断推动评价走向数字化。利用 3S、图像处理、计算机等技术，可解决高密度收集景观信息的难题。根据遥感分类原理及现场感受样区测试，获取大范围景观形态感受信息，实现景观“遥感”，即从遥感图提取景观信息，将数字化景观环境与感受信息转换为图像或图形，通过多因素叠加得到景观感受信息，并与环境信息形成动态的环境景观——感受模拟框架。景观资源信息时空转译系统包括信息提取、检索、贮存、转译及基础数据的应用，它从视觉信息着手对景观形态美加以保护、开发、管理及再创造，同时模拟人类美感体验，改变

静态理解环境的传统观念，解决了景观评价现有方法的局限。其原理是以环境空间和表面要素为视觉信息载体，把景观主客体要素分解转译为一系列可为计算机识别、分析和运算的语言符号，把专家和公众模拟为一个载有审美意识的动点置入计算机景观世界中，通过人机交换实现景观美学评价及应用的一体化。

3.3.5 景观模拟逼真化，主观感受现场化

景观调查多靠现场踏勘、航片地形图转译（手工转译粗略）和幻灯片测试（缺少空间感受），但多数停留在视觉生理感受层次，缺乏主观环境感受、动态因素模拟及立体显示。所以，现有景观评价往往缺少动态的时空环境形态信息（季相、植物、水流、色彩、天象）及主观感受信息（景色、旷奥空间与景园时空序列）。现代全球信息系统和景观模拟技术不仅可提供地形、土壤、水体、地质、植被等环境信息，还可帮助人类在办公室就可以感受和领略大自然全真景观。视觉模拟技术通过图形、图像和模型对景观加以描述，显示、复制及再现真实或虚拟的外部世界。模拟技术分为经验模拟（身临其境环绕四周）和概念模拟（景观环境潜在结构及其关系），包括照相暗室技术、电视摄像模拟技术、计算机地形地貌三维显示及遥感全息技术。所以，现代景观信息收集、评价与规划由原来一次性向动态多次性转变，这要求信息收集、评价因素及权重必须不断调整。主观感受信息是景观信息收集中较为复杂的难题。解决办法是采用鱼眼镜头摄像技术，在现场以高密度空间模式收集信息，有效解决景观空间现场记录的问题，经过球银幕转换来展示空间感强烈的模拟景观。另外，用立体镜观测遥感照片可了解景观全貌和局部特征，景观美学评价专家利用其空间转换的意动能力和形象思维特长，可看出景观空间特征和表面分布，得到身临其境的景观感受，形成更为整体的空间认知。

3.3.6 关注历史内涵，景观文化地位上升

景观蕴含着千百年以来的生态演替和文化历史，是人类和自然共同创造的结晶。它包括自然与人文景观资源，人文景观主要有历史遗迹、纪念地、园林、寺庙、民俗风情等。所以，景观不单纯是自然或生态现象，也是人类文化的一部分，其形成深受社会背景、技术水平、文化基础的影响。而随着时间推移，每个时期又赋予原有景观新的文化内涵，这种文化不断积淀，构成景观的本质精神，即景观的人文化。它丰富了人类文明进程，影响着人们的观念意识，具有重要的社会作用。景观体验是人对环境的直觉反应，受到特定的文化、社会和哲学的深刻影响。衡量景观价值及其健康的标准是其保持文化特色的程度。通过自然与文化景观结合来实现景观总体形象的整合、塑造和强化，建设有深厚文化底蕴、有鲜明形象特征的特色景观，是现代景观经营规划的必然趋势。社会文化学派认为，景观是社会——文化结构的构成部分，强调环境景观价值的文化决定性和美学价值的重要性。所以，景观评价中，必须尽量挖掘当地特色及历史文脉，展现丰富的景观文化内涵，使之更加符合人们的审美及心理需要。

3.4 紫金山国家森林公园森林美学评价实践分析

目前，国内外对风景资源评价研究较多，形成了4个学派：专家学派、认知学派、经验

学派、心理物理学学派，但对于风景林的美学评价研究不多。国内风景资源的评价一般侧重于山、水、人文景观，多见宏观、定性的评价，而对风景林微观的、定量的美学评价研究比较少。在森林经理工作中，也缺乏风景林特有的林分调查因子。为此，有必要探索出一套风景林美学评价的方法，为风景林经营决策和整治措施的设计提供依据。

20 世纪 50 年代初期，我国在中山陵风景区开了首次风景林经理调查。从 20 世纪 60 年代开，在南京林业大学森林经理教研组主持和技术指导下，分别于 1963 年、1982 年、1988 年、2002 年对中陵风景区进行了 4 次风景小班的区划和风景林美学评价。

3.4.1 风景小班的区划

森林风景小班的调查是在森林经理小班调查的基础上开展的。由于森林经理调查小班内林分的生学特征比较一致，林分结构相对均一，保证了小班森林美学价值的相似性。因此，原则上风景小班界线与森林经理调查小班的界线应该是一致的。当森林经理调查小班的面积较大，各地段间的美价值有明显不同时，则可以在调查小班内进一步区划风景小班。另一方面，相邻调查小班面积较小，美学价值相差不大时，也可以合并为同一风景小班。根据上述原则，2002 年，中山陵风景区共划分为 667 个风景小班。

3.4.2 风景林类型的划分

根据中山陵风景林的外貌特征和林分结构，即根据风景小班内树木的多少、树冠的郁闭度以及林木的分布状况等把中山陵风景区风景林划分为以下 5 种森林风景类型：①水平郁闭型，由单层同龄林构成，次林层与主林层的平均高相差不到 20%，林木年龄相差不超过一个龄级期年，郁闭度在 0.4 以上，林木分布平均，能透视森林内景；②垂直郁闭型，由复层异龄林组成，次林层与主林层的平均高相差大于 20%，林木年龄相差超过一个龄级期年数。垂直郁闭度在 0.4 以上，林木呈丛状分布，树冠高低参差；③稀疏型，水平郁闭度在 0.1 ~ 0.3 之间，由丛状乔灌木或单株乔木构成，树冠发达；④空旷型，指林中空地、草坪或水面和草地相连的空旷地，水平郁闭度在 0.1 以下，周围有森林作背景；⑤园林型，由亭、台、楼、阁等建筑物和观赏植物综合配置而成，一般是名胜古迹所在地段。一个风景小班属于一种森林风景类型，在 2002 年划分的中山陵风景区的 667 个风景小班中，水平郁闭型、垂直郁闭型、空旷型、园林型、稀疏型小班的个数分别为 89、399、53、83、43。

3.4.3 风景林美学评价因子选择

根据森林风景美学评价心理物理学派的观点，森林的美学特征是由其本身的物理特征所决定的，通过林貌因子或测树调查因子可以反映森林的美学质量。根据以上思路，选择了树种组成、水平郁闭度、垂直郁闭度等 17 个风景林评价因子，每种森林风景类型确定 6 个美学评价因子。评价水平郁闭型风景林的主要美学因子有：①树种组成；②水平郁闭度；③透视度；④树冠长度；⑤色调对照；⑥卫生状况。评价垂直郁闭型风景林的主要美学因子有：①树种组成；②垂直郁闭度；③透视度；④树冠宽度；⑤色调对照；⑥卫生状况。评价稀疏型风景林的美学因子有：①树种组成；②树冠高度；③树冠长度；④树木配置；⑤地被物；⑥卫生状况。评价空旷型风景林的主要美学因子有：①空旷地形状；②树木配置；③周围林相；④地被物；⑤眺望条件；⑥空旷地结构。评价园林型风景林的主要美学因子有：①树种组成；②眺望条件；③建筑物；④服务性设施；⑤道路状况；⑥卫生状况。

3.4.4　风景林美学评价结果及分析

利用入选的美学评价因子，分别不同的森林风景类型对各风景小班进行美学等级评价。每个评价因子都分成好、中、差 3 级，并分别赋值 2、1、0 分，然后分类型累计得分。累计分数在 10 分以上者为第Ⅰ级，属保护巩固对象；分数在 5 ~ 9 分者为第Ⅱ级，属调整改善对象；分数在 4 分以下者为第Ⅲ级，属改造提高对象。为了和 1963 年、1982 年、1988 年的风景林美学评价结果相比较，将 2002 年中山陵的风景林美学评价结果与前 3 次汇总于表 3-1。

从表 3-1 可以看出，2002 年中山陵风景区风景林的美学等级与 1988 年相比，发生了较大的变化：Ⅰ、Ⅱ级风景小班所占的比重分别下降了 5%、21%，Ⅲ级风景小班所占的比重上升了 26%。与 1963 年相比，变化幅度更大：2002 年Ⅰ级风景小班所占的比重从 51% 下降到 16%，下降了 35%；Ⅲ级风景小班所占的比重则从 0% 上升到了 30%；而Ⅱ级风景小班所占的比重变化不大。改革开放初期的 1982 ~ 1988 年，中山陵景区的风景林美学等级没有发生大的变化，Ⅱ级风景小班仍占多数。从表 3-1 可以看出，1963 年以来的近 40 年间，在外来病虫害入侵、林龄老化、土地开发、违章建筑等众多自然因素和人为因素的干扰下，中山陵风景区森林美学等级不断呈下降趋势。在景观的尺度上，应用森林美学理论，通过风景林规划的途径，提高风景林美学质量，改善森林生态服务功能，已成为摆在风景林经营管理者面前的一个首要任务。

表 3-1　1963 ~ 2002 年紫金山风景林的美学等级变化表

评价时期	各美学等级风景林面积百分比（%）			评价时期	各美学等级风景林面积百分比（%）		
	Ⅰ	Ⅱ	Ⅲ		Ⅰ	Ⅱ	Ⅲ
1963	51	49	0	1988	21	75	4
1982	20	73	7	2002	16	54	30

3.5　基于 Geomatics 可视化功能的风景林美学评价方法研究——以南京梅花山为例

风景林是森林公园、风景区的基础。风景林或与名胜古迹融为一体，或通过陪衬、背景作用使风景增辉，或和独特的地貌特征相结合直接构成景观资源。风景林在森林公园、风景区中具有不可替代的作用，风景林规划是风景区规划、森林公园规划的一个重要内容。对风景林进行美学评价是进行风景林规划的前提。传统的风景林美学评价，是在区划风景小班、划分森林风景类型的基础上，由森林美学专家、风景区管理人员、林业勘察设计人员组成若干个评价小组，深入每个风景小班，记录风景小班所属的森林风景类型，根据风景林美学鉴定因子的参考标准进行现场评分。这种评价方法存在以下几个缺陷：①风景区、森林公园风景小班面积较大，受地形、坡度和林分结构的影响，实地现场评价难以全面细致地观测到全部美学评价因子，评价结果的准确性较差；②由于专业背景和人员组成不同，每个评价小组在操作过程中评价标准难以做到完全统一，造成评价结果缺乏可比性；③美学评价通常结合森林资源二类调查进行，评价周期长达 10 年，难以满足风景林规划设计的需要；④相对于城市园林景观来说，由于风景区、森林公园面积较大，实地进行风景林美学评价历时周期长、劳动强度大，需要消耗大量的人力、物力、财力，动态、实时评价数据很难获得。

Geomatics 一词最早出现在 20 世纪 60 年代末期的法国，1990 年由 Gagnon P. 把 Geomatics 定义为“利用各种手段，通过一切途径来获取和管理有关空间基础信息的空间数据部分的科学技术领域”。作为一门新学科，GIS、RS、GPS 被认为是其中最基本的支撑学科。可视化是一种计算方法，它将符号或数据转化为直观的几何图形，便于研究人员观察其模拟和计算过程。20 世纪 80 年代以来，国内外一大批功能强大的遥感、地理信息系统软件的出现，特别是 Virtual GIS 技术的日渐成熟，使可视化功能的实现成为可能，借助于可视化功能可以实现景观评价的实时化、动态化、低成本化。本节以南京梅花山为研究对象，以 IKNOS、Quick Bird 等高分辨率遥感数据、数字地面模型为主要信息源，通过遥感图像处理与地理信息系统软件 Arc GIS 9.0、Erdas 9.0 提供的可视化功能，实现风景林美学评价的室内计算机屏幕化，以期探索出一条科学适用的风景林美学评价之路，为风景林规划提供科学依据。

3.5.1 研究区域基本概况

梅花山，原名孙陵岗（又名吴王坟），地处南京中山陵园风景区，属北亚热带季风性气候，全年降水量 900 ~ 1 000mm，平均气温 15.7℃。1929 年中山陵园成立后，孙陵岗辟为中山植物园的蔷薇科花木区，山岗上广植梅花、樱花、碧桃、木瓜、棠梨等花木，其中以梅、樱为主，改变了梅花山的面貌，为其成为南京市春景点打下了基础。新中国成立后，中山陵园管理处在梅花山大量植梅。1958 年以后，开辟了 100 多亩[①]荒山，大量栽植了星星红、骨里红、照水、宫粉、跳枝、千叶红、长枝、胭脂、玉碟、送春等珍贵品种。1992 年以来，中山陵园管理处又在梅花山东侧开辟了一座新梅园。新梅园面积 72 309m^2，新植梅树 2 500 余株。同时，新梅园还配植了樱花、合欢、池杉等观赏植物，并铺设草坪，弥补了季节变化而造成的空白。园内还开辟了人工水面 6 672m^2，分成若干小的池塘，形成独特的水景。临池还筑有一座香无涯亭和一座冷香亭。现在梅花山占地 28hm^2，拥有梅花品种 200 余种，梅花 1.3 万株。南京梅花山正以其得天独厚的自然和人文优势吸引越来越多的海内外游人，逐渐成为全国的梅文化中心。

1963 年，在对中山陵园风景区进行第二森林经理复查时，增加了风景林美学评价的内容。在南京林业大学森林资源与环境学院规划组技术指导下，中山陵园管理局分别于 1982 年、1988 年、2002 年进行了对包括梅花山在内的另外 3 次风景林美学评价。值得注意的是，前 3 次风景林美学评价的对象主要是紫金山南麓明孝陵——中山陵——灵谷寺三点一线的风景林，共计 19 个林班 89 个小班，而 2002 年第 4 次则对紫金山 71 个林班、667 个风景小班进行了全面的美学评价。

3.5.2 研究方法

3.5.2.1 数据源

（1）2002 年紫金山森林资源二类调查的数字化林相图，共划分林班 71 个，小班 667

① 1 亩 = 1/15hm^2

个。在小班属性表中，除地类、林种、树种、平均胸径、平均树高、单位蓄积、郁闭度等常规调查因子外，还增加了美学等级这一风景林美学评价因子。其中 61 号林班的 1、2、3、4、8 号风景小班位于梅花山。

（2）2000 年 3 月 26 日的遥感卫星 IKNOS 数据包（全色 + 多光谱），全色波段空间分辨率为 1.0m × 1.0m，多光谱波段空间分辨率为 4.0m × 4.0m。2004 年 7 月 4 日遥感卫星 Quick Bird 数据包，全色波段空间分辨率为 0.6m × 0.6m，多光谱波段空间分辨率为 2.4m × 2.4m。根据紫金山 1∶10 000 地形图制作的空间分辨率为 3.3m × 3.3m 的数字高程模型（DEM）。

3.5.2.2　软件平台

（1）美国 ERDAS 公司开发的专业遥感图像处理与地理信息系统软件 Erdas 9.0。Quick Bird 卫星数据全色波段与多光谱波段的空间分辨率融合、自然色彩变换、对比度拉伸、研究区域空间子集生成主要通过 Erdas 9.0 完成。

（2）美国 ESRI 公司开发的全系列地理信息系统平台 Arc Gis 9.0。梅花山地形阴影图的生成、梅花山博爱阁视域分析均是通过 Arc Gis 9.0 的空间分析模块 Spatial Analyst 实现的。

3.5.2.3　技术路线

研究区域小班界线提取、空间子集生成──→DEM 模型与遥感卫片的叠加──→Virtual GIS 项目文件生成──→风景林类型划分──→美学评价因子的提取──→风景林美学等级计算──→风景林美学等级动态变化分析。

3.5.3　结果与分析

由于风景林属于特种用途林，经营集约度高，通常采用固定小班界线的小班经营法组织森林经营。因此，梅花山风景小班的划分按照 2002 年森林资源二类调查的区划方案，即梅花山共划分为 5 个风景小班，即 61 号林班的 1、2、3、4、8 号小班。通过对这 5 个风景小班 2000 ~ 2004 年美学等级动态分析来探讨 Geomatics 的可视化功能应用于风景林美学评价的途径和方法。

3.5.3.1　风景林类型的划分

根据中山陵风景林的外貌特征和林分的结构，即根据风景小班内树木的多少、树冠的郁闭度以及林木的分布状况等把中山陵风景区风景林划分为水平郁闭型、垂直郁闭型、空旷型、园林型等 5 种森林风景类型：① 水平郁闭型，由单层同龄林构成，次林层与主林层的平均高相差不到 20%，林木年龄相差不超过一个龄级期年数，水平郁闭度在 0.4 以上，林木分布平均，能透视森林内景；②垂直郁闭型，由复层异龄林组成，次林层与主林层的平均高相差大于 20%，林木年龄相差超过一个龄级期年数。垂直郁闭度在 0.4 以上，林木呈丛状分布，树冠高低参差；③稀疏型，水平郁闭度在 0.1 ~ 0.3 之间，由丛状乔灌木或单株乔木构成的疏林地，树冠发达；④空旷型，指林中空地、草坪或水面和草地相连的空旷地，水平郁闭度在 0.1 以下，周围有森林作背景；⑤园林型，由亭、台、楼、阁等建筑物和观赏植物综合配置而成，一般是名胜古迹所在地段。参照图 3-1、图 3-2，梅花山风景林的外貌特征和林分结构很容易从高分辨率卫片上直接提取。参照风景林类型划分标准，2000 年梅花山风景林可以划分为 4 种类型：水平郁闭型（2 号小班）、垂直郁闭型（3 号小班）、园林型（1、4 号小班）、空旷型（8 号小班）。2004 年梅花山森林风景类型划分结果与 2000 年相同。

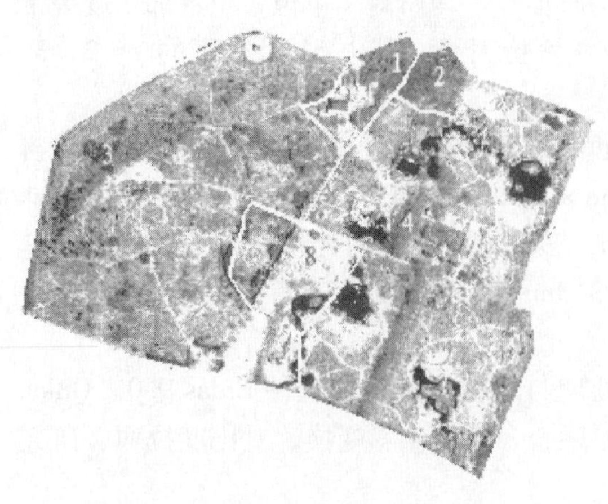

图 3-1　2000 年梅花山 IKNOS 卫片

图 3-2　2004 年梅花山 Quick Bird 卫片

3.5.3.2　风景林美学评价因子选择与提取

根据森林风景美学评价心理物理学派的观点，森林美学特征是由其本身的物理特征所决定的，通过林貌因子或测树调查因子可以反映森林的美学质量。选择树种组成、水平郁闭度、垂直郁闭度等 17 个风景林评价因子，每种森林风景类型确定 6 个美学评价因子。评价水平郁闭型风景林的主要美学因子有：①树种组成；②水平郁闭度；③透视度；④树冠长度；⑤色调对照；⑥卫生状况。评价垂直郁闭型风景林的主要美学因子有：①树种组成；②垂直郁闭度；③透视度；④树冠宽度；⑤色调对照；⑥卫生状况。评价空旷型风景林的主要美学因子有：①空旷地形状；②树木配置；③周围林相；④地被物；⑤眺望条件；⑥空旷地结构。评价园林型风景林的主要美学因子有：①树种组成；②眺望条件；③建筑物；④服务性设施；⑤道路状况；⑥卫生状况。

在 Erdas 的 Virtual GIS 模块支持下，借助于高分辨率卫星照片，上述绝大多数评价因子均可从卫片上通过目视判读的方式直接获取。树冠高度则需通过少许地面调查，通过建立树冠高度和宽度的线形回归关系获得，透视度则需参考郁闭度、小班的大小形状间接获取，地

图 3-3　梅花山地形阴影图

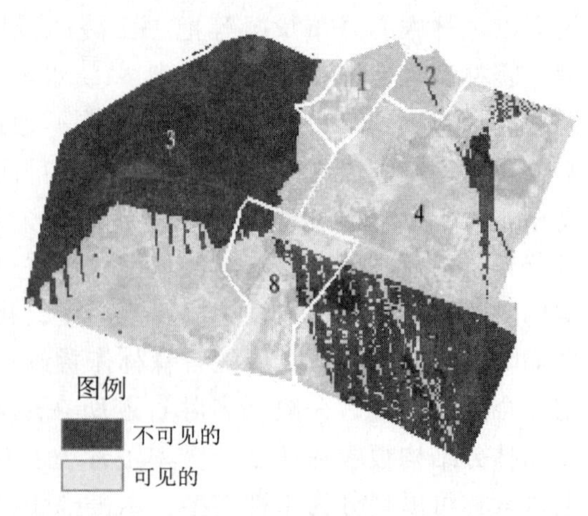

图 3-4　梅花山博爱阁视域分析图

形起伏状况可从根据梅花山 DEM 模型获得的地形阴影图直接获取（图 3-3），而眺望条件可以借助于 Arc Gis 的视域分析 Viewshed 工具提取（图 3-4）。

3.5.3.3　2000～2004 年梅花山风景林美学等级变化分析

利用入选的美学评价因子，分别森林风景类型对 2000 年、2004 年梅花山各风景小班进行美学等级评价。每个评价因子都分成好、中、差三级，并分别赋值 2、1、0 分，然后分别类型累计得分，累计分数在 10 分以上者为第Ⅰ级，属保护巩固对象；分数在 5～9 分者为第Ⅱ级，属调整改善对象；分数在 4 分以下者为第 III 级，属改造提高对象，评价结果见表 3-2。

表 3-2　2000～2004 年梅花山风景林美学等级变化分析

小班号	风景林类型	2000 年美学评价		2004 年美学评价	
		分值	等级	分值	等级
1	园林型风景林	10	Ⅰ	10	Ⅰ
2	水平郁闭型风景林	9	Ⅱ	10	Ⅰ
3	垂直郁闭型风景林	9	Ⅱ	10	Ⅰ
4	园林型风景林	10	Ⅰ	10	Ⅰ
8	空旷型风景林	9	Ⅱ	10	Ⅰ

从表 3-2 可以看出，2000～2004 年间，梅花山风景林美学质量呈变化不大、总体改善的趋势，5 个风景小班均达到Ⅰ级美学等级，但提高幅度不大。2 号水平郁闭型风景小班以枫香为主的林分内麻栎的比重有所增加，使得林木色调出现差别，对照程度提高。3 号垂直郁闭型风景小班由于近年来新植了雪松、国外松、香樟等高大乔木，使垂直郁闭度有所提高。8 号空旷型风景小班低茎草地的覆盖度较大，从而提高了美学评价分值。而 1 号和 4 号园林型风景小班美学等级在此期间没有发生变化。

2004 年，梅花山 5 个风景小班虽然均进入了Ⅰ级美学等级，但对照森林风景美学评价标准，距离 12 分的理想值尚有一段距离。2 号水平郁闭型风景小班树种比较单一，林木色调差别不明显，同时林分郁闭度大，小班透视度低。同样，3 号垂直郁闭型风景小班的林分郁闭度大，透视距离近，并且高大乔木的比重偏低，导致垂直郁闭度不高。1 号、4 号园林型风景小班面积虽大，但缺乏可以远眺的人工建筑；亭台楼阁不少，如 1 号小班的知春亭、疏影堂，4 号小班的冷香亭、香无涯亭，但均系现代人工建筑，缺乏与梅文化相呼应、具有深刻文化内涵的文物古迹。8 号空旷型风景小班周围林相比较单调，缺乏眺望条件。

3.5.4　建议与讨论

对于垂直郁闭型风景小班，在增加梅花品种的同时，注意适当降低林分的郁闭度，增加林分的透视距离，同时增加马尾松、黑松、香樟等高大常绿乔木的比重，丰富小班的季相色彩。对于园林型风景小班，应因地制宜地建造少量的具有一定高度的观光亭，改善登高眺望条件，同时紧紧围绕梅文化，改建、仿建一批具有历史文物价值的建筑，提高园林建筑的文化品位。对于水平郁闭型风景小班，应在枫香、麻栎主林层下栽植常绿小乔木，将其改造成垂直郁闭型风景林，同时通过疏伐的方式适当降低林分郁闭度，增加林分的透视度。对于空旷型风景林，通过插植、补植的方式营造复层异龄混交林，改善周围林相，同时结合旅游服务设施的建设改善眺望条件。

基于可视化技术的风景林美学评价方法，按照现有的风景林美学评价指标体系，虽然绝大多数评价因子的提取能够做到室内的计算机屏幕化，但仍有极少数评价因子需要地面调查或借助于传统的地面调查资料。这种方法虽然还不能完全替代传统的方法，但大大降低了现场实地进行美学评价的劳动强度，避免了因评价人员的不同而造成的结果不统一，缩短了进行美学评价的时间间隔，从而大幅度降低了进行风景林评价的成本，为实时、动态地获取风景林美学评价数据提供了可能。研制适合于可视化环境的风景林美学评价指标体系和评价标准，则是基于可视化技术的风景林美学评价今后需要进一步研究的内容。

3.6 风景林美学评价与森林旅游活动适宜度量化模型研究

3.6.1 研究背景

风景林是森林公园、风景区的基础。风景林或与名胜古迹融为一体，或通过陪衬、背景作用使风景增辉，或和独特的地貌特征相结合直接构成景观资源。提高森林美景度，为开展观光、休闲、度假、科普等各种森林旅游活动奠定物质基础，是风景林经营的主要目标。对风景林进行美学评价和森林旅游活动适宜度评级是进行风景林规划的前提。

目前，国外对风景资源评价研究较多，形成了目前公认的4个学派：专家学派、认知学派、经验学派、心理物理学派。其中，心理物理学方法把审美态度测量同风景成分的定量分析结合起来，实现用数字模型来评价和预测风景质量，而且模型本身具有一整套的检验方法，使该风景评价方法具有很高的灵敏性。Daniel 和 Boster（1976）、Zube（1975）研究证明，照片和幻灯作为评价媒介同现场评价无显著差异，从而为心里物理学方法应用于风景林评价实践提供了理论依据。

相对于风景资源评价，我国风景林美学评价国外理论介绍多，实证分析少；定性研究多，量化分析少，影响风景林美景度的生态环境因子有哪些，影响程度如何，均缺乏深入研究。风景林的经营目标是提高森林美景度，而森林公园、风景区的经营目标是通过开展各种森林旅游活动、吸引更多游客提高经济效益，风景林美景度与森林旅游活动适宜度的关系是否一致，国内尚未看到相关研究报道。各种森林旅游活动在空间布局上是否存在着交叉重叠现象，这种不一致现象对风景林空间布局和经营措施的制定有什么影响，国内目前尚处于空白研究阶段。

本节以南京紫金山国家森林公园为研究对象，选取45个有代表性的风景点，采用心理物理学派的美景度评价方法和旅游可接受尺度，通过游客问卷调查进行风景林美景度评价和旅游活动适宜度评级，在此基础上，利用 ArcGis 的空间分析功能，建立风景林美景度和旅游活动适宜度评价模型，进行风景林美景度与旅游活动适宜度关系及空间格局分析，以期探索出一套风景林美景度和旅游活动适宜度评价方法，对风景林空间布局规划和经营措施设计提供理论依据。

3.6.2 材料与方法

3.6.2.1 数据源

（1）*美景度评价、旅游活动适宜度评级数据* 2007年4月、2007年7月，课题组采用手持GPS定位，数码相机拍照的方式，获取研究地区不同类型、不同时相风景林照片共225张，采取典型抽样的方式，选取其中的45张。针对林学本科、城市规划本科、风景园林研究生3种不同专业背景、不同学历层次的学生，从风景林美景度与不同类型旅游活动适宜度两个方面进行问卷调查。风景林美景度评价，采用心理物理学派的美景度评价方法（SBE）10分制，数值越大，风景越美；数值越小，风景越差。旅游活动评级，采用9级可接受尺度来进行旅游活动评级，+4表示最适合的，-4表示最不适合的，0表示中性的。旅游活动分为运动型、观光型、休闲娱乐、采摘尝购、狩猎捕捉、疗养度假、科普艺术7个大类，每一大类下面又分若干小类，评价只针对旅游活动大类进行，但当作出最适合和最不适合的旅游活动选择时，应将具体旅游活动项目的编号填在调查表中。

（2）*GIS空间分析数据* 2002年紫金山森林资源二类调查的数字化林相图，共划分林班71个，小班667个，其中主要地类有针叶林、针阔混交林、阔叶林、农地、苗圃、草坪、水域、建筑用地；2004年7月4日遥感卫星Quick Bird数据包（全色+多光谱），全色波段空间分辨率为0.6m×0.6m，多光谱波段空间分辨率为2.4m×2.4m；根据紫金山1:10 000地形图制作的空间分辨率为3.3m×3.3m的数字高程模型。

3.6.2.2 软件平台

美国ERDAS公司开发的专业遥感图像处理与地理信息系统软件Erdas 9.0、美国ESRI公司开发的全系列地理信息系统平台Arc Gis 9.2、美国SYSTAT软件公司开发的统计分析软件SYSTAT 12.0。Quick Bird卫星图像预处理、全色波段与多光谱波段的空间分辨率融合、自然色彩变换、空间子集运算主要通过Erdas9.0完成。道路、居民点图层的生成是通过Arc Gis 9.2的Arc Catalog、Arc Map模块实现，而缓冲区分析、克里金内插、坡度生成、栅格运算、数据重分类则是通过Arc Gis 9.2的空间分析模块Spatial Analyst实现，调查点风景林林分年龄、蓄积量、郁闭度、坡度等生态环境因子的提取是利用Arc Gis平台上外挂式分析工具Hawth Tools中的Intersect Point Tool实现的。数据相关分析、数据变换、多元线性回归则是通过SYSTAT 12.0实现的。

3.6.2.3 技术路线

美景度评价、旅游活动适宜度评级调查数据分析──→风景点生态环境因子提取──→生态环境因子相关分析、数据变换──→美景度、旅游活动适宜度评价模型建立──→美景度、旅游活动适宜度相关分析──→旅游活动适宜度专题图叠加──→风景林空间布局、经营措施建议。

3.6.3 结果与分析

3.6.3.1 美景度评价、旅游活动适宜度评级调查数据分析

在45张幻灯片中，园林型风景林17张，垂直郁闭性型7张，空旷型12张，水平郁闭型4张，稀疏型5张，不同类型风景林的划分标准同3.5节。本次调查问卷，共收回有效问卷97份，其中林学专业本科21份、城市规划本科42份、风景园林研究生34份（分析结果见表3-3）。按照美景度评价打分情况，按照从高到低的顺序排列，分别为稀疏型（6.228）

＞空旷型（6.064）＞园林型（6.042）＞水平郁闭型（5.564）＞垂直郁闭型（4.675）。根据紫金山风景林各种旅游活动适宜度评分结果，紫金山国家森林公园最适宜开展的森林旅游活动依次为观光型（1.269）、休闲娱乐型（0.750）、科普艺术型（0.294），最不适合开展的旅游项目依次为狩猎捕捉型（－0.734）、疗养度假型（－0.650）、采摘尝购型（－0.584），运动型旅游活动适宜度不高，仅有0.250。根据2002年森林资源调查数据，紫金山风景林中，美景度评价得分较高的稀疏型、空旷型、园林型风景林的面积分别仅占5.74%、8.01%、12.54%，合计只有26.29%，而美景度评价较低的水平郁闭型和垂直郁闭型风景林面积比例却高达73.71%。从以上分析可以看出，紫金山美景度较高、适宜开展旅游活动的风景林所占面积较小，导致旅游景点冷热不均现象严重；在适宜开展的旅游活动中，以观光、休闲娱乐、科普艺术为主，群众参与型的运动型、采摘尝购、健身疗养项目较少，城市森林公园的作用并未得到充分发挥。

表3-3　风景林美景度与旅游活动适宜度评分统计

风景林类型	美景度	运动型	观光型	休闲娱乐	采摘尝购	狩猎捕捉	疗养度假	科普艺术
垂直郁闭	4.675	0.243	0.841	0.312	－0.451	－0.461	－0.328	0.171
空旷型	6.064	0.635	1.922	1.665	－0.972	－1.198	0.600	0.600
水平郁闭	5.564	0.410	1.884	1.356	－0.088	－0.593	0.621	0.621
稀疏型	6.228	0.348	1.928	1.594	－0.898	－1.301	0.443	0.443
园林型	6.042	－0.179	1.945	1.231	－1.362	－1.639	0.273	0.273
加权平均	5.166	0.250	1.269	0.750	－0.584	－0.734	－0.650	0.294

3.6.3.2　美景度、旅游活动适宜度评价模型

根据相关文献研究成果，风景林美景度、旅游活动适宜度与林分单位面积蓄积量、郁闭度、平均高度、平均直径、平均年龄等林分调查因子有关，与风景林所处的坡度、海拔等地形因子有关，并受到与居民点距离大小、离道路远近等人类干扰因子的影响。在Arc Gis平台上，利用地面调查点风景林的地理坐标生成包含45个要素的Point Shape文件，利用外挂式分析工具Hawth Tools中的Intersect Point Tool提取这些风景点的9个生态环境因子。在进行多元线性回归之前，先对上述9个环境因子进行Pearson相关分析。相关分析表明，单位面积蓄积量、郁闭度、平均高度、平均直径、平均年龄5个林分调查因子两两彼此相互关联，相关系数均在0.90以上，坡度、海拔的相关系数为0.82。选取旅游者容易感知的林分郁闭度、海拔分别代表林分调查因子、地形因子参加建模；对不符合正态分布的2个人类干扰因子、海拔则分别采用自然对数、平方根变换以满足多元线性回归独立、正态的建模要求。分别以45块风景林美景度评价、紫金山森林公园适宜开展的5大旅游活动（观光、运动、休闲娱乐、科普、疗养度假）的适宜度评级问卷调查数据为因变量，以林分郁闭度、离居民点距离、离道路距离、海拔为自变量建立如下6个多元线性回归方程（表3-4）。

表 3-4　美景度、旅游活动适宜度评价模型相关系数

环境因子	美景度	运动型	观光型	休闲娱乐	疗养度假	科普型
常数项	7. 696	1. 580	3. 462	4. 234	2. 839	1. 041
郁闭度	1. 913	-0. 020	0. 915	-0. 158	0. 782	2. 005
离居民点距离	-0. 209	-0. 086	-0. 145	-0. 172	-0. 263	0. 062
离道路距离	-0. 028	0. 010	-0. 017	-0. 019	-0. 004	0. 005
海拔	-0. 326	-0. 250	-0. 281	-0. 416	-0. 340	-0. 364

从表 3-4 可以看出，风景林的美景度与林分经营状况正相关，与人类干扰因子、海拔高度成负相关关系。林分郁闭度、平均直径、平均树高、单位蓄积量、林分年龄越大，风景林美景度越高。离居民点、道路距离越远，人类干扰活动越少，环境越安静，风景林的美景度越高。风景林的美景度与海拔高度呈负相关的原因，与中山陵、明孝陵、灵谷寺等著名景点大多处于中低海拔位置有关。与风景林美景度相比，环境因子对观光型旅游活动（观花、观山石、观鸟、观蝶）和疗养度假（森林浴、气功、露营）旅游活动适宜度的影响趋势相同，但风景林生长状况对观光型、疗养度假型旅游活动适宜度的影响程度较低，可能与这些活动的开展需要一定程度林分开阔度有关。运动型旅游活动（徒步旅行、划船 、游泳 、打高尔夫球、打羽毛球）、休闲娱乐型旅游活动（散步、林中小憩、品茶、对弈、垂钓、野炊）均需要地势比较平坦的林分开敞空间、大面积的水面、草坪，所以这些活动的适宜度与海拔高度、林分生长状况负相关。值得注意的是，运动型旅游活动对交通条件的依赖程度较高，而休闲娱乐活动追求安静的环境，因此前者与交通状况正相关，后者则呈现相反趋势。科普型旅游活动（野生动植物知识讲座、动植物标本制作、风光摄影、绘画写生）讲究身临其境，要求具备一定的科普场所、保证旅游者的安全。因此，科普型旅游活动与风景林生长状况成比较强的正相关，与离居民点、道路距离成比较弱的正相关，与海拔高度成负相关。

3. 6. 3. 3　美景度、旅游活动适宜度相关关系分析

从表 3-4 可以看出，影响风景林美景度和各种旅游活动适宜度的生态环境因子虽然相同，但生态环境因子对因变量影响的程度和方向各不相同。风景林的经营目标是提高森林美景度，而森林公园、风景区的经营目标是通过开展各种森林旅游活动、吸引更多游客提高经济效益，风景林美景度与森林旅游活动适宜度的关系是否完全一致呢？为了进一步了解风景度和旅游活动适宜度的相关关系，以便为风景林经营措施的制定提供科学依据，在调查问卷基础上，采用统计分析软件 SYSTAT 12. 0 对 45 块风景林的美景度和旅游活动适宜度进行 Pearson 相关分析（表 3-5）。

从表 3-5 可以看出，风景林的美景度与观光型、休闲娱乐型旅游活动的适宜度成正相关关系，相关系数分别为 0. 942、0. 755，与疗养度假、科普型旅游活动的相关系数较低，与运动型旅游活动的相关系数仅有 0. 340。也就是说，提高风景林美景度的森林经营措施能够极大提高地观光型旅游活动的适宜度、较为明显地改善休闲度假型旅游活动适宜度，但对运动型旅游活动适宜度的改善作用并不明显。从表 3-5 可以看出，各项森林旅游活动适宜度之间的相关关系也并不完全一致。其中，休闲娱乐与疗养度假（0. 880）、观光型与休闲娱乐（0. 799）呈较为密切的正相关关系，疗养度假与科普性（0. 157）、休闲娱乐与科普型

(0.200）相关系数较低，运动型与科普型（-0.151）甚至呈负相关关系。换言之，提高休闲娱乐型旅游活动的森林经营措施可以显著地提高疗养度假型、观光型旅游活动的适宜度，但对科普型旅游活动适宜度的改善作用甚微，提高运动型旅游活动适宜度的森林经营措施甚至会恶化风景林科普型旅游活动功能。

表 3-5　美景度与旅游活动适宜度 Pearson 相关系数矩阵

	美景度	观光型	运动型	休闲娱乐	疗养度假	科普型
美景度	1.000					
观光型	0.942	1.000				
运动型	0.340	0.369	1.000			
休闲娱乐	0.755	0.799	0.555	1.000		
疗养度假	0.683	0.720	0.528	0.880	1.000	
科普型	0.639	0.545	-0.151	0.200	0.157	1.000

3.6.3.4　森林旅游活动空间格局分析

在紫金山国家森林公园，由于林相、区位、交通、历史古迹多少的影响，有的风景林地段适于开展多种森林旅游活动，有的地段可能不适合开展森林旅游活动，有的地段只适合开展单一森林旅游活动。明确各种森林旅游活动在地域上的空间分布，了解各种森林旅游活动在空间布局上是否存在着交叉重叠现象，可以因地制宜地制定森林经营措施。

在建立各种森林旅游活动适宜度评价模型基础上，采用 ArcGis 9.2 空间分析模块 Spatial Analyst 中的 Raster Calculator 进行参数反演，生成各种旅游活动适宜度专题图并进行数据重分类，转换成仅包含最适宜、较适宜、不适宜 3 种栅格数据的专题图，再对 5 种森林旅游活动重分类后的适宜度专题图进行叠加运算，生成森林旅游活动空间格局分布图（图 3-5）。

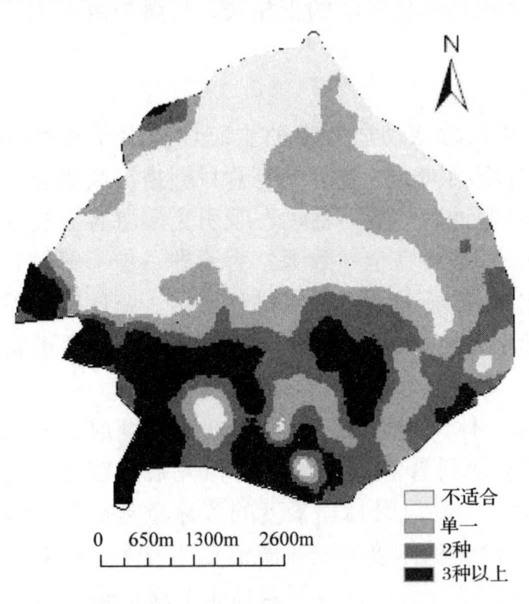

图 3-5　森林旅游活动空间格局分布图

从图 3-5 可以看出，适合观光、休闲娱乐、疗养度假等 3 种以上森林旅游活动的地段主要集中在白马公园、明孝陵、中山陵、灵谷寺等核心景区周围，面积占森林公园经营面积的 22.61%。适合休闲娱乐、疗养度假 2 种森林旅游活动地段的面积占森林公园面积的 14.17%，主要分布在交通便利、地势平缓、人文景点众多的紫金山南坡。适合科普型一种森林旅游活动的地段主要分布在紫金山北坡的东部，面积占森林公园经营面积的 24.91%。该区域森林覆盖率高，人为干扰活动较少，是紫金山仅有的河麂、艾鼬、刺猬、草兔等 6 种野生哺乳动物的栖息地、繁殖地，同时包含军民友谊水库、上下黄马水库、紫金山水库，是开展风光摄影、动植物标本制作等科普型森林旅游活动的理想场所。紫金山山脊及其北坡西部，占森林公园经营总面积 38.31% 的广大区域，坡度较陡、岩石裸露、立地条件较差，马尾松、黑松生长不良，除了水土保持和水源涵养等生态功能外，并不适合开展森林旅游活动。

3.6.4　结论与讨论

（1）作为一个 5A 级国家森林公园，紫金山美景度较高、适宜开展旅游活动的风景林所占面积较小，导致旅游景点冷热不均现象严重；在适宜开展的旅游活动中，以观光、休闲娱乐、科普艺术为主，群众参与型的运动型、采摘尝购、健身疗养项目较少，城市森林公园的作用并未得到充分发挥。

（2）多元线性回归模型表明，直径、树高、郁闭度等林分因子，海拔、坡度等地形因子，距离居民点、道路远近等人类干扰因子，是影响风景林美景度及各种森林旅游活动适宜度的主要生态环境因子，但影响的方向和程度各不相同。

（3）风景林美景度与森林旅游活动适宜度的相关分析表明，风景林美景度与各种森林旅游活动适宜度、各种森林旅游活动适宜度之间的相关关系并不完全一致。这就意味着提高森林美景度的经营措施并不能完全促进各种森林旅游活动的适宜度，以各种森林旅游活动为导向的风景林经营技术体系彼此之间并不完全一致。

（4）森林旅游活动空间格局分析表明，各种森林旅游活动在空间分布上存在着较为严重的交叉重叠现象。如果同一地域适合多种森林旅游活动，而这些森林旅游活动的经营目标存在矛盾冲突时，如何制定森林经营技术体系？在森林公园里存在着大面积的不适合开展森林旅游活动的风景林，针对这些风景林，其经营目标和技术体系如何确定？都是今后需要进一步研究的课题。

（5）在建立风景林美景度、旅游活动适宜度评价模型的时，尽管进行了数据相关分析、数据变换，保证了模型中生态环境变量独立、正态的建模要求，然而 6 个多元线性回归模型的回归系数 R 并不高，R^2 最大的只有 0.572，最小的只有 0.390，平均只有 0.497，也就是说，模型中 50% 以上的方差无法解释。原因在于美景度和旅游活动适宜度是由景观本身的特征和评判者本身的审美尺度 2 个方面决定，对于评判者本身的审美尺度如何量化，目前仍然没有找到科学的方法。

第4章

森林公园总体规划

4.1 森林公园总体规划概述

4.1.1 总体规划的定义

森林公园总体规划是由具有规划设计资质的单位，按照《森林公园总体规划设计规范》（1995）行业标准，在深入调查、综合分析森林公园相关资源的基础上，确立正确的目标定位、发展方向和开发理念，对各种建设项目、项目的实施范围及其设计风格、造型、布局、体量、内容等形成一套完整的、科学的规范性文本，是经过有关方面专家评审论证并根据所提意见修改完善后，上报林业主管部门获得审查批复的文本。

完美的森林公园总体规划必须具备严格保护森林资源，突出生态旅游，体现人与自然和谐相处和可持续发展的目标；按照美学观点，合理布局，动静结合，雅俗共存，人工建筑与周围环境相协调，达到美观与适用的有机结合；通过规划实施，形成优势互补、主题突出、特色鲜明的旅游景区。

4.1.2 总体规划的作用

首先，森林公园总体规划是一种规范行政管理的手段。我国大多数森林公园是以林场为主体建立起来的，与林场实行“两块牌子、一套机构”的管理体制。在森林旅游业的发展过程中，有的地区任意划走国有林场的林地，改变山林权属；有的国有林场被排斥在旅游事业之外；有的单位随意开山取石、大兴土木，砍伐林木，占据了最好的风景地段。通过总体规划，可以明确森林公园是林业的一个重要组成部分，防止将森林旅游资源部分低价转让或无偿划拨而由非林业部门、公司或个体经营管理现象的发生。

其次，森林公园总体规划也是一种规范行业管理的措施。森林公园建设周期长，投资大，总体规划期限一般为5年以上，工程设施投资一般在数千万元以上，需要管理部门几任领导班子的不懈努力。有了总体规划，在公园领导班子变动时可以保证项目的连续性。同时，森林公园总体规划，也可以作为宣传资料向社会公开，为招商引资提供项目支持。

第三，总体规划是一种森林公园经营管理的指南。通过总体规划可以明确森林公园建设的指导思想，发挥潜在资源优势，挖掘资源内涵，找准主打森林旅游产品和商品，精确定位旅游市场，确定正确的开发方向，合理组织旅游线路，塑造良好的整体形象，在宣传促销、招商引资的基础上进行开发建设，实现社会、生态、经济三大效益的协调统一。

4.1.3　总体规划的深度和广度

森林公园总体规划设计的深度，应达到初步设计的要求。在初步设计阶段，要对森林公园的位置和境界范围从技术及经济上进行论证；确定森林公园的内部和外部交通类型及衔接点；进行开发顺序及动力、水源、基建等问题的论证。在投资概算上，应能准确反映设计内容。设计深度应能满足控制投资，安排年度计划及基建投资预算的要求。

森林公园总体规划设计的广度，即规划设计的内容，一般而论，需要解决森林公园经营方针、经营规模、旅游规划、植物景观规划、服务设施规划等问题，具体内容包括总体布局、道路规划、景区、景点规划、森林游憩规划、旅游服务设施规划、景观绿化工程规划、景观资源保护规划、基础工程规划、组织机构、人员编制规划、投资概算和效益估算等。

4.1.4　与风景区规划、森林经营方案的关系

4.1.4.1　森林公园与风景名胜区的区别与联系

（1）*从风景资源的角度*　风景名胜区中一般都有森林公园，或者说森林公园大多位于风景名胜区内；其次，风景名胜区的精华地段也大多位于森林公园境内。例如，富春江——新安江风景名胜区中，就有千岛湖、新安江、富春江、大奇山森林公园，其中，风景资源价值最大的地段就在富春江森林公园范围内的七里泷。有的风景名胜区在地域范围上完全等同于森林公园，如道教三十六洞天之一的石门洞，又如南京紫金山国家森林公园和中山陵园风景区。因此，从风景资源的角度，森林公园与风景名胜区是相同的。如果说有什么差距，只是森林公园的植被保护、生物资源和森林景观更优于风景名胜区。

（2）*从规划的范围角度*　森林公园，尤其是在单一国有林场基础建立起来的森林公园，是按其经营面积或权属界限为范围进行总体规划的，而风景名胜区相对于森林公园，通常是包含有多种权属成分或多个行政区的一个区域。风景名胜区总体规划的区域概念是经济区域，一般不受行政区域界限的制约。

4.1.4.2　森林公园规划与风景区名胜区规划的关系

由于森林公园通常是风景名胜区中的一部分，从风景资源的角度出发，森林公园必须以风景名胜区的总体规划为依据，密切注意与相邻地区，尤其是与依托城镇与旅游景点的关系，尽量与风景名胜区总体规划相协调，避免权属范围不一致带来的规划无法实施现象的发生。

4.1.4.3　森林公园规划与森林经营方案的关系

从森林公园内部分析，森林公园所发展的森林旅游业只是国有林场多种经营的一部分，森林公园规划应该与森林经营方案相衔接。森林公园总体规划的结构可采取森林经营方案的形式，森林公园建设发展规划与森林经营方案附属工程规划的内容基本一致。在功能区划上，对于许多在国有林场基础上发展起来的森林公园，在起步阶段，森林旅游业只是作为多种经营项目的一种副业。因此，森林公园的功能区划应以国有林场的经营区划为基础，在实践上森林公园的保护区划与国有林场的林种区划相协调，以保证国有林场正常的经营活动。

4.2 我国森林公园总体规划的原则和要点

4.2.1 森林公园总体规划的指导原则

森林公园规划设计是公园建设的蓝图，其成败关键，水平高低，都取决于总体规划指导思想是否全面、正确。森林公园总体规划的原则主要有以下几条：

4.2.1.1 坚持古朴野趣、自然协调的宗旨

森林旅游业的兴起，是因为可满足人们回归自然、体验性旅游的强烈愿望。过去受社会经济、交通等条件限制，人们不可能有足够的经济实力和时间作远距离的户外旅游。为弥补这一不足，就产生了中国古典园林艺术和现代城市公园，在人口集中地区人为地模仿建造各种城市公园，来部分地满足人们渴望获得自然美等精神享受要求。现代社会经济的发展，为人们提供了外出度假旅游的条件和基础。如果在森林公园规划与建设中，再重现城市园林风格，无疑是一种模仿自身的模仿，违背了旅游者心理。西方发达国家森林公园建设，为迎合游客对纯自然环境的追求，基本上不进行任何人为建筑建设，甚至连大门、道路都是非常简单自然，少有修饰，让人们真正享受原始状态的纯自然质朴和野趣。这些经验和做法，为我们建设森林公园提供了宝贵的借鉴。

对于森林公园个别受人为破坏或森林风景相对缺乏的地方，可以借用园林造景的部分手法，人工促进森林风景资源的恢复与质量的提高，但仍要坚持原始、自然、质朴的宗旨。

4.2.1.2 突出森林公园旅游主题与特色

森林公园旅游主题确定是否妥当，特色是否鲜明是衡量总体规划工作是否成功的主要内容，也关系到公园对游客的吸引力和经营效益。对于森林公园来说，开展森林旅游活动是必然的主体，但怎样扬长避短地确定主题，形成公园自身特色则需要认真细致的分析与提炼。

森林公园旅游主题的确定，必须视公园具体情况来定。从我国现有森林公园情况分析，可以划分为城郊型和远郊型森林公园两种类型。城郊类型森林公园紧靠市区，具有地理位置和场地优势，客源多为所在城市重游率高的市民。这类森林公园可在森林旅游项目中就自身优势确定主要旅游项目外，还可考虑部分城市公园功能的游戏项目；远郊型森林公园是以作专项森林旅游的游客为主要服务对象，旅游主题应在森林旅游项目中根据森林公园的优势和长处来确定，并进行重点、全面、完善的规划建设。

森林公园特色，应在充分调查了解森林公园范围内旅游资源与环境的基础上进行挖掘和塑造。如在江西鄱阳湖口森林公园总体规划中，其森林景观称不上优异，主要是人工林和人工促进天然更新的阔叶林。但公园位置紧邻鄱阳县城，整个森林分布于鄱阳湖口，湖光山色连成一体。规划中抓住这一特点，把森林游憩活动和水上娱乐活动结合于一体，使整个公园平添特色。在广西融水县元宝山森林公园总体规划中，针对公园地处苗族集居区，民族风情古朴、丰富多彩的特点，把民族采风寓于森林旅游活动之中，除设计专项民族村旅游活动外，把民族风情融会到导游、住宿、娱乐等各项森林旅游活动之中，形成具有强大吸引力的特色旅游产品。

4.2.1.3 坚持全面规划、分片开发、滚动发展的原则

森林公园建设是一项投资大、时间长的工程，由于大多数林业经营单位经济实力较弱，

不可能一次提供全部资金。作为公园建设蓝图的总体规划，就应充分考虑总体性和可行性两方面要求。首先，应围绕规划指导思想进行全面规划、合理布局，包括现阶段建设项目与长远的发展计划，使公园建设始终具有总体性。其次，应从经营战略上考虑，遵循边建设边开园经营的原则，进行分片开发（条件好的先上）、分期实施（按需要情况），先易后难、先基础后设施，达到滚动发展、逐步完善的目的。这样才能使公园建设与经营纳入良性循环的轨道，获得较好的投资效益。

4.2.2　森林公园总体规划要点

依据中华人民共和国林业行业标准《森林公园总体设计规范》（1995），森林公园总体规划文件，由设计说明书、设计图纸和附件三部分构成。总体设计说明书主要由以下部分构成：①基本情况；②森林旅游资源与开发建设条件评价；③总体设计依据和原则；④总体布局；⑤环境容量与游客规模；⑥景点与游览线路设计；⑦ 植物景观设计；⑧保护工程设计；⑨旅游服务设施设计；⑩基础设施工程设计；⑪组织管理；⑫投资概算与开发建设顺序；⑬效益评价。设计图纸包括：①森林公园现状图；②森林公园总体布局图；③景区景点设计图；④单项工程设计图。附件则主要包括：森林公园可行性研究报告、有关会议纪要、森林旅游资源调查报告。森林公园总体规划的要点可以归纳出以下几个部分：

4.2.2.1　总体布局

总体布局的任务是依据森林公园的性质、森林资源质量、市场条件，通过分析论证，制定森林公园建设的发展方向、建设规模和建设标准。总体布局的内容主要包括拟订森林公园性质、确定森林公园范围与建设规模、划分森林公园功能区类型、预测森林公园环境容量与旅游规模。其中，环境容量分析与旅游规模预测是总体布局的重点和难点。

按森林旅游业综合发展建设需要，森林公园功能区一般有如下类型：①游览区；②游乐区；③接待服务区；④行政管理区；⑤休疗养区；⑥居民住宅区；⑦多种经营区。同一功能区，在地域上一般应相互连接，不连接者也应该相对集中，形成规模，不宜过于分散。

在环境容量分析时，对于景区各地游人均可无限制开展旅游活动的森林公园，可按旅游区总面积来计算游客容量。对于一些山势陡峭，许多地域游人不可企及或从保护的目的出发对某些森林只限于借景观赏，限制游客进入的区域，可采用确定游客游览观景的合理分布距离指标，结合该类区域游览路线总长度和游览时间计算游客容量。对于存在卡口的森林公园（如某一胜景是公园旅游者必游之处，而其场地和范围又对游览人数有限制，就形成公园的卡口），应计算出卡口客量，以便在确定公园合理容量时综合参考。

预测游客规模，目前还没有一个准确的方法。关键在于全面地分析和广泛收集有关资料。进行游客规模预测，首先必须分析森林公园旅游资源质量和对游客的吸引力。方法可采用与其他已建成的公园进行比较分析，得出一个大致的参数（系数）。其次是对公园的客源进行分析，看看各个渠道能有多少游客。如在广西融水县元宝山森林公园规划中，分本地城镇客源、相邻风景旅游区分流客源、国内外散客客源、附近乡村客源等 6 个方面进行分析，计算出总客源量。然后在此基础上，参考一些已建成营业的森林公园游客递增情况，结合本公园的实际确定各年度增长率，最后确定每年的游客规模。

4.2.2.2　景区划分

根据森林公园所处的地理位置，因地制宜，合理分区，塑造出简洁优美、步移景异的景观环境，满足游客观光、休憩的需要。景区内的景观资源特点类似，景点相对集中，不同景区的主题必须鲜明，具有特色，景区的划分还要有利于游览线路组织和公园管理。如福建龙岩市莲花山森林公园规划为7个景区，即主景区新罗仙境景区、北侧的春涵映露景区、东侧的谷霭翠韵景区、西侧的松竹杏暖景区、南侧的碧照妍桃景区和仙人丹灶景区及以莲山寺为主的古刹钟度景区。7个景区各具特色，有曲水流觞、登高览秀、野径通幽，从封闭的森林空间到开阔的山顶空间，形成一个具自然和谐和现代气息的园林生态景观。

4.2.2.3 景点设计

（1）*组景* 组景必须与景点布局统一构图，以达到景点与景区、景区与森林公园总体相互协调。组景应该充分利用已有景点，视其开发利用价值，进行修整、充实完善提高其游览价值。新设景点必须以自然景观为主，以建筑小品做必要的点缀，突出自然野趣。除特殊功能需要外，景区内一般不应设置大型的人文景点。景点主题必须突出，个性必须鲜明，各景点主题之间不可雷同。

（2）*景点布局* 景点布局应突出森林公园主题，从公园整体到局部布局都应围绕公园主题安排。总体布局应突出主要景区，景区内应突出主要景点，运用烘托与陪衬等手段，合理安排背景与配景。景点的静态空间布局与动态序列布局紧密结合，处理好动与静的关系，使之协调，构成一个有机的艺术整体。静态空间布局，应综合运用对景、透景、障景、添景、夹景、框景、漏景等多种艺术手法，合理处理画面与景深，增强艺术感染力。动态序列布局，应正确运用“断续”“起伏曲折”“反复”“空间开合”等手法，使各景点构成多样统一的连续风景节奏。在动态序列布局的时候，应视具体条件，充分利用植物干、叶、花、果的形态和色彩的季节变化进行季节交替布局，重点突出具有特色的季节景观。

如重庆市武陵山森林公园的景点布局构思如下：以武陵山森林公园大门为起点，沿柳杉大道，进到中心游览景区，投入大自然的怀抱，赏览百花，观涌泉、武陵山墙面艺术、武陵春深，使游人涤尽长江边峡谷的闷热，顿觉神爽；往西入植物园，树木千姿百态，目不暇接。往东南，来到百鸟园，人与鸟兽逗趣，别有一番滋味。乘游兴，骑马奔驰于银矿槽，或穿林海，至千尺崖景区，放眼千山万壑，揽豹子峰、劈山救父峰，壮丽神奇，使人陶醉。转折过高山滑雪场，上揽月峰，一览众山小，观浮云滚动，日出之灿烂，落日之辉煌，如痴如醉。几大景观，一条曲线相连，把游人引到高潮。

（3）*景点命名*

景点命名的作用 景点的命名是我国风景区的传统艺术，主要有3个作用：①标明该景点的地名和特点。如杭州西湖十景的“苏堤春晓”，苏堤是地点，春晓是意境。南京中山陵灵谷寺景区的“灵谷深松”，灵谷是地点，深松是景色特点。②可以助兴。如西湖的“平湖秋月”，对照“万顷湖面长似镜，四时月好最宜秋”的诗句，纵然白天到此，看到这样的景色，也会联想到秋天湖光月影的优美景色。③可以万世流传。良好的景名可以做到“文因景成、景随文传”的作用，有利于名胜古迹的保护。

景点命名的原则有以下4条 ①高度概括景色特点，充分揭示景观的内涵精髓。如西湖十景的“柳浪闻莺”，反映柳树的枝条随风飘荡，柳树丛中莺歌燕舞的情景。桂林的“南天一柱”，突出了独秀峰拔地超天的气魄。这样的景名要比那些“天下第一泉”之类的景名高雅得多。②雅俗共赏，切忌单纯艺术追求，用词孤僻，令人费解。如河北承德避暑山庄有个“濠濮间想”的景点，景名用词过于冷僻，一般人难以理解。只有读过《世说》中“简文入华林园，顾谓左右曰：会心处不必在远，翕然林木便有濠濮间想，觉鸟兽虫鱼，自来亲人”这一段才能了解其含义。③景名构思应虚实并举，达到意境与具体景物的完美结合。如西湖十景的“断桥残雪”，是指白堤到此而断，当冬末春初，积雪初融之际，出现了残雪，“断”和“残”虚实结合，情意一致，相互烘托呼应。桂林的“画山九马”，黄山的“梦笔生花”等景名均属于虚实结合的范例。④含意深邃，意境高雅，能激发游人的探索和游览兴致。桂林的“象山水月”，象山位于漓江滨，山下有“水月洞”，水、月、洞三者结合，景色奇幻，使人联想到“水底有明月，水上明月浮，水流月不去，月去水还流”的诗句，把游人引入诗情画意之中，令人不忍离去。

景名的创作手法有以下 4 种　① 以景物的自然特征命名。依据景物自然艺术特征，升华概括而成，如桂林漓江的“象山水月”、安徽黄山的“梦笔生花”。②以民间传说、神话故事命名。根据民间文化遗产、优美传说、神话、生动夸张的故事情节，通过悉心提炼，择其精华，加以内容上的附会，创造引人入胜的意境，如云南大理苍山脚下、洱海边的“望夫石”。③以文学名著命名。以文学名著为创作依据，以情画景，以景生情，达到传统文化与自然景物完美的结合。红楼梦中的江宁织造府旧址位于南京市大行宫，南京中山陵风景区模仿红楼梦中大观园的构造，建造一处江南园林，取名为“红楼艺苑”。④以历史典故、历史名人命名。历史典故、历史人物与自然景物有机结合，相辅相成、相生相长，使游人身临其境，感受沧桑变化与岁月流逝，引发寻踪觅迹、凭吊怀古之情，产生深远时间的审美效果，如无锡三国城景区的“火烧赤壁”“风波亭”“桃园结义”等景点的命名，均是以历史典故为依据。

4.3　我国森林公园总体规划案例分析

4.3.1　桃源洞国家森林公园总体规划

4.3.1.1　森林公园概况

桃源洞国家森林公园位于罗霄山脉中段、湘赣边境万阳山北段的西北坡，东面与革命纪念地江西井冈山仅一脊之隔，相距 12km，距离湖南省炎陵县城 45km。森林公园位于中亚热带季风湿润气候区，年平均气温 14.4℃，1 月最低平均气温 3.9℃，7 月最热月平均气温 23.8℃，年降水量 1 967.9mm。年平均空气相对湿度 86%，区内日照少、气温低、云雾和降水多、空气湿度大、风速小、气候垂直变化大，具有典型的山地气候特征。

4.3.1.2　森林风景资源特点

桃源洞国家森林公园内森林茂密，小气候环境优越、空气清新、负离子含量高，能促进人体身心健康。境内四季分明，冬季寒冷、夏季凉爽、春秋季宜人。根据逐日平均气温与空气相对湿度的组合状况和对人体心理感觉及生活测试结果分析，一年 365 天当中，森林公园境内使人感觉舒适的时间有 114 天，舒适的旅游期长达 196 天，4 月中旬至 11 月是桃源洞国家森林公园的舒适旅游期。

桃源洞国家森林公园和井冈山国家风景名胜区同属罗霄山脉的一部分，自然景观资源极为丰富，由于人为活动少，山峰、森林、水体等自然景观基本上没有受到破坏，变化万千的气象资源、古朴原始的森林野趣、奇险的深涧峡谷、恬静的田园村庄构成了森林公园的风景特色。公园内虽然人迹罕至却有不少人文景观，尤其苏区银行、红军医院、兵工厂、被服厂等老一辈无产阶级革命家的活动遗迹，大大丰富了景观内容。

4.3.1.3 总体规划简介

1993 年，中南林学院森林旅游研究中心接受湖南省炎陵县人民政府委托，承担了桃源洞国家森林公园总体规划编制任务。该规划凝结了森林旅游研究中心 10 年来的科研成果，突出了森林公园是生态型公园的特点，把自然景观、人文景观、森林生态环境和森林保健功能的开发利用放在等同的地位，并很好地融为一体。

总体规划分为三部分：总体规划说明书、规划图纸、附录。规划说明书分为 16 章，分别为：（1）基本情况；（2）生态环境及旅游资源评价；（3）公园的性质及规划的指导思想和原则；（4）分区规划；（5）环境容量估算及规模预测；（6）给水规划；（7）排水规划；（8）供电规划；（9）电信规划；（10）保护规划；（11）交通规划；（12）林业生产规划及绿化规划；（13）多种经营规划；（14）组织人事规划；（15）总投资概算；（16）效益分析。规划图纸包括：（1）规划总图；（2）风景资源分布图；（3）旅游接待设施规划图；（4）交通及游览线路规划图；（4）给水规划图；（5）排水规划图；（6）供电及电信规划图；（7）绿化及土地利用规划图；（8）保护规划图；（9）对外关系图。附录包括：（1）风景资源调查报告；（2）桃源洞的气象气候旅游资源；（3）桃源洞国家森林公园的小气候特征；（4）桃源洞国家森林公园的舒适旅游期；（5）桃源洞国家森林公园环境质量状况；（6）桃源洞国家森林公园空气负离子浓度测定；（7）桃源洞国家森林公园空气细菌含量的测定；（8）桃源洞国家森林公园生活饮用水质量状况；（9）桃源洞国家森林公园大树古木资源调查；（10）维管束植物名录；（11）野生动物名录。

经过 10 余年的努力，桃源洞国家森林公园现已逐步形成吃、住、行、游、购、娱一条龙服务的格局，建有进园公路一条，并已延伸至江西井冈山，修筑格木坝至黑龙潭循环游道，修建房屋建筑 5 000m^2，其中桃源洞宾馆拥有 60 个床位及其配套设施，株洲市职工疗养中心修建的“珠帘山庄”拥有同时接待 180 人疗养的能力，建有具民俗风情的竹园山庄，加上客家风味的餐饮，形成了桃源洞独特的风土人情，景区内已开通程控电话，建有卫星电视接收站一个。目前，桃源洞国家森林公园已经成为连接炎帝陵和井冈山，以森林旅游为主的多功能旅游胜地。

4.3.2 江苏吴县太湖西山森林公园总体规划

4.3.2.1 森林公园概况

西山是太湖中最大的一个岛屿，位于太湖中南部，东西长 15km，南北宽 11km，面积为 79.82km^2。东面加上周围 33 个小岛，陆地总面积 82.32km^2，水域面积为 153.16km^2。风景区东面与吴县市东山隔水相望，南面和西面都是茫茫的水面，北面由太湖大桥跨叶山岛、长沙岛与胥口的徐家港连接，直通苏州。西山距苏州 45km，距上海 143km，距南京 257km。风景区地处北亚热带季风湿润气候区，年平均气温 15.9℃，1 月最低平均气温 3.3℃，7 月最热月平均气温 28.4℃，年降水量 1 129.9mm。年平均空气相对湿度 79%，区内四季分明、温暖湿润、雨量充沛、日光充足、无霜期长，有利于森林旅游业的发展。

4.3.2.2 风景名胜资源特点

与江苏省其他森林公园相比，西山国家森林公园具有以下几个特点：

（1）自然景观优美　太湖三万六千顷烟波浩渺，湖中第一大岛西山及其周围 33 个小岛，构成一组巨型的山水盆景。西山主峰朦胧缥缈，为太湖 72 峰之巅。风景区岭岗绵延、峰峦叠嶂，山间坞谷幽邃、林果满坡，湖湾、村田、稻菽散布期间，呈现出一派风光旖旎的江南水乡风光。

（2）林果景色迷人　西山物华天宝，人杰地灵。山上青松，高耸挺拔，四季苍翠；坞里毛竹，曲径通幽；山坡果林，四时花香。西山有香樟、银杏、白皮松、金钱松、圆柏、桂花等古树名木，杨梅、枇杷、白果、板栗、橘子、石榴等多种特产，历史悠久，名扬海内外。

（3）人文景观丰富　相传夏禹在此商议治水，吴王夫差携西施消夏赏月，秦末“商山四皓”来此隐居，南宋移民建宅造园，白居易、王昌龄、皮日休、范仲淹、唐伯虎等历代文人雅士在此讴歌题咏，吟诵西山的自然风光、人文景观，留下了千古绝唱。

（4）环境质量优良　西山有浩瀚的水体能够调节气候，满山遍野的林木果树，能够净化香化空气。景区的生态环境保持着良好的状态，景区及其周边地区无污染性工业，有优质的水源供应。

（5）区位优势明显　风景区所在的西山镇，交通、水电、通讯、食宿、商业网点等基础设施条件良好。随着太湖大桥的修通，西山与木渎镇、苏州紧密地串联起来，使森林公园地处长三角地区的黄金旅游热线上，表现出明显的区位优势。

4.3.2.3　总体规划简介

1996 年 11 月，太湖西山森林公园被批准为省级森林公园，1997 年 12 月，被批准为国家森林公园。1996 年 8 月，应苏州市和吴县市多种经营管理局、西山镇政府的邀请，江苏省林业勘察设计院委派技术骨干组成项目组，在现地踏勘、收集资料、内业分析、听取当地政府和专家意见基础上，编制了《吴县太湖西山森林公园总体规划》（1997～2010）（简称《规划》）。在保护和发展现有森林资源和良好生态环境的基础上，《规划》强调发挥西山的山水、花果、人文等诸多景观优势，规划目标是将风景区建设成功能齐全、特色分明、全国一流的森林公园。

《规划》分成两大部分：风景资源及其评价、森林公园总体规划。在风景资源及其评价部分，首先介绍了森林公园的地理位置及其地质地貌、气候、水文、土壤、植被等自然条件，然后分别对自然景观、人文景观、旅游开发条件进行了分析，最后对森林公园的风景资源进行了定性、定量评价。在森林公园总体规划部分，首先明确了规划范围和规划期限，明确了规划依据、规划原则和规划指导思想，在此基础上进行了分区规划、植被规划、旅游规划、交通规划、水电规划、机构规划、森林保护规划，最后进行了概算分析及分期实施规划和效益估算，并给出了实施建议。附录主要包括：森林公园现状图、森林公园分区规划图、森林公园植物规划图、森林公园交通水电规划图。在分区规划部分，突出了功能齐全的特色，将森林公园分为名胜古迹区、水上娱乐区、山地运动观光区、野生动物保护区、植物观赏区，疗养别墅区、寝园区等 9 个分区。在植物规划中，强调贯彻以下原则：妥善保护好古树名木，周围不应大兴土木，尽量维持其自然状态；保留现有果园，充实各类花卉，充分发挥西山花果特色；增加乔木比重，以反映出不同的层次，多变的色彩，富有魅力的森林气息；整体配置追求大块粗放效果，造成震撼气势，景点内外可略加精细装饰；在植物配置上尽量体现各景区景点的特点和要求。在森林保护规划中，针对森林公园地处经济发达地区，人口流量大，森林火灾、病虫害防治形势严峻、乡镇企业发展容易造成环境污染的特点，重点做了森林防火规划和森林病虫害防治、环境保护规划。

4.3.3 广西钦州三十六曲森林公园总体规划

4.3.3.1 森林公园概况

三十六曲森林公园地处广西钦州市，土地呈两大片分布于钦州市钦南区的城关镇、钦北区的大桐乡和大直镇境内。整个公园位于北纬 21°55′16″～22°08′58″，东经 108°09′13″～108°41′41″，公园中心景区——林湖景区距钦州市中心 6km。公园境内地形地貌多种多样，钦州片属沿海丘陵台地，坡度平缓、山丘曲折、地形破碎。西片大直片属十万大山山脉，为中山山貌，峰兀壁绝，地势险峻。公园临近北部湾，属北亚热带季风性气候，光热充足，雨量充沛，全年温暖湿润。年平均气温 21.8℃，极高温度 37.2℃，极端低温 1.2℃，年均降水量 2 110mm，相对湿度 82%，5～9 月为台风多发季节。

4.3.3.2 森林风景资源特点

公园地貌类型多种多样，孕育了不同类型而且具有一定特色的自然风景资源，境内虽然景点数量不多，景色也欠壮观，但纵观整个公园，具有“山岭险峻、水曲林幽、山水相依”的景观资源特色，具有一定的开发利用价值。主要体现在：

（1）*区位优势明显*　公园地处西南战略大通道最近出海口的钦州市，位于广西沿北部湾地带的中轴位置，中心景区紧靠城市边缘，潜在客源市场巨大。

（2）*公园具有一定的风景资源*　公园内森林广布，生态环境良好。境内以森林、山岳、湖泊、溪河构成的自然景观特色各异，令人喜爱。在人文景观方面，具有三十六曲和白浪岭的传说。

（3）*公园地形地貌多种多样*　公园境内既有滨海丘陵台地地貌，亦有高达千米的山地地貌，适宜开展森林观光游憩，登高览胜、避暑度假等多种旅游活动。

（4）*中心景区交通较为便利，供电状况良好*　公园中心景区——林湖景区紧靠南北二级公路和钦州市区进城大道，西北距南宁、东南至北海均在 100km 之内，距钦州市区仅为 6km。林湖景区、树木园以及百浪岭景区供电状况良好。

（5）*水资源丰富*　公园钦州片除有羊肠水库外，地下水资源较为丰富。大直片山高水长，水瀑溪潺，长流不竭。

4.3.3.3 总体规划简介

1995 年 7 月，受钦州市三十六曲林场委托，广西林业勘察设计院承担了钦州市三十六曲森林公园总体规划任务。在保护自然资源的前提下，规划将重点放在充分发挥公园区位优势、地形地貌优势、景观优势上，规划的目标是以森林为依托，以自然、野趣为特色，融山、林、水于一体，立足北部湾，面向国内外，简单起步、循序开发、滚动发展，建成一个功能丰富的高水平森林公园，使之成为北部湾地区一个富有吸引力的旅游胜地。

规划分为五大部分：现状评述、规划总纲、森林旅游规划、环境保护规划、投资概算。其中，规划总纲、森林旅游规划是规划的重点。现状评述包括自然地理概况、社会经济概况、开发条件综合评价三部分。规划总纲包括公园性质、总体规划指导思想、总体规划基本原则、公园旅游主题、总体规划范围、总体规划布局、环境容量测算、客源市场分析及规模预测八大部分。森林旅游规划包括分区规划、旅游服务规划、游览线路组织 3 部分。根据森

林公园的区位优势和景观特点，规划将旅游主题确定为：森林观光游憩、野营烧烤、水上游乐、避暑度假、观光览胜 5 个。按照公园——景区——功能小区——景点区划系统，规划将公园划分为林湖、百浪岭、树木园、屯品、王岗山、八角山 6 个景区。围绕旅游主题，各个景区明确其性质和旅游工程项目建设重点。例如，林湖景区的性质是休闲娱乐和森林游憩观光，工程项目以娱乐城、健身中心、森林浴场、水上乐园、儿童乐园为重点；百浪岭景区的性质为森林观光、登高览胜，工程项目建设的重点则放在览胜亭、观光台的建设上。在环境保护规划上，针对地带性植被——热带季雨林和王岗瀑布、五指峰等有价值的自然景观，采取划分不同级别保护区的方式，加以保护。

4.4　森林公园总体规划编制过程中存在的问题

自 1982 年我国建立第一处国家森林公园——张家界国家森林公园以来，我国森林公园和森林旅游事业得到了迅猛发展。截至 2003 年，全国已经建立森林公园 1 658 处，总经营面积 1 390 万 hm^2，共接待游客 1. 15 亿人次，以门票为主的直接收入达 46. 89 亿。目前，我国许多森林公园，已经按照《森林公园总体设计规范》标准和有关要求，开展了总体规划的编制工作，其中不少规划已经得到批复，正在按照规划进行建设。20 多年来森林公园总体规划编制的实践既有丰富的经验，也有深刻的教训。概括起来总体规划主要存在如下问题：

4. 4. 1　调查不充分，工作方法粗糙

一是旅游市场调查不充分，在没有深入进行市场调研，对市场需求把握不完全准确的情况下，主观臆断设计项目；在没有摸清景观条件、不掌握景区特色和可借旅游资源的情况下，盲目地开展工作，使有些旅游资源与市场需求存在脱钩问题。二是工作不细致，对同类资料不加仔细分析，在旅游产品开发、基础设施与服务设施建设方面，一味照搬照套，缺乏科学性与合理性，使个别规划内容与实际情况出现脱节现象。

4. 4. 2　指导思想与规划目标偏差

对森林公园性质认识不到位，在处理以市场为导向的产业开发与以森林资源保护为主的生态建设两者之间关系时把握不准，存在着一定的偏差。有些森林公园规划与森林旅游以体验为主的理念相背离，将旅游资源开发视同房地产开发，在风景区大建宾馆、饭店，造成青山被遮、林带被毁，使自然完美的森林风光受损，使以森林为主体的风景区变成了人工化的城镇。

4. 4. 3　规划缺乏构思，主题形象不突出

有些森林公园总体规划缺乏构思，主题、形象不突出。如某森林公园为了利用水体资源开发水上游乐项目，画蛇添足，高筑大坝，填堵自然水系，不仅对突出主题形象无益，还淹死了大片森林，破坏了山形水体、地貌林相的完整性与连续性，有些规划把大量基础服务设施布置在公园大门内主要景区的核心地带，致使园区内地势平坦地带演化成一个个小集镇。

4.4.4 经营面积过大，权属不清

出于“挂牌子、占位子”的保护林地和森林资源目的，一些森林公园的规划面积偏大。首先，面积过大，导致规划的深度不够，实用价值不高，增加了设计难度，造成许多规划设计不能付诸实施；其次，面积过大导致建设项目增多，预算经费增高。以安徽省为例，该省有多家森林公园，总体设计中将几个各自独立且相距甚远的林场纳入统一规划中，实际操作中难以统一行动。于是，花费大量人力物力完成的森林公园总体规划就成了一纸空文。第三，有的总体规划范围包括非林业系统经营的旅游区域，由于权属不清，导致总体规划编制后，原经营单位却置之不理，使规划变成了一个无法实现的一纸空文。

4.4.5 植物景观工程规划力度不足

森林公园建设的主体应该是生物工程建设，然而我国一些森林公园在规划设计时建设规划过多，植物景观规划深度不够。多数规划设计往往只规划到造林或林分改造的树种种类，很少涉及风景林空间布局、林相改造经营措施、种苗的需要量及其来源等具体内容。在合理设置不同景观及巧妙运用对景、透景、障景和隔景方面手法单调，森林公园缺乏鲜明特色，让游客感到千园一面。

另外，森林公园没有给草坪应有的地位，森林公园草坪布置过少，甚至一些完全城郊型森林公园，都没有草坪规划的内容。在森林旅游活动中，草坪为游客小憩、野餐提供场所。与此同时，草坪在水土保持、净化空气、杀菌除尘等方面的作用也十分显著。在公园建设过程中，一些人片面认为草坪是西方园林艺术的产物，不符合我国国情。其实，园林草坪应用最早的是中国，早在公元前100多年，汉武帝在营建上林苑时，就已经配置了结接草为主的草坪。

4.4.6 规划的效益分析主观成分较多

总体规划设计的效益分析的准确与否是关系总体规划科学性的重要前提，并直接影响规划能否付诸实施。一些森林公园的规划设计在效益分析时，客源分析不切实际，普遍存在主观夸大的现象。在预测年接待游客量时，大多数公园都规划了游客量持续10年以上的增长，增长率一般都在30%以上。实际上，森林旅游业的发展不可能一帆风顺，它要受到社会经济、文化教育、交通状况、地理位置、社会风俗甚至天气等诸多因素的影响而呈现曲折发展态势，不可能一直保持较高的增长率。二是资金规划盘子偏大，在实施过程中难以落实。许多总体规划将国家拨款列为重要资金来源，其中主要依赖于林业部门的投资，这是不符合我国的国情、林情的。由于我国的经济发展水平不高，林业生产经费相当紧缺，从国家林业局到省林业厅都没有设立森林公园建设专项资金。建设资金缺乏，是我国森林公园建设长期面临的最大难题。

4.5　美国国家公园规划体系的启示

4.5.1　美国国家公园体系的基本情况

国家公园是指面积较大的自然地区，自然资源丰富，有的也包括一些历史遗迹。“国家公园”概念一般认为是由美国艺术家乔治·卡特林（Geoge Catlin）首先提出的。1832年，在去达科他州旅行的路上，他对美国西部大开发对印第安文明、野生动植物和荒野的破坏性影响深表忧虑。他写到“它们可以被保护起来，只要政府通过一些保护政策设立一个大公园——一个国家公园，其中有人也有野兽，所有的一切都处于原生状态，体现着自然之美”。1872年，在美国很多仁人志士的努力下，美国国会批准建立了世界上第一个国家公园——黄石国家公园。在美国建立一个新的国家公园必须满足“全国性意义”、“适宜性”和“可行性”的标准。

4.5.1.1　全国性

申请地区如全部符合以下4个标准，则被认为具有全国意义。它是一个特殊类型资源的著名范例；它在国家的自然和文化遗产方面具有很高的价值和特性；它能为休闲、娱乐或科学研究提供机会；它最大限度地保留了真实的、完整的、未被破坏的资源类型。

4.5.1.2　适宜性

适宜性是指一个区域必须能代表一个自然或者文化主题，或一种娱乐资源，而这些在现有的国家公园系统中代表性不足，或没有被其他土地经营实体充分保护起来用于公众娱乐。

4.5.1.3　可行性

可行性是指作为一个新建的国家公园、一个地区的自然系统或历史遗迹，一定要有足够的规模和相宜的结构，以确保资源的长期保护和供公众使用。重要的可行性因素包括土地拥有权、购买土地费、交通、资源遭受的威胁，需要多少职员以及开发要求。

美国的国家公园多数位于西部，现有54个，面积约20万km^2，数量上仅占国家公园体系总数的14%，但面积却占到总占地面积的60%。美国的国家公园体系则是指由美国内政部国家公园局管理的陆地或水域，包括国家公园、纪念地、历史地段、风景路、休闲地等20个分类，379个单位，总占地面积33.74万km^2，占美国国土面积约3.64%。美国国家公园每年接待的游客近3亿人次，2000年财政预算为20亿美元。

4.5.2　美国国家公园的经营管理

美国国家公园体系的管理者为内政部国家公园局。该局成立于1916年，现有永久雇员15 729人、季节性雇员5 548人、志愿人员9 000人。1992年后，克林顿政府对国家机构进行了全面的改革，新的公园管理体制于1995年开始实施。新的管理体制是在华盛顿国家公园管理局领导下，全国设7个地区局，以州界来划分管理范围。地区局下面再设16个公园组支持系统。一般是将生态环境和文化资源类似的公园组成一个公园组，以便按其资源类型和特色开展相应的管理工作。国家公园管理局设局长一名，副局长一名，下设对外事务部和国际事务部。对外事务部下设立法与国会事务处、公众与旅游事务处。

美国国家公园的管理人员都由总局任命和调配。工作人员分固定职员和临时职员、志愿人员。聘请临时职员可以满足旅游旺季的需要。对于职员都要求有大学本科以上的学历，而且还要进行上岗培训。培训时主要学习国家公园历史、游客心理、自然景观资源和人文景观资源的保护、生态学、考古学、法律法规、导游讲解和救生知识等。

美国国家公园管理局工作的最高宗旨是：①切实保护好国家公园的自然景观资源和人文景观资源；②向国民提供宣传、讲解、培训、科普知识等方面的服务，把国家公园当作一个大自然博物馆。

美国的国家公园管理经费主要是靠国会拨款维持日常运转，其中很少一部分来自国家公园的门票收入。但是如果要开展社会活动，如出版书刊、举办培训班、开展宣传教育、筹集资金、帮助公园购买土地、到议会开展游说活动等，就要依靠政府和非政府组织筹措。

4.5.3 美国国家公园规划设计

美国国家公园规划设计由国家公园管理局下设的丹佛规划设计中心全权负责，独家垄断操作。这一方面保证了规划设计的质量，另一方面又阻止了违反规划的事情发生。丹佛规划设计中心有职员665人，其中有风景园林师、生物、生态、地质、水文、气象等方面的专家学者，还有经济学、社会学、人类学的专家。

国家公园的单体设计也是由丹佛规划设计中心负责，以便保证总体规划——控制性详规——单体设计的一致性。施工监理工作也是由丹佛规划设计中心负责。规划设计另一个特点是规划设计在上报国家公园管理局以前必须先向当地及州的国民广泛征求意见，否则参议院不予讨论。

美国国家公园的规划实践始于1910年前后。当时黄石国家公园开始制定一些建设性规划，以更好地从公园的整体角度布置道路、游步道、游客接待设施和管理设施等。之后，其他国家公园开始仿效这种做法。1910年，美国内政部长理查德·白林格倡议为各个国家公园制定“完整的和综合的规划”。1914年，马克·丹尼尔斯被任命为第一任美国国家公园总监和景观工程师。丹尼尔斯认为“美国国家公园需要系统规划”。1916年，美国景观建筑师学会的詹姆斯·普芮呼吁为每个国家公园制定“综合性的总体规划”，但直到20世纪30年代，大规模的综合性规划才得以开展。

大体来说，美国国家公园的规划发展可以分为3个阶段：即物质形态规划（Master Plan）阶段、综合行动计划（Comprehensive Action Plan）阶段和决策体系（Framework Decision Making）阶段。

4.5.4 美国国家公园规划体系的启示

4.5.4.1 以法律为依据

不论是内容还是程序，美国国家公园的规划都是以相关的法律要求为框架。20世纪70年代由物质形态规划向综合行动计划的演变，源于《国家环境政策法)》的通过执行。该法规定联邦一级各政府机构的规划必须引入公众参与机制和环境影响评价内容；20世纪90年代综合行动计划向规划决策体系的演变，则与《政府政绩和成效法》的通过施行密切相关。

4.5.4.2 规划面向管理

最初的物质形态规划强调的是对设施的安排与配置，而综合行动计划则强调的是如何通过管理行动达到管理目标。规划决策体系则将管理目标分解为长远、长期和年度3个层次，

分别通过总体管理规划、战略规划、实施计划和年度计划 4 种规划形式，制定实现不同层次目标的行动和措施。

4.5.4.3　以目标引领规划

美国国家公园规划决策体系中，非常强调目标制定的重要性。规划决策首先是对目标的决策，没有一个明确的、与相关法律一致的目标，就不可能取得良好的管理效果。美国国家公园规划中存在一个目标体系，该目标体系由公园使命、国家公园管理局使命、特别命令或协议构成。所有的规划措施与行动都与一个具体目标挂钩。这样做可以减少管理中的盲目性，提高规划措施的一致性和效率。

4.5.4.4　强调公众参与和环境影响评价

美国国家公园规划强调公众的参与。通过参与，提高了规划的透明度，同时使与国家公园有关的利益各方，都能参与到规划决策体系当中，从而提高了规划的质量和针对性，较大程度地减少了规划实施过程中可能出现的矛盾。美国国家公园规划决策体系中，明确要求总体管理规划和实施计划要进行多方案比较。通过不同方案的自然环境、文化环境和经济社会环境影响进行分析比较，从而选择影响最小的一个作为推荐方案。环境影响评价体现了美国国家公园体系资源保护为第一目标的价值取向，大大减少了国家公园管理过程中造成的对环境的破坏。

4.5.4.5　软性规划与硬性规划相结合

软性规划主要指对解说、游客服务、教育、资源管理和监测以及基础研究方面的规划。相对而言，硬性规划主要是指对于物质设施方面的规划，如道路、建筑物、基础设施等。美国国家公园早期的规划主要是物质性的规划，即对设施的规划。而 20 世纪 90 年代之后的规划体系，则越来越重视对上述软性内容的规划。

第5章

风景林规划

5.1 风景林规划的原则和要点

5.1.1 风景林规划的地位和作用

在我国许多森林公园、风景区，风景林或与名胜古迹融为一体，或通过陪衬、背景作用使风景增辉，或和独特的地貌特征相结合直接构成景观资源。风景林在森林公园、风景区中具有不可替代的作用，风景林规划是城市森林规划、风景区规划、森林公园规划的一个重要内容，通过规划的方式使风景林走上可持续经营之路，是保证森林旅游业健康发展的重要前提。

相对于用材林、经济林、防护林规划而言，风景林规划的研究成果较少，现有的研究文献多集中于风景林规划的原理、指导原则、经营技术体系等方面，涉及风景林规划性质、地位的研究成果较为罕见。参照中华人民共和国林业行业标准《森林公园总体设计规范》(LY/T5132—95)，2000年建设部发布的国家标准《风景名胜区规划规范》（GB50298—1999)，可以认为，风景林规划是森林公园、风景区总体规划的一个重要组成部分，是基础设施规划、旅游服务设施规划的前提，在性质上属于专项规划的范畴，对风景林经营年度计划、单项作业设计起指导作用。

5.1.2 风景林规划的理论体系

从风景林规划的理论基础看，由于风景林规划涉及城市规划学、园林学、景观生态学、林学、美学、环境学等多学科知识，不同学科，从各自的角度提出了风景林规划的理论基础。从有关风景林规划方面的学术期刊文献报道来看，涉及风景林规划的原理为数众多，如等级缀块动态原理、复合生态系统原理、景观美学原理、森林生态网络理论、物质循环与能量流动原理、系统相关与相生相克原理、系统开放原理、生态位原理及限制因子原理等。这些原理各自的侧重点何在，它们之间的关系如何，均需进一步归纳、总结。在构建我国风景林规划的理论体系方面，本节仅就下列原理在风景林规划中的作用进行探讨。

5.1.2.1 森林生态学原理

森林生态学是研究森林及其环境相互关系的科学，溯源于19世纪后期和20世纪初期的造林学、营林学、森林生态学研究的基础上，按照树木个体生态学、树木种群生态学、森林群落学和森林生态系统学几个层次和水平进行。森林生态学理论及其研究成果是风景林经营规划的重要基础。风景林空间布局、树种搭配、天然林更新、人工林营造设计等各类工作，

都要求对树种的生态习性、地理分布范围、与造林立地的关系、树种间的相互关系、森林的演替规律有充分的认识，都必须以森林生态学理论及其研究成果为指导。

5.1.2.2 城市生态学

在相当长的历史时期内，我国的绝大部分森林公园和风景区，具有生态系统保护和旅游资源开发的双重经营目标，在景区内或周边地区，往往形成一个小的城市社区聚落。作为森林公园和风景区背景和物质基础的风景林，因而也具有部分城市森林的性质。城市生态系统具有 3 种功能：一是生产功能，二是生活功能，三是还原功能。风景林在社区生态系统中的生产功能只占较小的部分，但在生活及还原功能两方面，风景林在为当地居民和游客提供舒适的生活环境和维持社会、经济、环境的平衡发展方面，具有相当大的作用。整个社区生态系统的功能是靠其中连续的物流、能流、信息流、货币流及人口流来维持的。它们将社区居民和游客的生产与生活、资源与环境、时间与空间、结构与功能，以人为中心串联起来。因此，风景林规划应借鉴城市生态学的基本理论。如英国社会活动家 E·霍华德“花园城市”的构想，芬兰建筑师 E·沙里宁关于城市发展及其布局的“有机疏散论”，法国建筑师勒·柯布西埃“光明城”现代城市规划理论，日本学者岸根卓郎新国土规划“城乡融合设计论”，我国生态学家马世骏（1984）和王如松（1988）提出的城市复合生态系统理论。

5.1.2.3 森林美学

森林美学在宏观上属于生态美的范畴，它包含着丰富的表象和内涵。森林的美学价值源于人类的精神需求。一般而言，人类重要的精神需求包括兴奋、敬畏、歉疚、轻松、自由和美丽。有吸引力的景观性质包括：自然性、稀有性、和谐性、多色彩，空间上开放与闭合结构的联合，时间上观察随季节或生长阶段的变化。从表象上看，有形象美、听觉美、嗅觉美、朦胧美等形式；从内涵上看，有生态美、意境美等特征。森林美学具有以下几个特征：充满着蓬勃旺盛、永不停息的生命力；以生命过程的持续流动来维持；和谐性生命与环境在共同进化过程中的创造性。森林美学的创始人，是德国林学家沙利希。他认为森林美化和经济目的并无矛盾，美学价值高的森林在经济上往往是最有效的，二者可以协调发展。在当代德国，森林美学和景观管理学已密切融合在一起，将生物多样性保护、土地利用等问题结合在一起通盘考虑，研究森林、农田、居民区、道路、公共设施等各类景观要素的最优结构比例和合理镶嵌。从人们培育的目标和所发挥的作用来看，风景林属于生态公益林的范畴，主要为游客和当地居民提供清新、优美、幽静的生活环境。风景林规划中的森林美学评价、森林公园和风景区建设、森林调整和植物造景、森林旅游事业经营管理，都必须以森林美学的理论作为指导。

5.1.2.4 景观生态学

目前，我国部分森林公园和风景区出现的交通拥挤、生态破坏、环境污染等一系列所谓的“城市病”，很大程度上是由于不合理的空间布局，导致景区内部各要素之间不能相互协调，从而削弱了生态系统的功能。景观生态学试图以其在宏观生态学领域所取得的研究成果，为综合解决“城市病”寻求一条新的出路。强调多尺度上空间格局和生态学过程相互作用，以及缀块动态的景观生态学观点，能够为风景林规划提供一个更合理、更有效的概念框架。如根据岛屿生物地理学原理，对景区中残存的自然植被斑块予以保留，使之成为野生动物的栖息地和濒危物种的避难所；根据景观连接度和渗透理论，依托于景区纵横交错的河渠、道路和众多的湖塘，建设防护林带、环带、林荫大道、森林大道，形成绿色走廊和绿色网络，构建自然廊道与人工廊道相间分布的星状分散集团式景观格局，可以有效地阻止生态破坏和环境污染的扩散。

5.1.2.5 人类生态学

人类生态学与环境决定论、文化生态学都是聚焦于人地关系研究的不同学派，其代表人物是美国芝加哥学派的社会学家 R. E. Park 和 R. D. McKenzie。芝加哥学派将社区当作人类生态学研究的基本单元，该学派人类生态学的基本理论，如竞争、共生、平衡、演替等是在普通生态学理论的基础上发展起来的，该学派人类生态学的具体应用突出表现在关于城市（社区）的研究上。与自然生态系统不同，森林公园、风景区服务的对象是游客和当地居民，因此，风景林规划不能不借鉴人类生态学的研究成果。人类生态学的研究内容比普通生态学复杂得多，与风景林规划有关的内容主要有生存生态、人口生态、灾害生态。如根据游客对绿地的需求及土地利用与自然环境的负荷，确定适宜的环境容量和绿化覆盖率；针对森林公园的自然环境条件和灾害特点，构建风景林生态安全格局，制定地震、洪水、火灾、传染病爆发等突发情况下的安全对策，设置必要的防灾设施和避难场所。

5.1.3 风景林规划的原则

5.1.3.1 大力保护自然景观和人文景观

风景区的开发和保护应该是相辅相成的两个方面，合理的开发需要有保护措施，良好的保护又为开发提供了必要的条件。开发一个风景林区，需要进行必要的旅游服务设施、基础设施工程建设，在建设过程中，务必注意保护自然景观的保护，在风景林区内不建设与旅游无关的工业企业，过去已建的要搬迁或改变产品性质。为旅游服务的加工工业、食品工业、手工艺工业等要安排在无碍景观的专门区域内。在风景林区外的上游、上风地带，不准建设有污染的工业企业。水利工程也要考虑自然景观的保护。缆车线、通讯线路、高压线、灌溉渠道等要注意隐蔽，不宜通过主要游览地段。游览区内不准毁林开荒、开山取石、文物古迹等人文景致必须严加保护。

5.1.3.2 旅游服务设施采取大集中、小分散的布局原则

所谓“大集中”，是指旅游服务性设施，如宾馆、食堂、商店、停车场等要集中，构成一个有机整体。所谓“小分散”，是指生活服务型设施，如间接服务于旅游事业的行政、经济、文教、卫生、公用等单位，要为方便游客着想，按分散方式进行设置，彼此之间保持一定距离，利用森林分隔成一定小区，做到隐而不露。

5.1.3.3 景区建筑物风格与森林景观协调一致

风景林区内的建筑物风格要与森林景观协调一致，在造型、风格、色彩等方面只能为风景林增色，而不能破坏自然景观。现在一些著名风景区建造了大量豪华宾馆，高楼耸立，大有喧宾夺主之嫌。在美国、德国、瑞士的风景区内，只有别墅式小楼或木结构建筑物，造型粗犷、朴素，外表都是原木、木板或天然石块构成，内部设备是现代化的。这样，不仅造价低廉、就地取材，而且还可起到“点景”的作用。

5.1.3.4 正确处理多样性和统一性，对比和调和的关系

多样和统一、对比和调和是对立的统一。在风景资源开发建设过程中，并非一切顺从自然景观的现状，还要对风景林进行调整改造。风景林既要多样化，但还是要求在一定范围内有个统一的主题。自然景观要讲求对比，使主景更加突出。但在对比中，仍要注意对立面的

过渡。要因地制宜，因势利导，避免雷同和千篇一律。中国的造园艺术是“有法无式”，建设大规模的风景区也是“有法无式”，既有规律可循，而无程式可套。学习传统，求得规律，可以千变万化，新意无穷，避免“千人一面”，弄巧成拙。

5.1.4　风景林规划的要点

我国现有的相关林业行业标准、国家标准在森林公园、风景区总体规划专项规划中，均缺乏风景林规划部分，对风景林规划的深度、广度更未做出明确的规定。通过实地考察、Internet 检索、文献阅读的方式，课题组研究了美国、非洲、加拿大等国外国家公园的经营状况，重点研究了千岛湖、九寨沟、张家界等我国国家森林公园总体规划方案，在此基础上，参照中华人民共和国林业行业标准《森林公园总体设计规范》（LY/T5132－95）及 2000 年建设部发布的国家标准《风景名胜区规划规范》（GB50298－1999），借鉴《中山陵园森林经营规划方案》（中山陵园管理处、南京林产工业学院林学系，1982 年）及中山陵风景区规划大纲附件——《中山陵风景区森林经营规划方案》（中山陵园管理处，1986 年），风景林规划应该包括以下内容：①风景林评价；②营林方针和主要任务；③经营区划分和经营方向；④风景林类型划分及空间布局；⑤特色景点风景林规划；⑥风景林管理。

5.1.5　风景林规划的目标

与欧美国家公园不同，除了自然资源保护以外，我国的森林公园、风景区还过多地承担着发展旅游事业、促进地方经济的重任，城郊型风景区还具有部分城市公园的职能。因此，风景林规划的目标也必然是多样性的。这里，我们以南京紫金山国家森林公园为例说明风景林规划的目标。

改革开放 20 多年来，紫金山周边的社会经济条件发生了巨大的变化。随着城市化进程的加快，紫金山已渐渐变成一座“城中之山”，景区原先功能比较单一，外围景观旅游资源短缺，已远远不能满足每天大量涌入、还在不断增长的休闲人流的需求。由于历史和管理等原因，景区驻区单位和居民点较多，蚕食景区资源的行为屡屡发生，违法搭建屡禁不止，卫生环境较差。伴随着旅游业的发展，森林景观破碎化趋势日益严重，登山者追打乱捕滥猎野生动物、饮水源地被人工建筑蚕食、遗弃的塑料袋使动物吞食致死等各种人为干扰活动日益增加，对紫金山森林公园中的野生哺乳动物的生存构成严重的威胁。2004 年由南京市规划局颁布施行的《中山陵园详细规划》明确指出，风景区规划的总目标是“保护并强化风景区市区维护生态平衡基地、国际旅游胜地、全市主要文化娱乐园地、古都风貌维护核心的重要功能”。根据紫金山国家森林公园面临的生态环境问题，结合风景区规划的目标，紫金山风景林的规划目标可以归纳为以下 4 个：风景旅游、市民休闲、生态平衡、野生动物保护。

5.1.6　风景林规划案例分析——南京中山陵园风景林经营方案

中山陵园风景区地处南京城区东郊（118°48′00″～118°53′04″E，32°01′57″～32°06′15″N），东西长 7.11km ，南北宽 6.17km ，状似菱形，总面积为 3 008.8hm^2，其最高处头陀岭海拔 448.8m。中山陵园风景区属北亚热带季风性气候，全年降水量 900～1 000mm，平均气温 15.7℃，区内自然条件优越，人文景观丰富，有风景名胜和古迹遗址 200 余处，有中山陵等 7 处国家级文物，19 处省级和市级文物，其中明孝陵为世界文化遗产。各类植物 600 余种，景区内主要有马尾松、黑松、国外松、栎类、枫香类、黄连木等树种及竹林分布，风景区森林覆盖率70.2%。是重要的城市森林绿地，对市区环境美化、空气净化、滞尘吸收、噪声减弱、气候调节，都起着极其重要的作用。

中山陵园风景林经营规划方案是由南京林业大学和中山陵园管理处共同协作完成，是作为钟山风景区总体规划工作的重要组成部分（钟山风景区规划大纲附件一）。规划方案由4部分构成：①风景林经营规划方案说明书；②专题报告；③调查统计表；④图纸。风景林经营规划方案说明书包括6个部分：①自然条件分析；②人文和经济条件分析；③过去和目前的风景林经营情况；④风景林资源；⑤风景林经营方针；⑥风景林经营措施规划。

在人文和社会经济条件分析中，方案在介绍中山陵名胜古迹概况的基础上，重点分析了游人量及服务设施、交通条件、人口组成、进驻单位及其对陵园的影响。在风景林资源一章中，除了森林区划、土地利用情况、风景林资源统计和分析外，还增加了森林风景类型划分及其美学评价、风景林结构及其演替、主要风景树种马尾松的生长分析。在森林风景类型划分及其美学评价部分，将中山陵风景林分成垂直郁闭型、水平郁闭型、空旷型、稀疏型、园林型5种类型，在建立不同类型风景林美学评定指标体系的基础上，对1963～1982年的风景林美学变化情况进行了分析，作为制定森林经营措施规划的依据。在风景林经营方针一章中，指出规划期风景林经营的任务有4个：保护和经营好现有风景林；在巩固和提高现有风景点的基础上，逐步开发新的风景点；开展科学实验；恢复和发展多种经营。在中山陵风景区经营范围内，林种为单一的特种用途林中的风景林，但在同一林种的不同林班之间、同一林班的不同小班之间，在经营方向和经营强度上有所不同。据此，在经营区划分一章中，将中山陵风景林划分为名胜古迹、森林风景、多种经营、自然保护等4个经营区，并制定了每个经营区各自的经营方向。在风景林经营措施规划一章中，着重从中山陵风景区的门面，即由明孝陵——中山陵——灵古寺构成的“三点一线”来制定各类风景林的空间布局；而特色风景点的规划，着重围绕春景点（梅花山）、夏景点（音乐台、流徽榭、仰止亭）、秋景点（灵古寺）、冬景点（明孝陵）展开。在森林抚育采伐一节，着重阐述了提高森林美学等级的整形伐的技术措施和适用对象。而森林保护一节，主要针对松材线虫、日本松干蚧等外来入侵物种，众多进驻单位引起的占用林地、众多游人引起的森林火灾等生态环境问题制定相应的预防措施。

5.2 影响风景林规划目标的主要驱动因素分析

景观格局主要是指景观中空间异质景观要素或结构成分的数量、形状、斑块大小及其空间分布模式，它是景观生态学研究的核心，它决定着资源地理环境的分布、形成和组分，制约着多种生态过程，与干扰能力、恢复能力、系统稳定性、生物多样性有着密切的联系。南京林业大学陆兆苏、赵德海、李春干、李明阳等人于1993～1995年在从事国家自然科学基金课题“风景林调查规划与合理经营”研究过程中，对风景林规划的森林美学原理、风景林景观类型划分、风景林抚育整形伐的技术做过较为深入研究，限于当时景观生态学理论发展水平及计算机软件、硬件等技术条件的限制，对风景林空间格局及其变化趋势未作详细的探讨。通过研究风景林景观空间格局的变化规律，可以为风景林规划和管理提供理论支持。

5.2.1　景观类型的划分

风景林景观类型是研究地区森林在景观尺度上可分辨的相对同质单位，是研究风景林景观空间格局的基础。风景林景观类型的划分应以森林景观的外在特征作为依据。这些景观特征因子包括：①景观的尺度；②景观斑块体特征；③基质的形状、大小和色调。根据二类资源调查资料，结合风景区数字地形模型和航片全景图，将紫金山风景林划分为以下 5 类风景林：①水平郁闭型，由单层同龄林构成，次林层与主林层的平均高相差不到 20%，林木年龄相差不超过一个龄级期年数，水平郁闭度在 0.4 以上，林木分布平均，能透视森林内景；②垂直郁闭型，由复层异龄林组成，次林层与主林层的平均高相差大于 20%，林木年龄相差超过一个龄级期年数。垂直郁闭度在 0.4 以上，林木呈丛状分布，树冠高低参差；③稀疏型，水平郁闭度在 0.1 ~ 0.3 之间，由丛状乔灌木或单株乔木构成的疏林地，树冠发达；④空旷型，指林中空地、草坪或水面和草地相连的空旷地，水平郁闭度在 0.1 以下，周围有森林作背景；⑤园林型，由亭、台、楼、阁等建筑物和观赏植物综合配置而成，一般是名胜古迹所在地段。

5.2.2　景观格局指数的选择

平均斑块面积：$S = \frac{1}{n}\sum_{i=1}^{n} A_i$　　(5-1)

平均斑块周长：$L = \frac{1}{n}\sum_{i=1}^{n} L_i$　　(5-2)

斑块分维数：$FD = 2 \cdot \frac{\log(4/L_i)}{\log(A_i)}$　　(5-3)

斑块形状指数：$F = \frac{L}{2 \cdot \sqrt{\pi \cdot A}}$　　(5-4)

景观破碎度：$C_i = n_i / A_I$　　(5-5)

式中：n 为斑块的个数；L 为斑块的周长；A 为斑块的面积。

5.2.3　数据处理方法

此次研究所获取的资料主要有：中山陵风景区 1∶10 000 基本图、1988 和 2002 年森林资源二类调查的林相图及小班调查资料、中山陵风景区数字地形模型（DEM）、2003 年 5 月中山陵风景区航片全景图。利用 Mapinfo 8.0，对获取的图面资料进行数字化和属性数据的提取，统计各类风景林斑块数量、斑块面积和周长等属性，并计算分维数、斑块形状指数和景观破碎度等景观格局指数。采用统一样点取样法，借助 Map Basic 提供的创建图形对象函数功能，构造出转移概率矩阵，代入 Markov 模型，从而对紫金山风景区 1988 ~ 2002 年间的景观格局及其变化趋势进行了全面的分析 。

5.2.4　结果与分析

5.2.4.1　风景林斑块大小

从表 5-1 中可以看出，水平郁闭型风景林、稀疏型风景林平均斑块面积、平均斑块周长

均有所下降，其中水平郁闭型风景林下降幅度最大。与此相反，空旷型风景林、园林型风景林的平均斑块面积、平均斑块周长均有所上升，其中空旷型风景林上升幅度较大，而垂直郁闭型风景林平均面积、平均大小没有发生明显的变化。1982 年紫金山感染松材线虫后，以马尾松、黑松、国外松为主的水平郁闭型风景林大面积死亡，斑块面积大幅度下降。随着紫金山风景林经营强度的提高，稀疏型风景林被大规模改造，面积也呈下降趋势。随着旅游业的进一步发展，风景区草坪、水面、亭台楼阁等人工游乐设施大幅度增加，空旷型风景林、园林型风景林的平均斑块面积、平均斑块周长均有所上升。

5.2.4.2 风景林斑块形状

从表 5-1 可以看出，从 1988 到 2002 年，除园林型风景林外，其他类型风景林的分维数均有所下降，且均接近于 1.0，说明紫金山风景林斑块边界形状较为规则，且人为干扰呈增大趋势。从 1988 到 2002 年，水平郁闭型风景林、园林型风景林、稀疏型风景林的形状指数呈下降趋势，其中前两者下降幅度较大，表明在外来物种入侵、风景林经营强度增大的双重作用下，这 3 种风景林的边界形状呈现简单化趋势。而在自然演替等生物因素作用下，以麻栎、枫香、刺槐为主的垂直郁闭型风景林的边界形状呈现复杂化趋势。

表 5-1 1988 ~ 2002 年紫金山风景林景观格局指标

景观格局指标	平均斑块面积(hm^2)		平均斑块周长(m)		斑块分维数		斑块形状指数		斑块破碎度	
年　份	1988	2002	1988	2002	1988	2002	1988	2002	1988	2002
水平郁闭型	5.914	1.617	1228.4	579.0	1.152	1.010	2.289	1.212	0.169	0.618
垂直郁闭型	4.895	4.880	1216.2	1106.9	1.218	1.068	1.017	2.823	0.204	0.105
空 旷 型	2.508	6.322	777.7	1216.5	1.268	1.150	0.277	0.994	0.399	0.158
园 林 型	4.113	5.229	928.9	1114.6	1.124	1.188	2.018	1.253	0.243	0.191
稀 疏 型	5.227	3.741	1097.1	817.0	1.160	1.104	0.967	0.735	0.191	0.267

5.2.4.3 风景林空间分布破碎程度

从表 5-1 可以看出，从 1988 年到 2002 年，由于松材线虫、日本松干蚧等外来物种的入侵，加之林龄老化，以马尾松、黑松、国外松为主的水平郁闭型风景林大面积消失，残存的水平郁闭型风景林被相互隔离，破碎度增大。随着紫金山风景林经营强度的提高，稀疏型风景林被大规模改造，在面积下降的同时，破碎度增大。随着风景区旅游活动的开展和众多人工游乐设施的建设，空旷型风景林、园林型风景林的空间分布呈集中趋势，破碎度减少。随着自然演替的进行，以麻栎、枫香、刺槐为主的垂直郁闭型风景林逐渐成为景观的基质，破碎度下降，连通程度上升。

5.2.4.4 风景林景观动态

从表 5-2、表 5-3 可以看出，随着以马尾松、黑松、国外松为主的针叶林的死亡、森林生态系统自然演替的继续，水平郁闭型风景林所占的比例将会有所下降，而垂直郁闭型风景林的比例呈较快上升趋势，从 58.25% 升至 66.15%，上升 7.90%。随着风景林经营强度的增大，大量的稀疏型风景林被列为改造的对象，稀疏型风景林所占比例将会从 6.73% 降为 4.41%。由于经营体制的弊端，在经营城市错误理念指导下，海底世界、东郊宾馆、红楼艺苑、帝豪花园别墅等一大批人工建筑在中山陵风景区相继建成，大面积水体、草坪被侵占。按照这一趋势发展下去，2012 年空旷型风景林所占比例将会从 25.59% 下降至 20.93%。园林型风景林由亭、台、楼、阁等建筑物和观赏植物综合配置而成，一般是中山陵、明孝陵、灵谷寺等名胜古迹所在地段，系紫金山风景区的核心所在。由于领导重视，日常保护工作到位，园林型风景林所占比例部分几乎未发生变化。

表 5-2 风景林类型 1988～2002 年概率转移矩阵 %

风景林类型	水平郁闭型	垂直郁闭型	空旷型	园林型	稀疏型
水平郁闭型	3.38	88.76	3.37	0	4.49
垂直郁闭型	4.29	82.85	10.00	0	2.86
空 旷 型	7.45	23.40	63.83	0	5.32
园 林 型	0	0	0	100.00	0
稀 疏 型	14.71	41.17	17.65	0	26.47

表 5-3 风景林 2002～2012 年景观动态的 Markov 模拟预测 %

风景林类型	水平郁闭型	垂直郁闭型	空旷型	园林型	稀疏型
2002 年现状值	6.06	58.25	25.59	3.37	6.73
2012 年预测值	5.22	66.15	20.93	3.37	4.41
变 化	-0.84	7.90	-4.66	0	-2.32

在对计算结果进行分析的基础上，总结出影响风景林规划目标的主要驱动因素为：自然演替、外来生物入侵、土地利用变化、政府政策导向。

5.3 国家森林公园经营区划方法研究

经营区是在地域上连片、主要经营方向和经营强度一致的林分和地类的总和。与一般城市公园相比，国家森林公园经营面积较大，不同林分、地点对风景美学、生态功能的要求有所差异，经营方向和经营强度有所不同。因此，经营区划分是国家森林公园风景林规划的主要任务之一。与远郊国家森林公园相比，城市国家森林公园具有以下 5 个基本特征：①森林公园位于城市规划区范围内，受城市生活、城市扩展的直接影响；②具有悠久的历史文化和人文景观，是城市景观或历史文化名城的精华所在；③多为城市自然山水环境的主体，是市区范围内最大、最集中的生态绿地，同时兼具部分城市公共绿地的功能；④自然景观与人文景观有机融合，有利于旅游资源的开发利用；⑤旅游开发时间较早，基础设施条件良好，旅游发展已有相当基础，游客量较大。以上基本特征决定了城市国家森林公园经营方向的多样性、复杂性。与林业局、林场相比，城市国家森林公园经营区划的理论、方法尚不成熟。本文以南京紫金山国家森林公园为研究对象，以森林资源二类调查数据、高分辨率遥感卫片 QuickBird（以下简称 QB）为主要信息源，以 ArcGis 9.0 为空间分析平台，从生态功能、森林美学 2 个方面进行森林公园经营区划，以期探索出一种科学适用的城市国家森林公园区划方法。

5.3.1 研究背景

1953 年，在我国森林经理学前辈干铎教授主持下，编制了紫金山风景林的第一个森林经营方案，1958 年在进行第一次森林经理复查时对此方案进行了修订。1982 年在第 4 次森林经理复查的基础上，重新编制了森林经营方案，将紫金山划分为人文景观经营区、自然景观经营区、农副业多种经营区、其他经营区。相隔20年后，2002年紫金山又进行了一次森林经理调查，但并未编制森林经营方案。在1996年国务院批准的《钟山风景名胜区总体规划》指导下，2004年4月江苏省建设厅颁布实施由东南大学城市规划设计研究院编制的《钟山风景名胜区中山陵园风景区详细规划》，该规划重点划定了核心景区范围，进行了景区功能调整与划分，提出了各片区规划控制要求。2004年8月，南京市规划局公示了由世界著名景观公司易道规划公司承担的《钟山风景名胜区外围景区规划》（草案），该规划重点对钟山风景名胜区外围被此起彼伏的违章搭建、拥挤不堪的居住环境搞得面目全非但与城市生活密切联系的区域进行整体规划设计。遗憾的是，由于规划的目标和编制者专业背景的限制，上述两种规划均未包含森林公园经营区划的内容。

改革开放20多年来，紫金山周边的社会经济条件发生了巨大的变化。随着城市化进程的加快，紫金山已渐渐变成一座"城中之山"，景区原先功能比较单一，外围景观旅游资源短缺，已远不能满足每天大量涌入、还在不断增长的休闲人流的需求。由于历史和管理等原因，景区驻区单位和居民点较多，蚕食景区资源的行为屡屡发生，违法搭建屡禁不止，卫生环境较差。伴随着旅游业的发展，森林景观破碎化趋势日益严重，登山者追打乱捕滥猎野生动物、饮水源地被人工建筑蚕食、遗弃的塑料袋使动物吞食致死等各种人为干扰活动日益增加，对紫金山森林公园中的野生哺乳动物的生存构成严重的威胁。上述种种情况表明，1982年的森林公园经营区划方案已经远远不能满足国内外游客及南京市民对景区的多功能的需要。如何借助于3S技术，通过经营区划的途径协调风景旅游、市民休闲、生态保护、野生动物保护等诸多矛盾，是摆在森林公园管理者面前的一项紧迫任务。

5.3.2 材料与方法

5.3.2.1 数据源

（1）2002年紫金山森林资源二类调查的数字化林相图，共划分林班71个，小班667个。在小班属性表中，除地类、林种、树种、平均胸径、平均树高、单位蓄积、郁闭度等常规调查因子外，还增加了美学等级这一风景林美学评价因子。除此之外，利用GIS软件地理坐标的自动提取功能，添加了小班中心点X坐标、中心点Y坐标2个属性。

（2）2004年7月4日遥感卫星QB数据包（全色+多光谱），全色波段空间分辨率为0.6m×0.6m，多光谱波段空间分辨率为2.4m×2.4m。

5.3.2.2 软件平台

（1）美国ERDAS公司开发的专业遥感图像处理与地理信息系统软件Erdas 9.0。QB卫星数据全色波段与多光谱波段的空间分辨率融合、自然色彩变换、对比度拉伸、研究区域空间子集生成主要通过Erdas 9.0完成。

（2）美国MapInfo公司开发的桌面地图信息系统MapInfo Professional 8.0。根据紫金山森林资源二类调查小班属性表中的小班中心点X坐标、中心点Y坐标，生成Shape点文件，向点文件添加单位蓄积量、美学等级属性以及TAB文件转换为Shape文件等操作均是在MapInfo环境下完成的。

（3）美国ESRI公司开发的全系列地理信息系统平台Arc Gis 9.0。生物量和美学功能图层的生成、数据重分类、栅格运算均是通过Arc Gis 9.0的空间分析模块Spatial Analyst实现，而经营区的划分、经营区界线与QB卫片的叠加则是通过Arc Gis 9.0的Arc Catalog、

Arc Map 模块实现的。

5.3.2.3　技术路线

作为城市国家森林公园，紫金山被赋予自然保护、风景旅游、市民休闲等众多功能，基本上可以概括为美学、生态 2 大服务功能。生态服务功能的大小可以从森林的生物量大小来衡量，而美学功能则可以从森林美学等级高低来评价，二者功能的总和代表了景区的综合服务功能，根据景区的综合功能的大小进行森林公园经营区划，这就是森林公园经营区划的基本思路。由此可以概括本节的技术路线如下：

Shape 点文件生成⟶单位蓄积量转换为单位生物量⟶生物量、美学功能图层的生成⟶图层叠加、数据重分类⟶鼠标屏幕跟踪，形成区划草案⟶区划界线的调整⟶经营区划方案的确定。

5.3.3　结果与分析

由于 2002 年森林资源二类调查小班属性表中没有生物量这一调查因子，借鉴方精云的“蓄积量——生物量”转换公式，通过数据库管理系统软件 VFP 6.0 将单位面积蓄积量转换为单位面积生物量。Shape 点文件通过 Arc Gis 9.0 的空间分析模块的 Kriging 内插功能生成生物量、森林美学栅格图层，二者通过栅格数据运算的方式进行图层叠加，进而通过数据重分类分为 5 级，分别用黑、灰黑、灰、灰白、白 5 种灰度级表示景区综合服务功能由高至低的 5 种状况，见图 5-2。对图 5-2 进行鼠标屏幕跟踪，形成森林经营区划草案。为了便于经营管理，结合 1982 年森林经营区划的林班界线（图 5-1）和 2004 年 QB 卫片，对区划草案进行调整，形成森林经营区划方案，见图 5-3。

图 5-1　1982 年森林经营区划方案

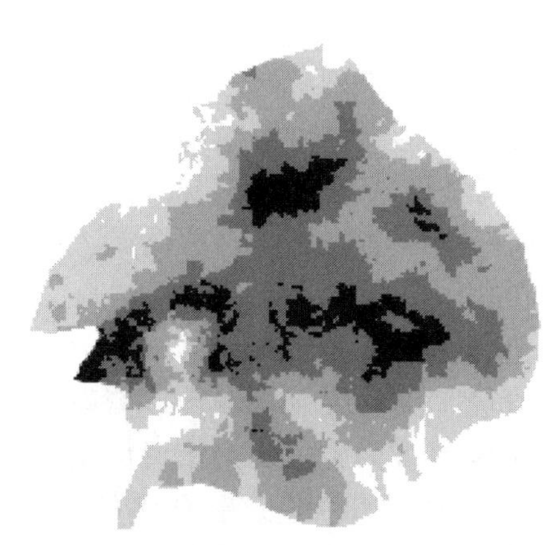

图 5-2　生态 + 美学功能叠加图

图 5-3　经营区划 + QB 卫片叠加图

5.3.3.1 1982年经营区划方案分析

由于受计算机水平、RS 和 GIS 技术及社会经济发展水平的限制，从图 5-1 可以看出，1982 年的经营区划方案存在以下缺陷：①经营方向比较单一，仅仅区划了自然景观、农副业生产、人文景观等 4 个经营区，没有考虑到市民休闲、生态保护、野生动物保护的需要，难以满足当地居民丰富多样的精神生活需求；②农副业经营区面积 645.05hm^2，占总经营面积的 21.75%。随着社会经济条件的变化，在国家级森林公园、5A 级景区内，保留大量的从事种菜、养猪等农副业活动的农村居民区已显得不合时宜。另一方面，农副业经营区的存在也与《风景名胜区条例》的有关规定不相符合；③自然景观区在地域上不相连接，南部的一片面积为 68.73hm^{2}的地块位于人工建筑南京体育学院校园内，显然是错划；④区划方案中存在着由 3 个地域上互不相连的林班组成的其他经营区，该区范围内地类多系紫金山外围的临时建筑物、农村居民区、养殖鱼塘，对这一面积为 108.20hm^{2}的地块没有明确经营方向，违背了森林经营区划的基本原则。

5.3.3.2 生态和美学功能叠加分析

经过生态和美学叠加，从图 5-2 可以看出，综合功能最高的黑色区域面积为 282.14hm^2，主要分布在紫金山南坡明孝陵、中山陵、灵古寺等旅游核心部分和山北坡中部的森林茂密区。综合功能次高的灰黑色区域面积为 839.5hm^2，主要分布在紫金山南坡受到严格保护的名胜古迹区和山北坡中部受人为干扰活动较少的针阔混交林区。综合功能较低的灰白色、白色区域主要分布在紫金山的外围地带，面积为 826.49hm^2。这些地区农村居民点多、违章建筑多、森林覆盖率低，是紫金山环境整治的对象。综合功能一般的灰色区域主要分布在坡度较陡、立地条件较差的山顶及山北坡的中上部，优势树种为马尾松、黑松，为水土保持及森林培育的重点地段。

5.3.3.3 基于生态和美学功能的区划方案分析

从图 5-3 可以看出，自北向南，紫金山国家森林公园可以划分为山北森林游览区、自然保护区、山岳生态保护区、名胜古迹区、山南市民休闲区 5 个经营区。山北森林游览区位于紫金山北坡的中下部，面积为 1 011.35hm^2，优势树种以针叶林、阔叶林、竹林为主，区内包含了航空烈士墓、军民友谊水库、上下黄马水库、紫金山水库等众多自然、人文景点，经营方向是大力培育和保护森林，为开展林木欣赏、水景游览、登山休闲、采集写生等森林旅游活动提供雄厚的资源基础。自然保护区位于紫金山北坡中上部的针阔混交林区，面积为 280.87hm^2。该区域森林覆盖率高，远离居民点和主要交通干道，人为干扰活动较少，是紫金山仅有的河麂、艾鼬、刺猬、草兔等 6 种野生哺乳动物的栖息地、繁殖地，经营方向是以封山育林为主，结合抚育管理，开展野生动物保护的科学研究。山岳生态保护区位于紫金山西马腰、东马腰等山脊线两侧，面积为 217.84hm^2。该区域坡度较陡、岩石裸露、立地条件较差，马尾松、黑松生长不良，经营方向是在立地改良的基础上，乔灌草相结合，通过插植、补植的方式提高植被覆盖度，防止水土流失。名胜古迹区的面积为 734.22hm^2，是紫金山国家森林公园的旅游核心部分，集中了中山陵、明孝陵、灵谷寺、梅花山、紫霞湖等众多景点，经营方向以提高游览线两旁及景点周围风景林美学等级为主。山南市民休闲区的面积为 818.57hm^2。该区域目前的地类主要是农村居民点、菜地、违章建筑和众多的驻园单位，森林覆盖率低，建筑风格杂乱，环境卫生条件差。经营方向是在对违章建筑和驻园单位拆迁改造的基础上，配合前湖公园、梅花谷湿地公园、下马坊公园、钟山运动场等主题公园的建设，大力营造园林型森林景观，为南京市民提供一个休闲、活动中心。

5.3.4 结论与讨论

作为组织经营单位的一种方法，传统的森林经营区划是在林业局或林场的范围内，将地域上一般相互连接、经营方向相同、林种相同的一些林地和非林地组织成不同的经营区。为便于经营管理，经营区的界线一般以林班线作为境界线，并且在相当长的时间范围内保持不变。在城市国家森林公园经营范围内，林种为单一的特种用途林中的风景林，但在同一林种的不同林班之间、同一林班的不同小班之间，在经营方向和经营强度上有所不同。与此同时，城市国家森林公园地处城市规划区范围内，承担着风景旅游、生态保护、市民休闲等多项职能，传统的森林经营区划方法很难适应城市国家森林公园的特点。以森林二类调查数据为主要信息源，以 GIS 为空间分析工具，结合森林美学评价成果，从生态保护、森林美学两个方面进行森林经营区划，可以有效地协调各种矛盾，并且将区划方案落实到山头地块，从而为城市国家森林公园的可持续经营探索出一条科学适用的区划之路。

5.4 风景林多情境规划方法研究——以紫金山为例

5.4.1 研究背景

风景林是“具有较高美学价值，并以满足人们审美需求为目标的森林的总称”，风景林资源是指风景林区内具有旅游观赏价值的各种天然景观、人工设施和其他自然资源的总称。在森林公园、风景区内，风景林或与名胜古迹融为一体，或通过陪衬、背景作用使风景增辉，或和独特的地貌特征相结合直接构成景观资源，风景林已经与景区内的天然景观、人工设施和其他自然资源结合成为一个统一的整体。因此，本节所称的风景林是指风景林资源。作为城市森林规划、森林公园规划、风景区规划的一个重要内容，在景观层次的尺度上进行风景林规划，由于规划范围空间幅度大且变化缓慢、复杂的空间异质性、缺乏重复性和参照系统、研究资金短缺和取样技术困难方面的问题，加之繁琐的计算、汇总和制图工作，在这种情况下很难进行多方案的比较和选优，即使勉强进行，其成本也非常高。因而，传统的风景林规划，是一种单情境规划。

建立在以 3S 为核心的 Geomatics 技术之上的多情境规划途径，可以在计算机上进行模拟规划，还可以对各种规划方案进行比较，大大降低了景观规划多方案选优、汇总和制图的工作量，不但将规划由传统的“野外”搬进了实验室，并且将规划变成可测试和可验证的过程，为风景林规划这种复杂多因素交互作用控制下不确定问题的决策提供了新型问题识别和辅助决策方法。通过风景林多情境规划方法研究，可以有效地协调森林公园发展过程中风景旅游、森林培育、市民休闲、生物多样性保护等多种需求之间的矛盾，对于正在蓬勃兴起的城市林业、森林旅游业的健康发展具有较为重要的理论和现实意义。

改革开放 20 多年来，紫金山周边的社会经济条件发生了巨大的变化。随着城市化进程的加快，紫金山已渐渐变成一座“城中之山”，面临着城市扩展蔓延和旅游活动无序开展带来的双重冲击。如何借助于 Geomatics 技术，通过多情境规划的途径协调风景旅游、市民休闲、生态保护、野生动物保护之间的等诸多矛盾，是摆在森林公园管理者面前的一项紧迫任务。

1953 年，在南京林业大学干铎等人主持下，编制了紫金山风景林的第一个森林经营方案。1982 年在第四次森林经理复查的基础上，重新编制了森林经营方案。2002 年在紫金山又进行了一次森林经理调查，但未编制森林经营方案。2004 年 4 月江苏省建设厅颁布实施由东南大学城市规划设计研究院编制的《钟山风景名胜区中山陵园风景区详细规划》，该规划重点划定了核心景区范围，进行了景区功能调整与划分，提出了各片区规划控制要求。2004 年 8 月，南京市规划局公示了由美国易道公司承担的《钟山风景名胜区外围景区规划》（草案），该规划重点对钟山风景名胜区外围的违章搭建、与城市生活密切联系的区域进行整体规划设计。由于规划的目标和编制者专业背景的限制，上述两种规划均未包含森林公园风景林规划内容。

5.4.2 材料与方法

5.4.2.1 数据源

（1）2000 年 3 月 26 日美国 Space Imaging 公司商业遥感卫星 IKNOS 数据包（全色 + 多光谱），全色波段空间分辨率为 1.0m × 1.0m，多光谱波段空间分辨率为 4.0m × 4.0m。

（2）2002 年 11 月 9 日法国国家航天研究中心发射的遥感卫星 SPOT5 数据包（全色 + 多光谱），全色波段空间分辨率为 2.5m × 2.5m，多光谱波段空间分辨率为 10m × 10m。

（3）2004 年 7 月 4 日美国 Digital Globe 公司商业遥感卫星 Quick Bird 数据包（全色 + 多光谱，以下简称 QB），全色波段空间分辨率为 0.6m × 0.6m，多光谱波段空间分辨率为 2.4m × 2.4m。

5.4.2.2 软件平台

（1）美国 ERDAS 公司开发的专业遥感图像处理与地理信息系统软件 Erdas 9.0。卫星数据几何精校正、全色波段与多光谱波段的空间分辨率融合、自然色彩变换、研究区域空间子集生成、监督分类、邻域分析、栅格转矢量主要通过 Erdas 9.0 完成。

（2）美国 Microsoft 公司 电子表格软件 Excel 2003。情境分析景观格局指标平均斑块面积、形状指数、破碎度（斑块密度）是通过 Excel 的公式和函数功能计算的。

（3）美国 ESRI 公司开发的全系列地理信息系统平台 Arc Gis 9.0。矢量图层的生成与编辑、矢量图层与栅格图层的叠加、情境制图均是在 ArcGis 的 ArcMap 环境下实现的。

5.4.2.3 技术路线

多情境规划应用的领域不同，规划的步骤也有所差别。笔者采用的多情境规划的技术路线如下：

多情境遥感信息源的选择⟶图像预处理与监督分类⟶邻域分析，多情境构建⟶提取景观格局指标，多情境评价⟶鼠标屏幕跟踪，形成优化草案⟶优化方案的确定⟶优化情境实现途径探讨。

5.4.3 数据处理

5.4.3.1 多情境的构建

2000 年以来，随着城市化步伐的加快，紫金山周边的形势发生巨大的变化，选择 SPOT5、IKNOS、QB 高分辨率遥感卫星数据作为风景林情境分析的信息源，选择研究地区 2000 年、2002 年、2004 年三期的土地利用状况作为情境分析的出发点，采用细胞自动机模型进行多情境构建。

细胞自动机模型是指一类由许多相同单元组成的，根据一些简单的邻域规则即能在系统水平上产生复杂结构和行为的离散型动态模型。细胞自动机模型中的细胞类似于遥感图像中的像元或地理信息系统中的栅格细胞。细胞自动机模型就是由许多这样简单细胞组成的栅格网，其中每个细胞可以具有有限种状态；邻近的细胞按照某些既定规则相互影响，导致局部空间格局的变化；而这些局部变化还可以繁衍、扩展，乃至产生景观水平的复杂空间结构。在生态学模型中，以 r = 1 时（表示只把紧靠像元两边的单元作为相邻者考虑）的 Van Neumann（四邻）和 Moore（八邻）邻域定义最为普遍。最简单的二维细胞自动机模型可以表示为公式 5-6：

$$\alpha_{i,j}^{(t+1)} = \phi\ [\alpha_{i-1,j}^{(t)},\ \alpha_{i+1}^{(t)},\ \alpha_{i,j-1}^{(t)},\ \alpha_{i,j+1}^{(t)}] \tag{5-6}$$

式中：$\alpha_{i,j}^{(t+1)}$ 为二维栅格细胞在 $t+1$ 时刻的值，括号中的其他项表示相邻单元在 t 时刻的取值；ϕ 为与相邻细胞有关的转化规则。

Erdas 9.0 图像解译模块的邻域分析功能为细胞自动机模型的建立提供了软件支撑。分别以 SPOT5、IKNOS、QB 为信息源，在遥感图像几何精校正、全色波段与多光谱波段融合、自然色彩变换、研究区域空间子集生成的基础上，进行监督分类，将研究区域的景观要素类型分为针叶林、阔叶林、农地、草地、建筑用地、水域 6 种。分别针对三种分类专题图，采用四邻邻域范围、众数函数（Majority）进行邻域分析。再以分析结果作为输入，采用同样的分析范围和分析函数进行 9 次邻域分析，分别代表未来 10 年发展的 3 种情境。邻域分析结果见图 5-4、5-5、5-6。

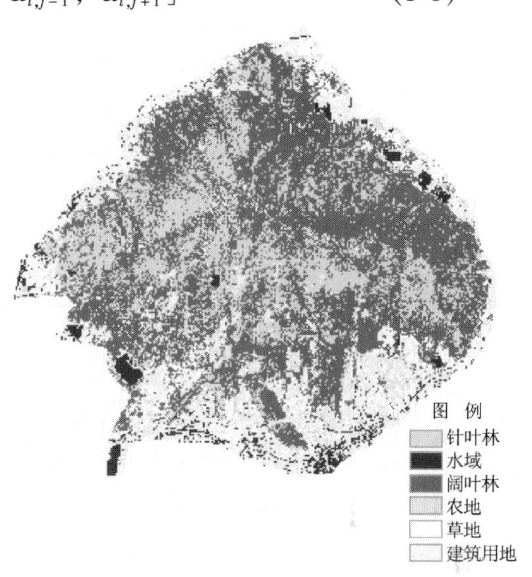

图 5-4　QB 情境

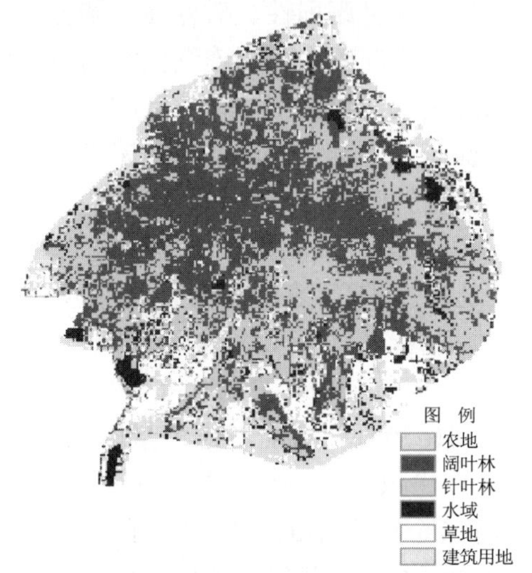

图 5-5　IKNOS 情境

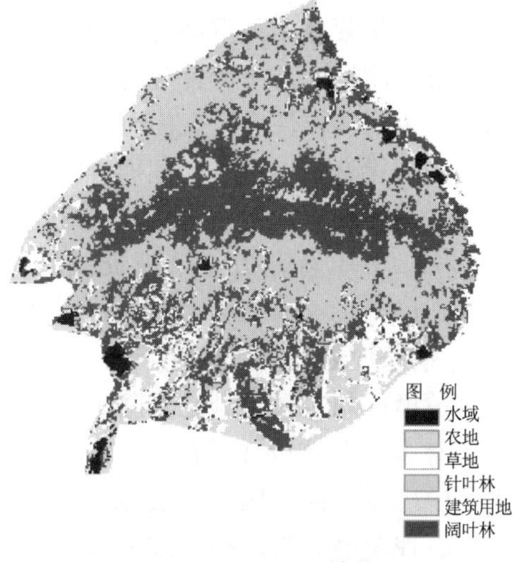

图 5-6　SPOT5 情境

5.4.3.2 多情境的评价

空间格局决定着资源地理环境的分布、形成和组分，制约着多种生态过程，与干扰能力、恢复能力、系统稳定性、生物多样性有着密切的联系。因此，在本节中采用平均斑块面积、平均形状指数、破碎度（斑块密度）3 个景观格局指数，结合研究区域景观资源保护目标来进行多情境规划方案的综合评价。为此，在邻域分析的基础上，分别对 3 种情境进行栅格到矢量的转换，将矢量图层的属性表转换为 ASCII 文件，利用 Excel 软件进行景观格局指数的计算，计算结果见表 5-4。

表 5-4 多情境分析景观格局指标

景观格局指标	平均斑块面积（m^2）			平均形状指数			破碎度（个/hm^2）		
情 境	IKNOS	QB	SPOT5	IKNOS	QB	SPOT5	IKNOS	QB	SPOT5
针叶林	1 686.54	427.14	16 915.37	1.375 9	1.422 8	1.276 1	5.894 4	23.411 0	0.591 2
阔叶林	2 348.50	1 393.33	9 171.75	1.295 1	1.560 4	1.394 6	4.258 0	7.177 1	1.090 3
农 地	1 121.79	253.28	3 464.81	1.317 6	1.508 5	1.351 6	8.914 3	39.482 6	2.886 2
水 体	315.43	731.33	2 300.09	2.639 6	1.425 1	0.880 4	31.703 0	14.538 0	4.347 7
草 坪	275.86	201.95	1 736.23	1.300 1	1.270 9	1.192 9	36.250 2	49.517 1	5.759 6
建筑用地	1 737.36	1 559.25	6 088.66	1.415 1	1.842 0	1.392 7	5.755 8	6.413 4	1.642 5

“集中与分散相结合”格局是 Forman 基于生态空间理论提出的景观生态规划格局，被认为是生态学意义上最优的景观格局。这一模式强调集中使用土地，保持大型植被斑块的完整性，在建成区保留一些小的自然植被和廊道；同时在人类活动区沿自然植被和廊道周围地带，设计一些小的人为斑块，如居住区和农业小斑块等。这种格局有许多生态学上的优越性：一方面，这一格局有大型植被斑块也有小的人为斑块，提高了景观多样性，达到生物多样性的保护；另一方面，大型植被斑块可为人们提供旅游度假和隐居的去处，小的人为斑块可作为人们的工作区和商业集中区，高效的交通网络方便人们的活动。

紫金山南坡景点多为陵墓及其附属纪念性建筑，格局多呈序列性、对称性，紫金山北坡的针阔混交林是紫金山野生动物的栖息地，在紫金山南坡宜配置大面积连续性空间分布的马尾松、黑松、侧柏、雪松等针叶林，以体现庄严肃穆的陵墓文化氛围，北坡宜配置针阔混交林，以维持生物多样性。紫金山山脊坡度较陡、岩石裸露、立地条件较差，马尾松、黑松生长不良，宜配置麻栎、枫香、刺槐等阔叶林。SPOT5 情境针叶林、阔叶林、水体的平均斑块面积最大，破碎度最小，三种地类占研究地区总面积的 75.47%。依照“集中与分散相结合”的原则，参照紫金山的景观资源的保护目标，选择 SPOT5 情境作为优化情境的备选方案。

5.4.3.3 情景规划方案的优化

优化情境规划方案的制定，除了考虑风景林的空间格局外，还需考虑风景区发展要求。根据《森林公园总体设计规范》的基本原则，结合《钟山风景名胜区总体规划》、《钟山风景名胜区中山陵园风景区详细规划》的有关要求，将紫金山众多的住区单位和农民住区分为协调型、控制型、搬迁型、改造型 4 大类。城郊结合部的违章建筑、农民村落、南京手表厂和熊猫电视机厂等生产性企业、与景区氛围不相协调的海底世界等旅游设施全部通过拆迁

的方式退出景区，在拆迁原址上建设园林绿地；从历史渊源与未来发展看与景区保护目标协调的教育科研单位，如紫金山天文台、中山植物园予以保留；与景区保护目标不相一致、而与现状景观风貌比较协调的文化科研单位，如南京军区前线歌舞团、南京体育学院、724所等机关用地规模予以严格控制；位于景区核心地带的东郊宾馆、国际会议大酒店、钟山干部疗养院迁出景区核心地带，将紫金山外围地带的钟山山庄、都市山庄、帝豪花园别墅改造成旅游服务设施。

根据上述原则，以SPOT5情境为模版，利用Arc Map的Editor模块，采用鼠标屏幕跟踪的方式，形成情境规划优化草案矢量图层。为了便于经营管理，加载预处理过的2004年QB遥感图像，分别与草案矢量图层进行叠加，在此基础上对矢量图层的界线进行编辑、微调，最后形成优化情景规划方案（图5-7）。

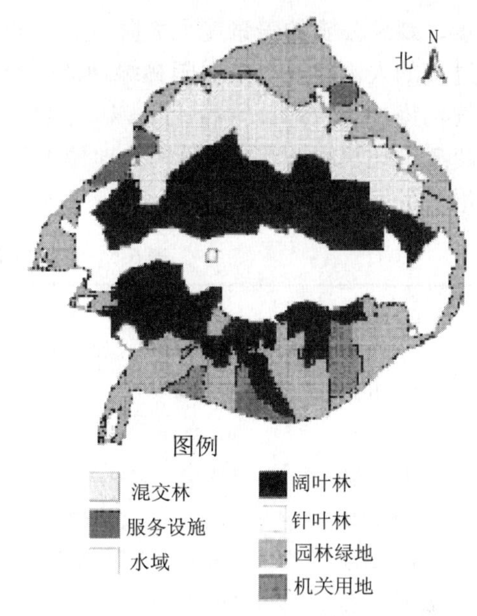

图5-7 紫金山森林公园优化情境方案

5.4.4 结果与分析

5.4.4.1 优化方案景观要素类型的空间布局

在优化情境方案中，紫金山国家森林公园的土地被分为7种景观要素类型（图5-7）：针叶林、阔叶林、针阔混交林、服务设施、水域、园林绿地、机关用地。根据优化情境方案，森林公园内的农业用地将会通过房屋拆迁、异地安置的方式全部消失，代之以园林绿地，以满足当地居民日益增长的娱乐健身需求。以马尾松、黑松、雪松为主的针叶林主要分布在人文古迹聚集的紫金山南坡，为中山陵、明孝陵、灵古寺等著名景点提供庄严肃穆的森林背景。针阔混交林主要分布在紫金山北坡中上部，这里远离居民点和主要交通干道，人为干扰活动较少，丰富多样的植物可以为紫金山仅有的河麂、艾鼬、刺猬、草兔等6种野生哺乳动物提供理想的栖息、繁殖地。阔叶林主要分布在紫金山西马腰、东马腰等山脊线两侧，该区域坡度较陡、岩石裸露、立地条件较差，通过插植、补植麻栎、枫香、刺槐等阔叶树，可以提高植被覆盖度，防止水土流失。生产性企业、宾馆饭店等旅游服务设施将从森林公园核心地带迁出，留下更多的空间建设市民休闲公园。紫金山外围的帝豪花园别墅、都市山庄、钟山山庄将会通过货币补偿、产权置换的方式改造为旅游服务设施。随着成千上万的居民迁出森林公园，紫金山面临的生态环境问题将会得到极大的缓解。

5.4.4.2 优化方案与2002年景观结构的对比分析

2002年，紫金山四种主要的景观要素类型依次为阔叶林、混交林、针叶林、农地，分别占森林公园经营总面积的48.86%、12.42%、8.99%、8.94%，而园林绿地的面积仅占7.48%。另一方面，企业及管理机关用地、旅游服务设施用地所占比例偏高，分别占森林公园经营面积的5.54%、5.53%。2002年紫金山风景林资源结构存在着几个主要的缺陷：①与阔叶林相比，针叶林比重偏低，当冬季阔叶树落叶之后，紫金山呈现出一派万木肃杀的情景，森林公园的美景度大大降低；②核心景区企业机关用地和旅游服务设施用地比重偏大，过多的人工建筑在挤占园林绿地的同时，在森林公园核心区域容易引起较为严重的水体和空气污染；③农地比重高达8.94%，种菜、捕鱼、养鸡等农业生产活动与森林公园庄严肃穆的陵墓文化氛围和5A级景区的地位不相符合；④园林绿地比重偏低，难以满足南京市民日益增长的娱乐健身需求。

表5-5　优化方案与2002年景观结构的对比分析

景观要素类型	2002景观结构		优化情境方案		景观要素变化	
	面积（hm^2）	比例（%）	面积（hm^2）	比例（%）	面积（hm^2）	比例（%）
机关用地	166.80	(5.54)	97.54	(3.24)	-69.26	(-2.30)
水　域	67.42	(2.24)	68.40	(2.27)	0.97	(0.03)
混 交 林	373.83	(12.42)	508.31	(16.89)	134.48	(4.47)
园林绿地	225.01	(7.48)	670.65	(22.29)	445.64	(14.81)
服务设施	166.33	(5.53)	80.64	(2.68)	-85.69	(-2.85)
针 叶 林	270.58	(8.99)	669.44	(22.25)	398.86	(13.26)
阔 叶 林	1469.96	(48.86)	913.82	(30.37)	-556.14	(-18.48)
农　地	268.85	(8.94)	0.00	(0.00)	-268.85	(-8.94)

从表5-5可以看出，与2002年相比，优化情境方案的风景林资源结构发生了巨大的变化。在优化情境方案中，4种主要的景观要素类型依次为阔叶林、园林绿地、针叶林、混交林，分别占森林公园经营总面积的30.37%、22.29%、22.25%、16.89%。其中，针叶林、园林绿地、混交林的比例分别上升了13.26%、14.81%、4.47%，从而提高了森林公园风景林冬季的美景度，为南京市广大市民提供了更多的休闲健身场所，为紫金山珍稀野生动物提供了更为丰富多样的栖息、繁殖场所。伴随着针叶林、园林绿地、混交林面积的扩大，阔叶林的面积从1 469.96hm^2下降到913.82hm^2，而农地则完全从森林公园景观要素类型中消失。与2002年相比，企业机关用地、旅游服务设施用地所占比重分别下降了2.30%、2.85%，减少的面积主要用来建造市民休闲公园。值得注意的是，森林公园水域面积变化不大，原因在于，由于缺乏过境河流，紫金山水文条件很不理想，能够用来开发水景资源的土地十分有限。

5.4.5　结论与讨论

选择不同建设时期的遥感数据作为信息源，利用空间信息技术进行多情境构建和评价，结合研究地区的景观资源保护目标和未来发展要求进行情境规划方案的优化，为风景林规划这种复杂多因素交互控制作用下的不确定问题决策提供了新型问题识别和辅助决策方法，为风景林可持续经营规划提供了理论基础。在风景林情境规划过程中，还存在以下问题需要进行深入研究。

（1）在研究过程中，除了高分辨率遥感数据外，作者还收集了研究地区1979年MSS、1988年TM、2006年中巴2号（CBERS2）卫星数据。根据情境分析的基本原则，选取1979年、1988年、2000年、2006年4个不同历史时期的遥感数据作为多情境规划的信息源更为

科学。由于MSS、TM、CBERS2卫星数据空间分辨率较低，为景观要素类型的精确分类带来了极大的困难，如何选择多情境规划的信息源将是成功进行多情境规划的前提。

（2）SPOT5、IKNOS、QB遥感图像具有较高的空间分辨率，可以部分代替航空遥感，给监督分类训练样区的选取带来了极大的方便。但是由于这3种遥感图像的光谱分辨率较低，加之研究地区地形破碎、地类交错、人为干扰严重，总体分类精度分别只有70%、74%、75%。如何借助于遥感软件的专家分类器，进一步提高分类精度，将是下一步研究的内容。

（3）在进行邻域分析构建多情境规划方案时，整个景观采用一种邻域规则（众数函数）的科学性有待验证。针对不同的景观类型，结合景观未来的发展趋势，采用不同的邻域规则，在邻域分析的基础上进行图像镶嵌可能更加科学。邻域范围大小的定义和邻域规则的选择将是继续研究的内容。

5.5　紫金山风景林外来入侵物种潜在生境适生性评价

5.5.1　研究背景

外来有害生物入侵是一项全球性的问题，我国是外来有害生物入侵造成严重危害的国家之一。与乡土物种相比，外来入侵生物具有较强的繁殖、扩散和适应的能力，一旦到达适合生存的新地区，由于与当地的物种没有共同进化的历史，所以就可能缺少自然天敌，物种的繁殖能力加上适宜的生存环境使治理极其困难，需要花费更多的时间和精力。因此，防止外来生物入侵造成危害的重要手段是阻止可能造成入侵的物种进入适合其生存的地区，即探明物种一旦引入将会在什么地方生存，其生存、爆发的可能性以及扩散的范围有多大。对生物入侵的研究进行野外实验的风险极大，甚至不可能；室内实验与实际发生又有一定的差距，很难用实验的方法确定潜在的入侵物种的适生区域。当前的国内森林外来入侵物种适生区研究存在以下问题：①研究大多针对单个入侵物种，缺少针对某个区域多个入侵物种的综合研究；②现有的研究比较注意参考国内外文献报道，却忽视收集整理国内外相关研究成果的WEB数据库资源；③由于入侵生物的适生分布除气候因素以外，还受植被、海拔、坡位、坡向等生物、地理因素的影响，现有研究主要在非疫区或有限分布地区的大尺度上根据气候因素进行，研究结果是初步的、粗放的，难以落实到山头地块，对生产实践的指导意义不强。

南京紫金山地处暖温带与亚热带交界处，景区风景林多为人工纯林，兼有南北的病虫种类，病虫害容易发生。作为一座城市森林公园，紫金山周边地区人口密集，交通发达，景区内人流、物流十分频繁，人为干扰严重。与原始林区自然生态系统相比，紫金山风景林具有不稳定性、开放性、破碎性、脆弱性，森林外来入侵物种被引入的概率大。20世纪80年代以来，松材线虫、日本松干蚧等森林外来入侵物种相继侵入紫金山，对南京紫金山风景林造成了毁灭性破坏，导致大片马尾松、黑松感病枯死，严重降低了紫金山风景林的美学质量和生态功能。

借助于国内外生物入侵相关研究成果，以WEB数据库为主要信息源，通过气候及生物地理条件分析预测林业外来入侵生物的适生区；在此基础上，以地理信息系统为空间分析工具，通过影响潜在入侵物种空间分布的生物、地理因子分析，进而将研究结果落实到山头地块，可以为生物多样性保护、入侵生物管理措施的制定提供理论依据，对于具有很高历史文化价值的地区生态环境的保护具有现实意义。

5.5.2 研究方法

5.5.2.1 数据源

（1）WEB 数据库　从20世纪90年代起，国际组织、国内外各个研究机构和政府部门陆续建立了大量入侵物种 WEB 数据库。国外的如 GISP 项目专家组建立的“全球入侵物种数据库”（http://www. issg. org. database/welcome）、美国农业动植物健康检查服务局提供的“植物害虫、联邦有害杂草和北美非本地节肢动物数据库”（http:// www. invasivespecies. org）。国内比较著名的如北京师范大学生命科学院和国家质量监督检验检疫总局动植物检疫实验所建立的“外来有害动物背景资料数据库”和“生物入侵相关重要文献数据库”（中国生物入侵网，http：// www. bioinvasion. org. cn）。紫金山风景林潜在外来入侵物种选择所需的资料主要来自以上3个 WEB 数据库。

（2）GIS 空间分析数据源　2002 年紫金山森林资源二类调查的数字化林相图，共划分林班71个，小班667个，其中主要地类有针叶林、针阔混交林、阔叶林、农地、苗圃、草坪、水域、建筑用地；2004 年 7 月 4 日遥感卫星 Quick Bird 数据包（全色 + 多光谱），全色波段空间分辨率 0. 6m ×0. 6m，多光谱波段空间分辨率 2. 4m ×2. 4m；根据紫金山 1∶10 000 地形图制作的空间分辨率为 3. 3m ×3. 3m 的数字高程模型（DEM）。

5.5.2.2 软件平台

美国 ERDAS 公司开发的专业遥感图像处理与地理信息系统软件 Erdas 9. 0、美国 ESRI 公司开发的全系列地理信息系统平台 Arc Gis 9. 0。Quick Bird 卫星图像预处理、全色波段与多光谱波段的空间分辨率融合、自然色彩变换、监督分类、空间子集运算主要通过 Erdas 9. 0 完成。道路、居民点图层的生成是通过 Arc Gis 9. 0 的 Arc Catalog、Arc Map 模块实现，而缓冲区分析、数据重分类、栅格运算、坡向和坡位生成则是通过 Arc Gis 9. 0 的空间分析模块 Spatial Analyst 实现。

5.5.2.3 技术路线

国内外 WEB 数据资料收集⟶气候条件分析⟶农业气候相似矩筛选⟶潜在入侵物种确定⟶适生物种生物地理条件分析⟶GIS 数据层生成⟶专题图叠加⟶外来入侵物种潜在适生性评价图。

5.5.3 结果与分析

5.5.3.1 适生物种的筛选

森林外来入侵物种 WEB 数据库来自不同国际组织、国内外各个研究机构和政府部门，这些数据库的格式不同，采用的语言不同。因此，对3个 WEB 数据库中收集到的数据资料，首先在数据库基本原理指导下，加以规范化，然后通过数据整理、分析，挖掘出生境类型为森林的外来入侵病虫害 9 种，见表 5-6。

表 5-6　9 种主要外来森林入侵物种基本情况

序号	中文名	拉丁名	首次入侵时间、地点	寄生物种
1	松材线虫	*Bursaphelenchus xylophilus*	1982 年江苏南京	主要是松属植物，在我国主要发生在黑松、赤松、马尾松上
2	日本松干蚧	*Matsucoccus matsumurae*	1943 年辽宁大连	主要危害赤松、油松、马尾松，其次黄松、黑松、千头赤松、琉珠松、垂枝赤松
3	松突圆蚧	*hemiberlesia pitysophila*	20 世纪 70 年代台湾	松属植物，包括马尾松、湿地松、黑松、巴哈马加勒比松、洪都拉斯加勒比松、展松、卵果松、南亚松
4	湿地松粉蚧	*Oracella acuta*	1988 年广东台山	湿地松、火炬松、长叶松、裂果沙松、萌芽松 、矮松、马尾松
5	苹果绵蚜	*Eriosoma lanigerum*	1914 年山东威海	苹果为主，其次海棠、沙果、花红、山荆子等。在原产地还危害洋梨、山楂、花楸、美国榆等
6	蔗扁蛾	*Opogona sacchari*	1987 年广东	24 科 50 多种，如香蕉、甘蔗、玉米、马铃薯等农作物及多种观赏植物
7	苹果蠹蛾	*Laspeyresia pomonella*	1953 年南疆库尔勒	苹果、花红、沙梨、香梨、杏、巴旦杏、桃、野山楂、板栗属、无花果属、花楸属等植物
8	美国白蛾	*Hyphantria cunea*	1979 年辽宁丹东	主要危害多种阔叶树，如法桐、臭椿、桑树、榆树、白蜡
9	红脂大小蠹	*Dendroctonus valens*	1998 年山西阳城	油松、白皮松，偶见华山松、云杉

借鉴国内采用农业气候相似矩方法进行外来入侵物种适生区研究的做法，对 9 种外来入侵物种进行筛选。该方法采用多维空间相似距离 d_{ij} 来度量各地之间的气候差异，并且提出“农业气候相似程度”的概念和计算方法，即将某一个地点的某种气候要素（如光、温、水等）作为一维空间，m 种要素即有 m 维空间，将每一个地点作为这 m 维空间上的一个点，计算世界上任意两个地点间的 n 维空间距离。在本节中采用欧氏距离来衡量外来入侵物种首次入侵地与南京市的农业气候相似程度。欧氏距离的计算公式为公式 5-7：

$$d_{ij} = \sqrt{\sum_{k=1}^{m} (X_{ik}' - X_{jk}')^2} \qquad (5\text{-}7)$$

式中：d_{ij}为 i 地和 j 地 之间的欧氏距离系数；k 为任何一个气候要素（$k=1，2，\cdots，m$）；X_{ik}和 X_{kj}分别为 i 地和 j 的第 k 个要素的标准化值。

将年平均温度、平均降水量这 2 个影响物种分布的主要因子作为气候要素，在进行数据归一化变换的基础上，计算入侵物种首次入侵中国地区与南京紫金山的农业气候相似程度。按照相似程度由大到小的顺序，排在前 5 名的入侵物种依次为：松材线虫、苹果绵蚜、日本松干蚧、美国白蛾、红脂大小蠹。由于苹果绵蚜、红脂大小蠹的寄主植物在紫金山基本无分布 ，可以剔除。经过以上筛选最有可能入侵紫金山风景林的外来物种为：松材线虫、日本松干蚧、美国白蛾。

5.5.3.2　适生物种空间分布主导生物地理因子的确定

在同样的气候条件下，松材线虫病害的发生与地类、海拔具有相关性。松材线虫病害的寄主物种主要是松属植物。在紫金山，容易发生松材线虫病害的地类主要是针叶林、针阔混交林，农地、草坪发生松材线虫病害的概率较小，建筑用地、水域基本不可能。日本九州的云仙、雾岛两山上松材线虫病害的分布发现，海拔400m以下，病害发生严重；此上至700m以下，有病害发生，高于此海拔线以上，很少见到松材线虫病死树。据此可以假定，海拔越低，发生松材线虫的概率越大。松材线虫主要借助松墨天牛（*Monochamus alternatus*）传播，而人为调运感病林木及木制品是其远距离传播的主要因素。2002年森林资源二类调查结果表明，紫金山并未发现松材线虫病害发生的传媒昆虫松墨天牛。1982年紫金山发生这种病害的主要原因是紫金山天文台从日本进口部分科学观测仪器，多数为针叶松制作的日本感病木质包装物伴随货物进入南京，从而将在日本泛滥成灾的松材线虫传入该地区。可以认为，离道路的距离越近，感染这种病害的概率越大。因此，决定松材线虫在紫金山空间分布的主导生物地理因子依次为地类、海拔、道路交通状况。

与松材线虫相比，日本松干蚧虫害的发生与地类、坡向、坡位具有相关性，其中与地类的关系与松材线虫病害基本相同。不同的坡向影响日本松干蚧发生期、产卵量、孵化率和对寄主的危害程度。一般阳坡发生早，阴坡发生晚。在小气候的影响下，一般阴坡的松林郁闭度大，树林生长旺盛，温湿度适宜，因此松干蚧的生长发育也较适宜。阴坡雌成虫的产卵量、孵化率均比阳坡高，寄生若虫死亡率也比阳坡低，所以虫口密度阴坡大于阳坡。不同坡向虫口密度分布亦不同，虫口密度北坡最大，南坡和东坡次之，西坡最小。同一坡向的虫口密度又与坡位有关，以山脚为最多，山腰次之，山顶最少。据此，可以认为，决定日本松干蚧在紫金山空间分布的主导生物地理因子依次为地类、坡向、坡位。

美国白蛾的寄主树种以杨树、悬铃木、葡萄、苹果、桃、梨、李、山楂、丁香、柿子、柳树、海棠、白蜡为主，这些树木又主要集中分布在四旁、庭院，在食物不足时可转移为害菊花、连翘和白菜等十字花科植物以及杂草等，并且以新植阔叶树的幼树受害最重。美国白蛾成虫有趋光性，可飞行380m多，幼虫可借助风力被吹到数百米甚至数千米远的地方，远距离扩散最主要的途径是随货物借助于交通工具进行传播。由于紫金山尚未发现美国白蛾，作为一种潜在入侵物种，可以认为，决定美国白蛾空间分布的主导生物地理因子是地类、离居民点的远近、道路交通状况。在紫金山，根据美国白蛾的生物学特性，按照感染概率的大小，容易发生这种虫害的地类依次为农地、阔叶树、针阔混交林、苗圃、草坪，建筑用地感染美国白蛾的概率较小，水域基本不可能发生。至于道路和居民点，可以认为，离道路、居民点的距离越近，感染这种虫害的概率越大。

5.5.3.3 空间适生性评价图的生成

由于购买的Quick Bird卫星数据只进行了辐射矫正和几何粗校正，在图像预处理中，需进行几何精校正。以具有地理参考（WGS84，UTM，Zone 50 North，Meter）的研究区域2002年11月9日SPOT5图像为参照，进行Quick Bird图像几何精校正。在此基础上，在Erdas 9.0支持下，选择主成分变换法，将全色波段与多光谱波段进行空间分辨率融合，使处理后的遥感图像既具有较好的空间分辨率，又具有多光谱特征，从而达到图像增强的目的。对处理后的图像，依次选择近红外、红、绿3个波段作为输入波段，进行自然色彩变换，为进行有监分类训练样区的选择提供便利条件。按照2002年森林经理二类调查地类划分标准，对经过自然色彩变换的图像选择最大似然法进行监督分类，将紫金山地类分为针叶林、针阔混交林、阔叶林、农地、苗圃、草坪、水域、其他土地8类。

在Arc Map支持下，加载经过自然色彩变换的遥感图像，选择UTM（Zone 50）投影、

WGS84 基准面，创建紫金山居民点、道路图层并进行缓冲分析。加载数字高程模型、监督分类图像，调用 Arc Gis 的空间分析模块，利用数字高程模型（DEM）生成研究地区的坡向、坡位图层。对数字高程模型和以上操作形成的各个图层，进行重分类，分为 8 类，并按照外来入侵物种主导生物地理因子影响大小的不同，分别赋予 8、7、6、5、4、3、2、1 不同的分值。同样，对于监督分类形成的地类，也按照外来入侵物种主导生物地理因子影响大小的不同，分别赋予 8、7、6、5、4、3、2、1 不同的分值。分别针对松材线虫、日本松干蚧、美国白蛾的 3 个主导生物地理因子，通过栅格运算进行图层叠加，分别用黑、较黑、灰、较灰、白 5 种灰度级表示最适宜区、较适宜区、边缘分布区、较不适宜区、不适宜区 5 种适生状况，即生成外来入侵物种的空间适生性评价图（图 5-8）。

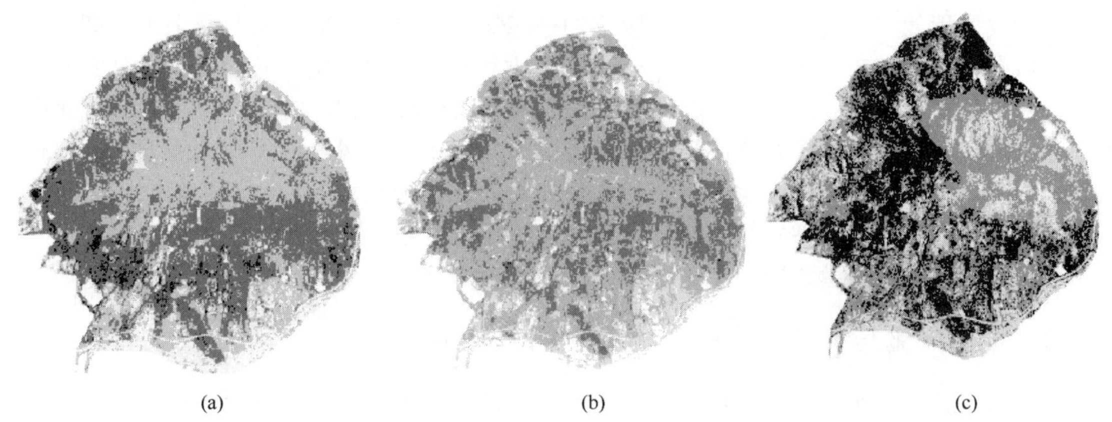

(a) (b) (c)

图 5-8 紫金山外来入侵物种空间适生性评价图

（a）松材线虫 （b）日本松干蚧 （c）美国白蛾

5.5.4 结论与讨论

（1）基于 WEB 数据库和 GIS 的风景林外来入侵物种潜在生境适生性分析方法，充分利用了国内外相关研究成果的 WEB 数据库资源，通过数据挖掘和农业气候相似矩模型，筛选出研究区域潜在的外来入侵物种；通过 GIS 空间分析，将潜在外来入侵物种的适生区域落实到山头地块，可以为生物多样性保护、入侵生物管理措施的制定提供科学依据。

（2）由于资料所限，利用农业气候相似矩方法筛选潜在入侵物种时，没有采用该物种原产地的资料而是把首次入侵中国所在地区的气候资料作为计算参数；计算欧氏距离时，仅仅选取年平均温度、平均降水量这 2 种气候要素，在一定程度上影响了研究结果的准确性。

（3）在对遥感图像进行有监分类时，由于研究地区地形破碎、地类交错、人为干扰严重，总体分类精度只有 75%。如何借助于遥感软件的专家分类器，进一步提高分类精度，将是下一步研究的内容。同时，如何确定每个入侵物种空间分布的主导生物地理因素；在进行图层叠加时，如何确定每个栅格图层的权重，尚需进一步研究。

5.6 城市国家森林公园的文化冲突与生态文化经营对策

5.6.1 研究背景

紫金山，又名钟山，地处南京城区东郊，状似菱形，总面积为 3 008.8hm^2，其最高处头陀岭海拔 448.8m。该山地处北亚热带和暖温带的过渡地带，植被种类丰富，森林茂密，历来为各种野生动植物的栖息地，2004 年 3 月 1 日南京紫金山正式成为国家级森林公园。紫金山为南京诸山之冠，地势险要、巍峨壮观，形似蟠龙，受中国传统风水观念的影响，六朝以来，成为历代王朝建造寺观、修筑陵墓的理想场所。改革开放以来，紫金山已渐渐从一个郊区风景区变为城市国家森林公园，公园的性质和经营方向发生了质的变化，公园原先比较单一的陵墓文化功能，已远远不能满足市民休闲、森林培育、自然保护的需求，由此产生了文化景观破碎化、生物多样性降低、水土流失、空气污染、风景林美学功能下降等各种生态环境问题。本节以紫金山国家森林公园为研究对象，试图从文化冲突的角度探讨生态环境问题产生的深层次根源，并在生态文化基本思想指导下制定具体经营对策，以期探索出一条国家森林公园可持续经营之路。

5.6.2 陵墓文化与寺庙文化——历史上的紫金山

紫金山，自古以来，就是江南衡、庐、茅、钟四大名山之一。巍巍紫金山，如巨龙盘卧于历史名城南京之东，峰峦起伏，层峦叠嶂，林木葱郁，浩如深海，蔚为壮观。三国时期，诸葛亮出使东吴，曾赞叹金陵的山川地势："钟山龙盘，石城虎踞，真帝王之宅!"从此，"龙盘虎踞"成为南京的代名词，紫金山扬名四海。受中国传统风水观念的影响，六朝以来，紫金山成为历代王朝修筑陵墓、建造寺观的理想场所。

5.6.2.1 陵墓文化

对死亡的恐惧是生物的自然反应。人类社会的权力和富贵则会非本能地加重对生命的眷恋和对死亡的恐惧。居于权力和富贵顶峰的帝王当然更甚于常人，精心建造的宏大陵墓正是帝王生死观的最好诠释。陵墓建筑从整体布局到局部装饰，从墓室的营造到地面设施的经营都记录了中国传统的灵魂不死观、身份等级观和"事死如事生、事亡如事存"、"厚葬以明孝、媚祖以邀福"等文化涵义。

三国东吴孙权，独具慧眼，首选"帝王之宅"的南京为都城，从而成为金陵史上第一帝。公元 252 年，孙权去世后，就葬在紫金山南麓，今梅花山下。钟山之阳独龙阜下，是明朝开国皇帝朱元璋的陵墓，明孝陵是我国现存的古代最大的帝王陵墓之一。在钟山之阴则是明朝开国元勋中山王徐达、开平王常遇春、岐阳王李文忠等功臣墓。紫金山陵墓中最重要的无疑是位于钟山南坡中段的中山陵。作为一座陵墓，中山陵继承了我国传统的陵墓建筑风格，如牌坊、墓道、陵门、碑亭、祭堂，但又剔除了古代帝王陵墓中属于封建糟粕一类的东西，如显示帝王威严的石人、石兽，同时吸取了西方建筑的一些先进技术。

中山陵兴建以后，一些追随孙中山先生从事革命的国民党人，都以死后能安葬在中山陵周围为荣。1929 年国民党中央利用灵谷寺，建造革命阵亡将士公墓。1931 ~ 1933 年，在灵古寺东北建造了谭延闿墓。1932 年在紫金山开始建设航空烈士墓。1935 年，国民党元老廖仲恺葬于中山陵之西。1957～1958 年，革命阵亡将士公墓第二公墓旧址，被改建为邓演达墓。除此之外，在中山陵周围，还有革命志士范鸿仙墓、韩恢墓。其中，葬于紫金山的汉奸汪精卫墓、特务头子戴笠墓，分别于抗战胜利后、解放后被炸毁或推平。值得一提的是，蒋介石也于 1946 年 11 月，在位于中山陵、明孝陵之间的紫霞湖北侧山坡上的正气亭，亲自选好了墓址。可惜，还来不及下葬，就亡命孤岛台湾了。

陵墓建筑通过种种象征性的布置，燃起人类死而复生的希望之火和满足人类爱护后代的天性需求，减轻了人类对死亡的恐惧和了却了死者未了愿望。从这个角度看，陵墓文化具有心理安慰作用。由于陵墓文化的心理安慰作用，作为中华传统文化不可或缺的部分，在没有切实解决人类对死亡恐惧的问题之前，陵墓文化还会长期存在下去。因此，以中山陵、明孝陵为主的陵墓文化构成了紫金山人文旅游资源的主体。

5.6.2.2　寺庙文化

如果说陵墓文化反映了中国传统文化的人鬼观，寺庙文化则反映了中国传统文化的人神观。寺庙作为宗教活动场所和个人修身养性之处，其选址、布局、构景、空间处理、建筑和自然的交融上，既要解决现实生活问题又要突出仙境神域特色，从而反映了中国人对理想生活环境的向往，而寺庙则是这种理想景观模式的物化。历史上官场失意的文人士大夫，难以从现实世界中获得生活的意义和生命的真谛，追求生命诗意和栖居的精神家园便成为其人生的主要追求之一，寺庙为他们提供了寻求寂静冥想的场所，在一丘一壑、一花一鸟之中发现永恒。战乱年代，佛教“从善积德”“众生平等”“同体大悲”“无缘大慈”“因缘结果”的主张，对生活于水深火热之中的平民百姓，具有一定的心灵洗涤和精神教化功能。

南北朝时期，南京佛教盛行。唐代诗人杜牧《江南春》的“南朝四百八十寺，多少楼台烟雨中”的诗句，就是对当时建康佛寺盛况的真实写照。据史料记载，当时建康佛教寺庙多达 500 余所，穷极宏丽，僧尼十万众，资产丰沃。据载，当时光是紫金山附近的寺院，就达 70 余所之多。在紫金山众多的庙宇中，尤以灵谷寺最为著名。灵谷寺初为南朝时高僧宝志的墓地。明初修建明孝陵，朱元璋降旨迁寺，并敕封“灵谷禅寺”。到明代中后期，灵谷寺规模达到顶峰，占地 33.3hm^2，有僧尼 500 人，管辖包括栖霞寺、方山定林寺在内的 12 座其他寺庙，拥有田地、柴山、池塘总面积达 2 292hm^2，成为天下第一禅林。明代以后，灵谷寺历经战火毁坏，已变得面目全非，目前仅剩下龙王庙，即今天灵谷公园的灵谷寺，规模远非昔日可比。1929 年国民党中央利用灵谷寺建造阵亡将士公墓后，这里几经修葺，现开辟为集公墓、禅寺、松林合一的公园，主要景点有无梁殿、灵谷塔，但已难觅历史的文脉。今日的灵谷寺，由于寺庙规模锐减，加之交通不便，赖以维持生存的香火日渐稀少，寺庙文化已经失去存在的物质基础，逐渐让位于陵墓文化和市民休闲文化。

5.6.3　以工业文明为基础的现代城市文化的影响

20 世纪 90 年代中期以后，随着南京都市圈规划的实施，紫金山从一个郊区风景区变为城市国家森林公园，伴随着以工业文明为基础的现代城市文化的影响，旅游经济对紫金山陵墓文化的冲击越来越大。与此同时，随着市民休闲文化的兴起，紫金山城市公共绿地的职能日益得到强化，散布于紫金山国家森林公园管辖范围内的农民自然村落也失去了存在基础。随着紫金山外围整治规划的实施，农业文化宣告终结。

5.6.3.1　城市文化对陵墓文化的冲击

以工业文明为基础的现代城市文化世界观是建立在近代物理学和数学基础上的机械论世界观，其文化价值取向主要是一种主体性文化价值取向，这种文化价值取向后来逐渐演变为一种人类中心主义。在人与自然的关系方面，现代城市文化割断了人类与自然的生命联系，将自然万物看作被动的、机械的存在物，只肯定人具有生命、理性和价值，而否定自然界和其他事物的内在价值。在这种文化思想指导下的旅游经济活动，对陵墓文化造成了严重的冲击，并带来了严重的生态环境问题。

作为南京市发展旅游业的“拳头产品”之一，近年来，紫金山国家森林公园一直得到重点整治与开发。大型旅游饭店、会议中心、商业游乐设施的建设，在改善森林公园旅游接待功能的同时，也破坏了陵墓建筑序列性、对称性格局，降低了陵墓文化氛围，并且对陵墓建筑赖以存在的森林生态环境造成了严重的破坏。

解放后，明孝陵包括四方城外大金门至下马坊段为南京手表厂等入驻景区单位占用，割裂了明孝陵陵墓建筑序列的完整性。20 世纪 90 年代末期，随着景区内车流量的增大，明孝陵神道成为沟通明孝陵、中山陵二大景点并联系太平门、中山门的核心要道，供机动车行驶，导致明孝陵四方城至宝顶段序列被人为割裂成相互分隔的三部分。明孝陵建筑序列被破坏、割裂极大地降低了陵墓文化品位，而大量汽车尾气带来的严重空气污染则对陵墓建筑造成了极大的破坏。

随着旅游业的发展，中山陵广场成为中山陵景区的人、车流集散地和去灵谷寺景区车流的中转地以及景区各种服务设施的汇聚地，经常处于人车混杂、人满为患、交通堵塞、流线交叉的状态。本应庄严肃穆、安静祥和的中山陵牌坊前广场成了现实状态下人、车、小贩云集、混乱拥挤的露天综合市场，严重影响了中山陵的庄严肃穆的陵墓文化气氛。“五一”“十一”黄金周，数十万游客涌入中山陵，对墓道、祭堂、墓室等陵墓建筑产生严重的破坏。

伴随着游客数量的剧增，作为一座开放式城市森林公园，旅游活动对紫金山陵墓建筑赖以存在的森林生态环境也产生了严重的破坏。登山者追打乱捕滥猎野生动物、动物饮水源地被人工建筑蚕食、遗弃的塑料袋使动物吞食致死等各种人为干扰活动日益增加，对紫金山森林公园中的野生哺乳动物的生存构成严重的威胁。登山者剥去登山道两旁松树的树皮，导致松树逐渐枯死，引发病虫害入侵。众多南京市民春季采摘野菜的习俗，破坏了紫金山的地被物，容易引发水土流失。森林公园管理部门组织的冬季清杂植绿活动，破坏了中华虎凤蝶赖以生存的植物杜蘅，导致这一珍稀昆虫处于濒危状态。

5.6.3.2　市民休闲文化的兴起

随着城市化进程的加快，紫金山原先比较单一的陵墓文化功能，已远远不能满足市民休闲、文化娱乐的需求。作为一个国家级森林公园，风景区内绚丽多彩的森林景观、物种繁多的动植物资源、奇特壮观的山水及悠久的历史文化，为休闲文化的兴起提供了雄厚的物质基础。

中国的休闲文化历史久远，休闲的内容十分丰富。与西方休闲文化不同，中国休闲文化具有自己的特点，这种特点与中国数千年一脉相承的深厚文化积淀有着千丝万缕的联系，主要表现在：①中国休闲文化的真谛在于“静”。中国传统休闲文化注重“静态”休闲为主，不乐于以高强度、高运动量的动态方式消遣闲暇时光，这与西方追求刺激与自我挑战的休闲文化有着巨大反差；②中国休闲文化“小众化”，注重健体养生，追求孤独。中国的传统休闲活动大多是打拳、练气功、养生等个人项目，很少采用西方足球、篮球、排球那种结队成伙的竞技性集体项目；③中国休闲文化倾向内心世界的挖掘、性情的陶冶。西方传统则不然，他们更注重张扬人的个性，追求感观刺激。

20世纪90年代以来，为迎合市民休闲文化的巨大需求，在传统陵墓文化的基础上，中山陵园管理局开辟了一些休闲文化旅游项目，其中既有成为旅游精品的成功范例，也不乏失败的教训。清代文学巨著《红楼梦》的作者曹雪芹，从小在金陵江南织造府中长大，曾在南京度过十三个春秋，与南京有着不解之缘。为了纪念历史上这位著名的文学家，1997年，中山陵园管理局在梅花山畔新建了一座《红楼梦》专题园——红楼艺文苑。该专题园占地70 000m^2，是一座写意江南山水园林，它以《红楼梦》为蓝本，选取其中精彩章回作为园中11个意境单元，通过植物、雕塑、溪流、瀑布、喷泉以及亭、台、桥、舍等各种建筑小品，营造艺术氛围，揭示其艺术内涵，从而弥补了梅花山季节变化而造成的空白，成为南京市民进行打拳、遛鸟、垂钓、票友聚会等休闲活动的理想去处。反之，紫金山观光索道、白马急流回旋运动场等旅游项目，由于忽视了中国传统的休闲文化特点，片面追求西方休闲娱乐方式，虽然迎合部分年轻人新奇、冒险的心理需求，但得不到广大市民的认可，前者游客数量门可罗雀，后者则沦落为定期举办南京市万人相亲会、农业嘉年华产品展示会的活动场所。

5.6.3.3 以农业文明为基础的乡村文化的终结

在农业社会，由于生产力水平还比较低下，人的本质力量尚未得到充分的发展，在人与自然的关系上，人处于依附自然的从属地位。因此，此时人们追求的是维护自然的稳定、和谐有序状态，以保证满足类群最基本的生存需要。表现在文化价值取向上，即为文化价值的自然性和整体性二重取向：一是肯定自然的目的性和价值；二是注重自然、社会的整体性价值。传统农业文明的基本特征是物质能量的低消耗、低投入、低产出，虽然能够构造一个比较合理的小农经济内部循环机制，但这种优点是以社会经济和生态效益的双重外部不经济性为代价的，因而在城市文化的冲击下已经不堪一击。

江苏省人口密度大，耕地面积少，很久以前，在目前紫金山森林公园管辖范围内就有农民世代生活。根据中山陵园管理处1986年编制的《中山陵风景区资源调查与评价说明书》的统计资料，1986年紫金山国家森林公园管辖范围内，共有3个乡共10个大队的农民1 653户、5 677人，占用耕地、住宅在内的土地412.7hm^2，主要收入来源是蔬菜、水果、养殖等农副业。改革开放后，随着城市化步伐的加快，许多农民的耕地被征用，变成城市住宅用地和工商业用地，在农用地的基础上建起了钟山山庄、帝豪花园别墅、都市山庄等高档住宅小区，农民的身份也大多转换为城市居民，农用地的面积和农民的人数都大大减少。剩下的农民自然村落，散布景区各处，农副业生产、各种违章建筑带来环境、视觉污染并蚕食占用风景区用地，与国家森林公园的性质不相适宜，成为被改造的对象。

2004年2月，南京市委、市政府做出了对中山陵风景区进行环境综合整治的决定，计划投资40亿元，用4年的时间使整个风景区“显山、露水、现城”。2004年8月，南京市规划局公示了由世界著名景观公司易道规划公司承担的《钟山风景名胜区外围景区规划》。景区内13个自然村、9大居民片3 729户的居（农）民和31家工企单位被列为整治对象，拆迁建筑总面积达67.5万m^2。截至2006年7月止，已有3 400多户居民心从城市“绿肺”

中搬离。在原拆迁用地的基础上，将建设博爱园、天地科学园、钟山体育运动园、民俗风情园、下马坊遗址公园、邵家山公园等六大主题公园。农民自然村落的消失和市民休闲公园的营建，标志着农业文化走向终结。

5.6.4 文化冲突的生态文化对策

生态文化的世界观是建立在生态科学和系统科学发展基础上的自组织演化的世界观，其文化价值取向是对古代整体性文化价值取向和现代主体性文化价值的整合，强调人与自然、人与人、人自身的协调发展。1972 年，联合国教科文组织通过了《保护世界文化与自然遗产公约》，以公约的形式联合全世界的力量来保护全球最珍贵的遗产，保护它的真实性和完整性，使之世代传承、永续利用。这是现代文明的重要标志，这表明风景名胜区、自然文化遗产功能的发展已迈向生态文明时代，生态保护原则已成为风景区保护的首要原则。

2004 年由南京市规划局颁布施行的《中山陵园详细规划》明确指出，风景区规划的总目标是“保护并强化风景区市区维护生态平衡基地、国际旅游胜地、全市主要文化娱乐园地、古都风貌维护核心的重要功能”。这一规划目标集中体现了生态保护优先、文物古迹保护与市民休闲并重的生态文化原则。为使这一原则得到贯彻实施，还需从功能分区、景点建设、风景林经营 3 个方面制定具体的生态文化对策。

5.6.4.1 风景区内实施分类设计、分类管理

将风景区分为生态环境保护区、名胜古迹游览区、市民休闲区三大功能区。生态环境保护区主要包括自然保护区和山岳生态保护区两大块。前者位于紫金山北坡中上部的针阔混交林区，是紫金山仅有的河麂、艾鼬、刺猬、草兔等 6 种野生哺乳动物的栖息地、繁殖地，经营方向是以封山育林为主，结合抚育管理，开展野生动物保护的科学研究。山岳生态保护区位于紫金山西马腰、东马腰等山脊线两侧，坡度较陡、岩石裸露、立地条件较差，经营方向是在立地改良的基础上，乔灌草相结合，通过插植、补植的方式提高植被覆盖度，防止水土流失。名胜古迹区位于紫金山南坡，是紫金山国家森林公园的旅游核心部分，集中了中山陵、明孝陵、灵谷寺、梅花山、紫霞湖等众多景点，经营方向以提高游览线路两旁及景点周围风景林美学等级为主。市民休闲区主要分布在紫金山外围地带，目前的地类主要是农村居民点、菜地、违章建筑和众多的驻园单位。经营方向是在对违章建筑和驻园单位拆迁改造的基础上，配合各种主题公园的建设，大力营造园林型森林景观，为南京市民提供丰富多彩的休闲、活动场所。

5.6.4.2 景点的建设导入具有地方特色的生态文化背景

风景区的管理说到底是文化的经营。景点是否具有吸引力，是否有观赏性，就是要看景点与具有地方特色的文化背景的结合程度，而这种结合包括对历史文化和现代文化的结合两个方面。不挖掘经典宝贵的历史文化，景点的过去便无从体现；不塑造灿烂的未来，景点的发展便会失去动力。

南京在中国历史上占据辉煌篇章，是在东吴、东晋至南北朝约 300 年之间。六朝文化对南京城市文化特征的形成产生了深远的影响。以“重神、贵清、任自然、讲究雅”为特征的“六朝烟水气”，是对传统金陵文化精华的高度概括。健康、进取、科学、博爱则是对金陵文化中市井文化、俗文化、脂粉文化等消极成分的“扬弃”，代表了现代文化的发展方向。2006 年 3 月，在紫金山前湖村拆迁基础上建立了梅花谷湿地公园，公园内人工湿地周

围原生态的芦苇、枯草，六朝时期的燕雀湖、昭明太子读书台、商飚别馆，霹雳沟旁的听鸟亭、公园高地上的惟秀亭，集中体现了金陵传统文化风格。而正在筹建的钟山运动场、博爱园、天地科学园则反映了现代金陵文化的特征。与此相反，1996 年 12 月建成并对外开放、地处紫金山风景区核心、耗资 2 亿元、占地面积 31 000m^2 的海底世界，由于缺乏与当地生态文化背景的联系，而成为紫金山景点建设的一大败笔。

5.6.4.3 在森林美学原理指导下进行风景林经营

风景林是紫金山国家森林公园的基础。风景林或与名胜古迹融为一体，或通过陪衬、背景作用使风景增辉，或和独特的地貌特征相结合直接构成景观资源。风景林在森林公园、风景区中具有不可替代的作用，风景林经营是风景区管理的一个重要内容。

森林美学的创始人冯・沙立希，是德国林业实践家，也是一位林学家。他所经营的森林是德国艺术型林业的楷模，在几十年森林经营实践基础上提出的森林美学理论，对德国的林业发展具有深远的影响，对我国风景林经营有着现实的借鉴作用。根据风景林的外貌特征和林分的结构，即根据风景小班内树木的多少、树冠的郁闭度以及林木的分布状况等把紫金山风景林划分为水平郁闭型、垂直郁闭型、空旷型、园林型等 5 种森林风景类型，针对不同的风景林类型，采取卫生疏伐、整形伐、透视伐、综合抚育伐等不同的经营措施，做到在景观层次上风景林生态环境保护、市民休闲、文物古迹保护三大功能的协调统一。

5.6.5 结论与讨论

历史上，作为中国传统文化的组成部分，陵墓文化和寺庙文化在紫金山人文旅游资源中一直占有主导地位。随着朝代的更迭、统治阶级重视程度的不同以及兵灾战火的影响，紫金山寺庙文化日渐衰败，陵墓文化成了紫金山人文旅游资源的单一主体。改革开放以来，紫金山已渐渐变成一座“城中之山”，景区原先比较单一的陵墓文化功能，已远远不能满足市民休闲、森林培育、自然保护的需求，由此产生了文化景观破碎化、生物多样性降低、水土流失、空气污染、风景林美学功能下降等各种生态环境问题。

本节以历史演变为线索，从文化冲突的角度研究国家森林公园生态环境问题产生的深层次根源，并在生态文化基本思想指导下，从景区功能划分、景点建设、风景林经营 3 个方面指定具体经营对策，从而引导国家森林公园走向可持续经营。

5.7 基于 GIS 的中山陵风景区环境容量计算方法研究

5.7.1 风景区环境容量研究概述

5.7.1.1 风景区环境容量概念

风景区环境容量又被称为旅游区环境承载力。承载力概念最早出现于生态学研究，即“某一特定环境条件下（主要指生存空间、营养物质、阳光等生态因子的组合），某种个体存在数量的最高极限”。后来这一术语被应用于环境科学中，便形成了“环境承载力”的概念。旅游区环境承载力则是由环境承载力派生出来的，其具体表述为：在某一旅游区环境的现存状态和结构组合不发生对当代人（包括旅游者当地居民）及未来人有害变化（如环境美学价值损减、生态系统的破坏、环境污染、舒适度减弱等）的前提下，一定时期内风景旅游区所能承受的旅游者人数。

5.7.1.2 旅游活动对风景区的影响

过多游客的游憩活动对风景区产生一定的影响，主要体现在以下方面：

(1) 改变环境组成、结构、性质　原来旅游区的环境在游客的参与下，由原生的生态系统逐步地演变成人为的活动区。而风景区的游客数量过大，就会明显地影响旅游的质量，使之产生旅游负面效应，降低旅游期望，使人们失去旅游的兴趣。

(2) 对土壤的影响　景区内登山、漫步、野营等旅游活动的广泛开展，会直接造成对土壤的践踏；伴随旅游活动而来的有机污染物的增加，会影响土壤的理化性质；人行道、机动车道、旅游服务设施等硬质铺装地面比重的增大，会在景观的尺度上对区域土壤的机械、物理、性能造成严重的影响，并可能引发水土流失。

(3) 对动植物的影响　游客的旅游活动，会干扰野生动物正常的栖息、觅食和繁殖活动，迫使一些动物远离原来的生存区。一些动物被喂食和与人接触而失去它们自然的特性，导致野生动物的野外生存能力降低，伴随着旅游活动带来的空气和水源污染，使一些植物的耐受性发生变化。

(4) 对空气质量的影响　伴随着旅游业的发展，游客数量、机动车的数量将会急剧上升，宾馆、饭店等旅游服务设施的数量也将随着增加。伴随着景区人流、物流的增大，废水、废气、废渣的排放量也会增大，从而严重影响空气质量。

5.7.1.3 环境容量的种类

所谓的环境容量不仅仅指的是一个单纯的人工或自然环境。由于旅游活动具有强烈的社会性，这决定了旅游环境是一个包括社会、自然、人文、经济在内的复合环境系统。

环境容量主要分为 3 种：空间环境容量，心理环境容量和设施环境容量。设施环境容量，是指环境设施所能承载的人数或个人所要占有的设施。心理环境容量是指旅游者在某一地域从事旅游活动时，在不降低活动质量的条件下，地域所能容纳的旅游活动最大值，即地域在旅游者满足程度最大时的旅游活动承受量。实际上，旅游资源合理容量的观念也主要考虑旅游者感知的满足程度，即旅游者平均满足程度最大时旅游场所容纳旅游活动的能力。空间环境容量是指在不妨碍生物生存和发展的情况下，空间上可以容纳的游客容量。

5.7.1.4 传统环境容量计算方法存在的问题

环境容量计算是景区规划设计与管理中所涉及到的一个重要问题，环境容量的确定直接与旅游区的规模和定位相联系。许多已建成的旅游风景区由于环境容量确定不当，或因规划的环境容量计算的不合理等原因，已造成风景区旅游资源质量下降、后勤管理混乱等一系列问题。虽然国内关于景区环境容量的研究已取得了一定的成果，并在风景区规划实践中得到了广泛的应用，但仍存在很多的问题和不足：①景区面积和景区内可游览面积均采用手工测量，误差比较大；②混淆了景区面积和景区内可游览面积的概念，造成了环境容量计算结果的偏大；③游览天数、游客停留时间等关键参数的确定缺乏实地调查论证，可信度较低；④环境容量的计算立足于景区现有的自然社会经济条件，没有考虑到规划方案的调整等外界因素变化。

基于 GIS 软件平台来对风景区环境容量进行估计却能有效的解决传统的手工处理方法存在的弊病。利用计算机对遥感图像进行处理来提取景区可游览面积，具有准确性和操作简便性，相对花费较少的人力、物力和财力，却可以获得比手工操作更为精确的处理结果。同

时，遥感图像数据更新较快，具有很强的时效性，利用多期遥感数据进行计算得到的结果可以反映一定时期内风景区环境容量的变化规律。

本节选定的研究区域———南京中山陵风景区为国家 5A 级风景区，景区旅游服务设施非常完善，不存在设施环境容量问题，所以作者选择空间环境容量作为研究重点，以遥感数据为主要信息源，借助于地理信息软件强大的空间分析功能，采用面积法和游路法，对该风景区内各个景点的空间环境容量进行科学的计算，为风景区基础设施规划和游客调控措施的制定提供理论依据。

5.7.2 研究方法

5.7.2.1 数据来源

研究采用的数据主要包括中山陵风景区景区划分图、2002 年的中山陵风景区基本图和全景航片。同时通过实际调研和资料查询等方式，调查了建国以来的中山陵风景区旅游业发展概况，其中包括中山陵风景区 2001 年游客的空间分布数据。

5.7.2.2 软件平台

本节研究所采用的 GIS 软件是由美国 MapInfo 公司提供的桌面地理信息系统软件 MapInfo 8.0 。软件具有强大的矢量分析和统计功能，借助于该软件可以方便地进行地图的绘制、编辑、地理分析等操作，并能实现可视化图层与后台数据库之间的关联操作。

5.7.2.3 研究技术路线

景区区划图数字化──→全景航片几何精校正──→景区边界、面积提取──→景点面积提取，旅游线路长度提取──→人均环境容量、游览时间调查──→分景区环境容量计算──→汇总分析。

5.7.3 计算结果分析

5.7.3.1 计算公式的选择

本次研究采用面积法和游路法进行环境容量计算，公式如下：

（1）面积法

$$C = A/a \times D;\ D = T/t \tag{5-8}$$

式中：C 为日环境容量（人次）；A 为可游览面积（m^2）；a 为每位游客应占有的合理面积（m^2）；D 为周转率；T 为景点开放时间；t 为游完景点所需时间。

（2）游路法（完全游道）

$$C = M/m \times D;\ D = T/t \tag{5-9}$$

式中：C 为日环境容量（人次）；M 为游道全长（m）；m 为每位游客占用合理游道长度（m）；D 为周转率；T 为景点开放时间；t 为游完全游道所需的时间。

（3）年环境容量

$$年环境容量 = 日环境容量 \times 年均游览日 \tag{5-10}$$

5.7.3.2 各景区可游览面积的提取

在中山陵风景区的六大景区中，自然景区的主要功能是为人们的爬山健身活动提供场所。由于该景区多系由麻栎、槐树、马尾松等树种构成的落叶阔叶混交林，林分郁闭度大、森林美景度低，极少有游客深入林分游憩。在进行自然景区的环境容量的计算时，应采用游路法，选择人们经常上山的那条步行道，即从蒋王庙到紫金山顶的登山道作为主要路线。在进行山顶景区环境容量测算时，考虑这个景区也是只有一条从白马公园南边的步道通往山顶的登山道可供游人参观，而整个下山道路两侧是没有景观可供游览的，所以只需计算一条上山道路的游客承载量。白马景区中只有白马石刻公园是可供游人游览参观的，在计算该景区的环境容量时将白马石刻公园的面积作为景区有效游览面积。明孝陵景区，主要包括孝陵墓、梅花山、海底世界 3 个景点，在计算明孝陵景区的环境容量时，将这 3 个景点的面积作为景区的有效游览面积。至于中山陵景区，主要选取中山陵、音乐台和水榭这 3 个景点的面积作为计算景区环境容量的基础。由于灵谷寺景区中只有灵谷寺一个景点，因此只需用面积法计算灵谷寺景点的环境容量，就可以代表整个景区的环境容量。

5.7.3.3 其他主要环境容量参数的确定

国内外的研究资料显示，游客在风景区内游览时，每一个人所平均占有的游路长度应该至少是 10m，一旦少于这个最低限度，就会让人们产生拥挤的感觉。另据资料表明，建筑园林区游客适宜的游览面积为人均 $20m^2$，非建筑区内游客适宜的游览面积人均 $60m^2$。在采用面积法对风景区内其他景点进行环境容量计算时，假定游客在梅花山和白马公园这 2 个非建筑区景点的人均占有最大环境面积为 $60m^2$，其他建筑景区人均占有最大环境面积为 $20m^2$。

在风景区开放时间的确定上，要充分考虑到中山陵风景区的自身特点。自然景区和山顶公园景区主要是山道，每天 16:00 点以后就很少有人爬山。所以把游人爬山时间定在 7:00 点到 16:00 点，全天开放的时间定为 9h 是比较合理的。紫金山每年 11 月至次年 3 月为护林防火期，这段时间内禁止游人登山，同时考虑到雨雪等天气因素影响，暂把山顶公园风景区和自然景观区的全年适合游览的天数定为 200d 左右。梅花山是季节性游览的景点，每年适合游览的时间只有梅花开放的一个月。其他景区的全年游览天数通过历史资料的查询定为 250d。

5.7.3.4 计算结果分析

表 5-7 中数据显示，中山陵风景区的日环境容量和年环境容量分别达到67 182 人次和

表 5-7 紫金山风景区各景区旅游资源容量

景区名称	景区面积（hm^2）	可游览面积/长度	人均环境容量	景区开放时间	平均游览时间	年均游览日	日容量（人次）	年容量（万人次）
白马景区	268.671 7	15.999 8	60	10	2.5	250	10 667	266.675
自然景观区	1 028.993 9	2 020	10	9	2	200	909	18.18
中山陵景区	470.671 9	8.101 5	20	10	3	250	15 664	391.600
		0.507 2	20	10	2	250		
		0.803 8	60	10	1.5	250		
明孝陵景区	468.750 0	1.221 1	20	8	3	250	26 826	302.788
		30.098 5	60	10	3	30		
		5.086 4	20	10	3	250		
灵谷寺景区	343.297 2	7.159 9	20	10	3	250	11 933	298.325
山顶公园景区	428.415 3	2 628	10	9	2	200	1 183	23.66
合计	3 008.800 0	69.978 2/ 4 684					67 182	1 301.228

1 301. 228万人次。其中中山陵景区的年环境容量最高，达到了 391. 600 万人次。虽然旅游高峰季节明孝陵景区的日环境容量远高于中山陵景区，但游客主要集中于梅花山景点，由于该景点年开放时间有限，所以该景区年环境容量并没有中山陵景区高，仅为 302. 788 万人次。数据显示灵谷寺和白马公园也具有较高的景区环境容量，分别达到了 298. 325 万和 266. 675 万。值得注意的是，2004 年 4 月江苏省建设厅颁布实施的《钟山风景名胜区中山陵园风景区详细规划》，将紫金山西南角和东南角的大片建筑用地划归到了中山陵风景区中，用于新景点的开发建设，相信不久的将来，灵谷寺和明孝陵景区的游客承载量将会大大提升。

通过与表 5-8 中 2001 年中山陵风景区游客数量相比较，可以发现，中山陵风景区各景点 2001 年游客规模均没有达到最大环境容量，还有较大的提升空间。中山陵景区的游客规模为 267. 59 万，达到了该景区最大环境容量的 68% 左右，这主要与该景点具有很高的知名度有关。山顶公园景区 2001 年的游客数仅为 11. 89 万人次，勉强达到该景区游客合理承载量的 50%。而白马公园游客数量却远远小于其环境承载力。

表 5-8 紫金山风景区 2001 主要景区游客人数

景区名称	游客量（万人次）
中山陵景区	267. 59
明孝陵景区	80. 19
灵谷寺景区	48. 04
白马景区	6. 62
山顶公园景区	11. 89
合　计	414. 33

经过分析可知，中山陵景区由于其知名度较高，所以吸引了大量的游客。明孝陵和灵谷寺景区名气比之中山陵稍逊一筹，对于一些游客来讲，并不具有太大的吸引力，加之在基础服务设施建设上的一些原因，游客规模并不很大。而白马公园由于知名度较低，票价较高，虽然交通便利、设施完善，但实际的游客数量远远的少于其能够承载的合理的游客数量，造成了基础设施和旅游资源的浪费。

5. 7. 4 风景区规划建议

5. 7. 4. 1 对于北坡的建议

紫金山北坡游客上山主要通过自然风景区的登山道。调查表明，该地区游客人数略大于景区可游览的面积所承载的合理人数。通过对北坡游客的旅游目的进行研究，发现这些游客大体分为两部分：一部分是来爬山的，还有一部分是取道前往中山陵景区的。鉴于此种原因，可以考虑在北坡建立一些观光亭，开辟一些游人步道，在一定程度上增加该景区的环境容量和承载游客的能力。从北坡登山的游客可以选择从不同的步道来爬山，这样能够比较有效地分流过多的游客。同时，通过加大对玄武湖风景区的开发，比如增开一些供游客娱乐的水上游乐项目，以便分流游客，从而有效地缓解紫金山北坡景区所承受的巨大环境压力。

5. 7. 4. 2 对于南坡的建议

紫金山南坡和北坡的环境容量正好相反，南坡的实际游客人数小于各景区可游览的面积所能承载的游客人数。虽然中山陵景区凭借其较高的知名度吸引了大量游客，但明孝陵和灵谷寺景区游客人数却不很乐观。调查分析结果表明，游客来紫金山南坡的目的主要是来观光旅游的，但南坡的各景区规模普遍比较小，且门票较贵，大大影响了来此观光的游客人数。针对这种情况，可以考虑在南坡适当兴建一些免费或低收费公园，或者将现有的门票价格降低，用来吸引游客。如现在游客普遍反映白马公园门票较高，可以通过适当降低该景点门票价格的手段来吸引更多的游客，使该景点的旅游服务设施得到充分的利用。与此同时，还可以通过多举办一些游客乐于参与的大型活动，以扩大影响、提高景区的知名度，吸引更多的游客来此游玩。

5.7.4.3 对于梅花山的建议

梅花山是一个季节性旅游景点，有着自身的特殊情况，该景区对南京市当地居民和海内外游客具有很大的吸引力，一年一度的南京市国际梅花节在此举行。但是每年这里的梅花开放时间较为短暂，致使该景区完善的旅游服务设施和丰富的人文旅游资源没有得到充分利用。针对此问题，可以尝试在每年一次的梅花节以外，在其他的开放时间里，通过承办一些其他活动、适度降低门票价格等措施来提高该景点的竞争力并加大其对游客的吸引力。这样，梅花山景区内的基础设施和景观资源都可以得到很好的利用。

5.8 空间视域分析在风景区旅游服务设施规划中的应用

5.8.1 研究背景

空间视域分析是指依据数字高程模型来分析一个或多个观测点的通视度、可视范围和阻挡范围的空间分析技术。观测者的位置、高度、视程等参数都是可以任意调整的，其通视度、可视范围和阻挡范围既可以通过图形直观表达，也可以通过表格定量表达。空间视域分析是基于对象的地理位置和形态特征的空间数据分析技术，该技术用于旅游规划，其目的在于提取和传输空间信息，将三维虚拟技术应用到旅游区规划中，在室内直观地再现景区景点的空间分布以及各景点的视域范围，实现旅游规划的数字化。视域分析工具对于城市标志性建筑、通讯设施等的选址与建筑高度的确定具有重要的意义。数字高程模型（DEM）是指用于描述地形表面起伏特征的几何模型，它是空间视域分析的数据基础。

本节着重研究南京中山陵风景区旅游服务设施的空间布局。在收集南京紫金山地区的高分辨率遥感数据、地面高程数据和地面调查的基础上，借助于遥感图像处理软件 ERDAS 8.7 提供的强大的数据分析和处理功能，对中山陵、明孝陵、山顶公园等景区的主要服务设施进行视域分析，从而为旅游服务设施的选址和空间布局提供科学依据。

观梅轩位于梅花山山顶，北面明孝陵，南向果园，远眺城郭，近视花木，1929 年梅花山被辟为中山陵园植物园的蔷薇花木区，开始植梅。该亭为木结构，东西长 16m，宽 4m，四周有砖砌栏杆，可以坐憩观梅。光华亭位于中山陵东面小山阜上，亭呈八角形，重檐飞角，全部用花岗石构建，是陵区最精美的一座纪念性建筑物。行健亭位于中山陵陵墓之西南，陵园大道与明陵路的交叉口。亭为正方形，边长 9.3m，高 12m。仰止亭坐落在流徽榭北面二道沟侧的小山丘下，于 1932 年秋落成。仰止亭单檐尖顶，覆蓝色琉璃瓦，朱红色立柱，额枋、藻井、雀替均饰以彩绘，雅丽不俗。山顶公园观光亭坐落于紫金山头陀峰上，附近景点繁多，有刘基洞、一人泉、太子岩、黑龙潭、摩崖石刻以及永慕庐、天文台等。

5.8.2 研究方法

5.8.2.1 数据源与软件平台

中山陵风景区的 DEM 模型，2004 年 7 月 4 日中山陵风景区的 Quick Bird 卫星数据（全色波段 + 多光谱影像）。美国 ERDAS 公司开发的遥感图像处理系统软件 ERDAS IMAGINE

9.0。该系统提供的 Virtual GIS 模块是一个功能强大的工具，可对栅格、矢量等多种结构类型数据进行三维可视化分析。该模块提供了 Virtual GIS 显示、三维动画制作、空间视域分析和虚拟世界编辑等功能。

5.8.2.2　遥感数据的处理

在 Viewer 窗口中显示需要进行校正的原始图像，通过菜单条中的 Raster/Geometric Correction 命令打开几何校正模块进行参数设定。本次几何校正选用的计算模型为多项式变换（Polynomial），确定多项式次数方（Order）为 2 次，设定校正投影参数为 UTM 投影下的 WGS 84 坐标系统。Quick Bird 卫星影像具有分辨率为 0.6m 的全色波段和分辨率为 2.4m 的多光谱波段，为充分利用数据，减少信息量的丢失，对遥感影像进行了分辨率融合处理。在 ERDAS 中启动图像解译模块，打开 Resolution Merge 对话框并确定输入文件，设定融合方法为主成分变换法，设定重采样方法为双线性插值法（Bilinear Transform）。为更加真实和准确地反映研究区地表地物特征，要对融合处理后的图像进行自然色彩变换操作。在图像解译模块中选择 Spectral Enhancement/Natural Color 命令打开相应的对话框，在输入光谱范围选项卡中分别确定原始图像的 1、2、3 波段为 G、R、NI 波段并选中 Ignore Zero in Stats 复选框，确保在数据统计时忽略零值。

5.8.2.3　二维窗口的视域分析

在 Virtual GIS Viewer 窗口中选择 File/Open/DEM 命令，打开 Select Layer To Add 对话框，确定输入文件路径。在 Raster Options 选项卡中确定文件类型为 DEM，点击 OK 完成中山陵风景区 DEM 模型的添加。以同样的方式选择 File/Open/ Raster Layer 命令，打开并向窗口中加载 2004 年中山陵风景区的卫星图片。在以三维模式显示的窗口中，通过 View 菜单可

图 5-9　二维窗口中多观测点视域分析

以完成对 Virtual GIS 工程中 DEM 模型的夸大程度和图像显示详细程度的调整。得到满足分析需要的图像后，将其保存为一个 Virtual GIS 工程文件，用于空间视域分析操作。在 Virtual GIS 工具条中单击 Load Displayed Data to 2D Viewer 图标，用户可以在此二维窗口中自定义观测者的位置，以方便地进行视域分析。在 Virtual GIS 模块中选择 Creat Viewshed Layer 命令打开图像选择指示器，指定新生成的二维窗口为视域生成窗口。在弹出的 Viewshed 对话框中，选择输出类型为多观察点模式，以方便多层视域数据在同一窗口中显示。在二维窗口中单击选择图标，拖动观测点到指定位置（山顶公园观光亭）。打开 Viewshed 对话框中的 Observers 选项卡，自定义观测点的各个参数。调整视点距离地面高度（AGL）、视程范围（Range）、视域范围（FOV）等参数数据，单击 Apply 按钮完成视域参数设置，生成第一个视域层保存。在 Viewshed 窗口中，利用 Creat 按钮，可以继续添加新的观测点，并生成新的视域层（图 5-9）。

5.8.2.4 视域分析三维显示

在以 3D 模式显示 Virtual GIS 工程文件的窗口中，选择 View 菜单，单击 Link/Unlink Viewers 命令，可以在二维窗口与三维窗口之间建立连接。这时在二维窗口中出现定位工具，包括 Eye 和 Target。将 Eye 移动到已经添加的观测点上，同时用鼠标在二维窗口中拖动 Target，便可以看到三维窗口中的三维视景随之发生变换。

5.8.2.5 视域分析的数据操作

在视窗模块中打开 Viewer 窗口，单击 File/Open/Raster Layer 命令，选择路径打开第一个视域层。在显示视域分析结果的二维窗口中，单击 Raster/Attributes 命令，打开 Raster Attributes Editor 窗口，进行属性数据的修改。为了能够直观、方便地读取数据，可以通过 Edit/Add Class Name 命令在属性表中添加 Class Name 字段。同时，利用 Edit/Add Area Column 命令在属性数据表中添加面积字段并自动生成属性数据，选择面积单位为 hm^2。以同样方法打开其他二维视域层，并进行视域分析的属性数据操作。

5.8.3 研究结果分析

表 5-9 显示了风景区内几个已有景点和待建地点的视域分析结果。其中 X 和 Y 分别表示各景点在 UTM（WGS 84）投影下的横、纵坐标值。ASL 和 AGL 分别表示观测点距离海平面和地平面的高度。ASL 数据可由系统自动获取，其数值为观测点海拔高度（由 DEM 文件提供）和 AGL 数值之和；AGL 数值通过手工键盘输入，这里 AGL 数值在确定时考虑到了服务

表 5-9 各个观测点的视域分析结果

观测点	*X* 坐标	*Y* 坐标	ASL(m)	AGL(m)	视程范围(m)	FOV(°)	可视面积(hm^2)	不可视面积(hm^2)
观梅轩	673 064	3 547 794	50.30	2.20	300	360	13.358	14.750
光华亭	674 800	3 548 433	63.68	3.00	300	360	8.659	19.458
行健亭	674 097	3 548 296	77.21	2.00	400	360	14.754	13.364
仰止亭	675 140	3 548 420	62.00	2.00	300	360	11.606	16.513
山顶公园	673 704	3 549 945	449.2	9.20	1 200	360	205.650	246.660
新增点 1	673 064	3 547 794	54.80	6.70	500	360	53.287	25.214
新增点 2	675 838	3 548 300	63.00	3.00	300	360	23.757	4.361

设施底座高度（数据通过实地调查获取）和游客平均眼高（暂定为 1.70m）2 个因素。视程范围是指游客所能观测到的水平距离，作者在实地调查的基础上，考虑到各景点服务设施海拔位置、建造高度以及周围环境的影响，将山顶公园观光亭的视程范围确定为 1 200m，而其他景点的视程范围为 300m 左右。FOV（Field of View）显示了各景点的观测视场角度，由于各景点服务设施均是开放式建筑，四周没有墙壁遮挡，所以 FOV 数据皆为 360°。

5.8.3.1 存在问题分析

观梅轩属于梅花山景区内的一个景点，1947 年利用工程旧料、余料草率建造而成，质量较为低劣，而且建造时没有考虑其使用用途。从表 5-9 中可以看出观梅轩视点高度为海拔 50m 左右，视程范围为 300m，可视面积仅为 13.358hm^2，而不可视面积达到 14.750hm^2。游客在此轩内赏梅视域并不十分开阔，只能看到整个梅花山景区的 35% 左右。光华亭、行健亭和仰止亭均坐落于中山陵景区内，都是 20 世纪 30 年代由爱国华侨或政府捐款建成，所处海拔高度仅为六七十米，亭本身建造高度也较低。由于地理位置和建造目的等多方面的原因，使得这几处游憩设施视域十分狭窄，基本不具备游览观光功能，游客来此只能休憩而不能观光。

山顶公园观光亭与以上几处设施不同，它位于紫金山头陀峰上，所处的地理位置较高，而且由于四周植物较为稀少，可以看到该景点的视程范围和可视区域都比较大。但是研究发现，该景点在设计时仍然存在一定问题：首先，山顶公园内部服务设施和知名人文景点相对较少，纵使该观光亭视域范围较为广阔，但游客在此也无法看到大量的知名景点。其次，通过二维窗口视域分析发现，该景点西北方向存在大面积不可视区域，究其原因发现是因为北高峰主峰位于该景点西北方向，其海拔高度较高遮挡所致。

5.8.3.2 合理规划建议

梅花山内现存的观梅轩应当拆除，改建为一座多层仿古式楼阁建筑，这样既能做到与周围环境融为一体，又方便游人登楼眺望远景及欣赏梅花山全貌。根据视域分析研究结果（新增点 1），在现有观梅轩位置，通过增加亭高的方法，可以在一定程度上扩大视程范围达 500m 左右，这样该景点可视面积可以提高到 53.287hm^2。游客在此景点就可以俯瞰到整个梅花山景区的 75%，从而使观梅轩名副其实，充分发挥其作用。

行健亭、光华亭和仰止亭均位于中山陵附近，是中山陵的附属建筑。由于它们特殊的地理位置，这些旅游设施周围的游人较多，在重新规划时，可以考虑改变这些设施的功能，使之作为供游人休憩的场所。因此这几座亭子可以不做改动，在它们周围可以增加其他的服务设施，以完备它们的功能。

对于山顶公园的规划，我们主要考虑解决现存问题。首先解决上山交通问题，永慕庐下的茅山路是游人徒步登山之道，应整修石级，竖立路标，方便游客登山游览山顶公园，并在东马腰和西马腰的登山道路中途增设石椅石凳、凉亭等。其次，应将主峰现有部队撤出，利用现有房屋并适当改建或增建适于登高远眺的楼亭及服务设施，二峰可利用现有部队撤出的房屋，选择西侧突出制高点建亭，以便游人登高望远。第三，继续加大对山顶公园景区已建成人文景点宣传力度，扩大其知名度，吸引更多游客来此观光。

此外，考虑到灵谷寺景区内旅游服务设施较少，可以适当在灵谷寺附近增设一些具有观光、休憩功能的服务设施。视域分析结果（新增点 2）表明，在无梁殿东约 120m 处修建一些无需太高的建筑较为合适。该地区紧靠灵谷寺景点，在此修建服务设施，不仅可以为来此的游客提供一个休息娱乐场所，更重要的是，该地区具有宽广的视野范围和良好的通视条件，松风阁、志公殿、邓演达墓以及三绝碑景点都在其可视范围以内。

5.8.4 总结与讨论

空间视域分析是 GIS 的核心部分之一，它在旅游风景区的规划建设过程中发挥着重要的作用。一方面借助于视域分析，可以很直观地对风景区内已有服务设施的功能和作用作出客观和准确的评价；另一方面，它的分析结果为在风景区内兴建旅游服务设施提供了科学的依据。

借助于强大功能的遥感和地理信息系统软件进行空间视域分析不仅能够节省大量的人力、物力和财力，而且也可以在一定程度上消除人为因素的干扰，更加科学和准确地为风景区的基础设施规划提供决策支持并有效地缩短决策时间。尽管如此，也需看到空间视域分析技术在风景区服务设施规划应用中存在的一些缺陷：空间视域分析以景区 DEM 模型和遥感图像为基础，分析过程中难以考虑到设施周围的植物等因素对分析结果的影响，可能会对分析结果准确度造成影响。相信随着技术的发展，这一问题将最终得以解决。

第 6 章

风景林经营

6.1 风景林经营技术的国内外研究现状

风景林抚育将会影响到林分的外貌（景观质量）及内部变化，而这种变化的好坏将影响公众及政府对风景林抚育工作的认可，其结果将进一步影响到森林的经营管理。科学的抚育措施将使风景林朝着价值增大的方向发展，反之亦然。下面分别阐述国内外风景林经营技术研究现状。

6.1.1 国外森林经营措施与美景度关系研究

6.1.1.1 造林的景观规划措施与美景度

造林涉及树种选择、树种配置以及森林经营类型的确定，这些因素都将影响森林景观的美景度。一般情况下，不同结构森林的和谐共存是景观特异性的保证。由此可以总结出森林结构的一般要求：按照立地条件来选择树种；避免笼统的形式和强烈的对比；保持和发展柔和的过渡；避免单调的结构。值得提倡的是自然森林经营这一种特别的经营形式。这种源于森林永续经营思想的经营方式，可以构造一种异龄的、有级差的、由多种适合当地立地条件的树种组成的混交林。通过适地适树、近自然的树种选择和经营类型的选择以及尽可能的不使用人工干预措施，保证了林分的安全性和生产力。总的说来，只要不受到自然条件的限制，通过几十年的按照自然森林经营原理经营，这些森林将会呈现为多样和富于变化的形态。

6.1.1.2 抚育间伐与美景度

Vodak 等对美国一些硬阔叶林进行了研究，其中包括 4 种经营类型，即：皆伐林、重度间伐林、轻度间伐林、天然林。结果表明：从皆伐林到天然林，林分美景度逐渐提高，抚育强度越轻美景度越高，皆伐林和重度间伐林之间，轻度间伐林与天然林之间，其林分美景度变化无显著性差异。1976 年 Nyland 等报道轻度择伐的林分美景度要比小块状的皆伐的林分美景度要高。Bruce Hull 等对美国弗吉尼亚未间伐的天然林、未间伐的人工林、轻度间伐的人工林、重度间伐的人工林这 4 种林分进行了比较，其结论是：天然林的美景度最高，其次是美景度差异不大的未间伐的人工林和重度间伐的人工林，而轻度间伐的人工林其视觉质量是最差的，这一点与 Vodak 等人得出的结论正好相反。另外。他们还验证了不同轮伐期和初始密度等对林分美景度的影响。从总体上来看，低密度的林分美景度较高，出产木材量小的林分具有较高的美景度。

6.1.1.3 林分树种组成与美景度

国外许多学者研究表明，林分由优势木和非优势木组成时，美景度有所提高，比如当西黄松松林中有橡树、刺柏、白杨、白桦、杉木时，景观效果较好。Kellomski 研究也认为混交林的美景度较单纯林高。Staffelbach 更进一步指出混交针叶林和混交落叶阔叶林的美景度高于针叶树纯林，而针叶树纯林高于落叶纯林。

6.1.1.4 森林更新措施与美景度

根据不同的更新方式，森林的更新对景观产生明显的或几乎难于觉察的改变。为了给景观一种有益的效应，其更新过程中应采取以下措施：①不采用粗放简单的皆伐（如大面积、几何形状的）方式；②尽量使用群团状至小面积式的采伐方式；③避免采伐线过长且通直；④采伐迹地与地貌形式要协调；⑤至少应创造时间性有吸引力的视觉效果；⑥保持和保护自然形成的稀有的景观元素（如山脊线和岩石）、独特的孤立木和树丛以及林内的人文景观。

大面积的森林更新总是难于完全避免的，比如因为成片的森林火灾、风倒、雪压、病虫害等造成森林破坏时，改造不稳定森林、或将不适地适树的针叶林改造为适合立地条件的阔叶林，就要求大面积的更新采伐。以下措施可以明显地减轻对景观的影响：①保留合适的树木或树丛；②分时段保留成熟林斑块；③通过类似森林永续经营的方式，保持视觉效果的变化；④保留或引入速生先锋树种。

6.1.1.5 林缘的处理与美景度

在山地和丘陵，特别是在视野开阔对景观有决定意义的位置，森林的结构对观察者具有重要的意义。在平地和视野受到限制的地方，对观景者来说，决定体验最重要的是林缘，此时林缘给森林游憩者的体验远大于整体的森林结构，以下处理是构建高质量林缘的有效措施：①植物类型尽可能多；②根据主要树种及其不同的位置，应使林分到道路的距离达到9m 以上（向阳面大于背阴面），由此形成的空间有利于路边草本和灌木的生长，可形成从草本、灌木到乔木树种的平缓过渡的林缘；③事先规划的人工林缘可以大大改变人工林给人的简单印象；④树木排列不要与道路成直角相交或平行于山坡线，显眼坡上的斜向排列以及路缘区域的植物不规则配置可以明显减少人工和简单的印象；⑤在流动和静止的水系边缘，对于生长后期严重郁闭的树种与岸边至少保持 10m 的距离，这对以后沿水系出现典型的水边植被有利，使得作为景观活性要素的水系将会清晰可见。

6.1.2 国内研究现状

国内风景林抚育研究同国外相比起步较晚，目前大部分文献都局限在论述风景林建设的一般原则方面，而对风景林具体抚育措施研究较少。

翁友恒等提出风景林的建设应以生态美学和生态经济学为指引，适地适树，选择多类型、多层次、多品种阔叶树，改造劣质的单层针叶纯林，以绿化、香化、美化为目的，乔灌草结合，纯林与混交林结合，常绿树种与落叶树种结合，观赏与生产结合，形成多样化格局。在风景林抚育方面，陆兆苏认为适当的间伐和更新伐，可使森林景观多样化。对于将森林公园现有森林培育为风景林，杨式珺总结通常有两项基本的营林措施，即景观伐与景观补植。郭宝章等将森林景观改造措施详细分为树种选择、修枝、伐木、林下整理与补景栽植 4 个方面，在实施抚育时必须考虑到伐区的位置、大小及形状等对景观造成的影响。韦新良认为森林景观具体配置实行点、线、面相结合，保证点、线、面上的差异性。风景林抚育要用动态的观点来认识森林景观的特性和功能。陈鑫峰认为风景林应分季节抚育和管理，春景抚育强调要有层次和色彩变化；重视不同植被的物候差异；要贯彻四维景观设计思想等。夏景

抚育则强调要减少同一视域中的斑块和树种的数量，创造整齐一律或层次变化明显的林冠面特征；注重树形搭配，增加色彩等。秋景抚育则强调以建设“密集型”色块为主，在视域中加大常绿树的比例；色彩配置上要避免靠近色等。

陆兆苏等认为风景林抚育要借助园林中的一些造景手法，例如合理安排对景、透景、障景和隔景。对景是指风景的安排互相烘托，互为对景。透景是在景物之间安排透视线。障景又称抑景，是将内部风景作适当遮障，这就是曲幻含蓄的手法，使游人在情趣上释去急切的心情，然后在漫步中寻幽览胜。垂直郁闭型森林、小山、巨石、丛植的小片森林，均可作为障景的景物。隔景是分隔景区或掩蔽有碍观瞻的生活、生产和旅游服务设施，通过适当配置垂直郁闭型森林风景或由常绿小乔木构成的绿化带，可以起到分隔景区和有碍观瞻的人工建筑的目的。

6.1.3　国内外有关风景林经营措施的一般结论

总结上述大量的研究表明，提高风景游憩林美景度的森林经营措施主要包括以下环节：

（1）在风景林营造上采取自然森林经营方法，通过营造一种异龄的、有级差的、由多种适合当地立地条件的树种组成的混交林可以提高风景林美景度。

（2）对于旅游道路两侧过密的林木，因火灾或病虫害引起的病死木，通过疏伐、卫生伐等经营措施，可以降低林分的密度，培育有活力的、冠形良好的树木。

（3）在抚育间伐时应贯彻“尽早、适度、经常”的原则，可以避免粗放的干预，在间伐时注意保留大树、老龄木和一定比例的枯死木。风景林美景度值随林分密度的降低而提高；随林分的平均胸径的增大而提高；林分的年龄越大，风景林的美景度越高。

（4）在森林更新时，尽量使用群团状或小面积式的采伐方式，在采伐时注意保持保护自然形成的山脊线和岩石、独特的孤立木和树丛、林内的人文景观，以减少森林更新对风景林美景度的影响。

6.2　风景林经营技术体系

6.2.1　风景林经营目标

由于风景林与自然山水、名胜古迹融为一体，森林公园的经营范围与自然保护区、国有林场的经营范围相互重叠，风景林除了承担森林旅游的主要职能外，还肩负着水土保持、水源涵养、生物多样性保护的生态环境职能。同时，在部分风景林中，还具有建立在农林复合生态系统基础理论之上的多种经营职能。位于城市郊区的森林公园还承担着部分城市公园的公共绿地职能。因此，风景林的经营目标可以概括如下：

（1）在主要旅游线路和景点周围提高风景林美学等级，为森林旅游业打下坚实的基础；

（2）保护好现有林分，发挥森林涵养水源的作用，防止森林病虫害和火灾的发生，保护森林生态环境；

（3）在远离旅游景点的原始常绿阔叶林保护一切动植物资源，为野生动植物提供良好的栖息环境；

（4）因地制宜地在风景林下开展具有地方特色的多种经营；

（5）建设具有地方文化特色的生态旅游景点，满足当地居民日益增长的休闲娱乐需求，发挥城市公共绿地功能。

6.2.2 风景林调整方法

按照森林经理规程，风景林属于经营水平较高的特种用途林，需要采取以风景小班为单位、分别设计经营利用措施的检查法。检查法以林分为单元来确定采伐和调整结构，并在经营作业区考察树种结构、立木蓄积和径级变化。它在生产实践中按单株抚育管理和利用，并且认为每棵树都有自己的成熟采伐时间，要为最有价值的林木创造最佳的生活条件，充分发挥每棵树木的社会效益和经济效益。实际上，林分是检查法组织经营的核心层次，上一层次是划分的经营作业区，下一层次是抚育与择伐的具体对象——林木。

6.2.3 风景林经营技术体系

风景林是以各种乔木、灌木、藤本和草本植物相结合而成绚丽多姿、四季各异的森林景观。森林公园、风景区的风景林经营技术体系主要包括：

6.2.3.1 风景林的空间配置

风景林的空间配置要掌握以下原则：

（1）*力求多样化* 不同类型的风景林不规则地交替出现，通过空间布局的多样化给人以“步移景异”的感觉。重庆市武陵山森林公园的风景林布局构思如下：以武陵山森林公园大门为起点，沿柳杉大道，进到中心游览景区，投入大自然的怀抱，赏览百花，观涌泉、武陵山墙面艺术、武陵春深，使游人涤尽长江边峡谷的闷热，顿觉神爽；往西入植物园，树木千姿百态，目不暇接。往东南，来到百鸟园，人与鸟兽逗趣，别有一番滋味。乘游兴，骑马奔驰于银矿槽，或穿林海，至千尺崖景区，放眼千山万壑，揽豹子峰、劈山救父峰，壮丽神奇，使人陶醉。转折过高山滑雪场，上揽月峰，一览众山小，观浮云滚动，日出之灿烂，落日之辉煌，如痴如醉。几大景观，一条曲线相连，把游人引到高潮。

（2）*巧用不同视角的风景感染力* 根据视角不同，可以分为平视风景、仰视风景、俯视风景。平视风景，游人头部不必上仰下俯，可以舒适地透视远景，给人的感染力是平静、安宁、深远，不会使人感到紧张。所以在休息处、疗养所附近应该安排平视风景。仰视风景，游人头部上仰视线角度大于15°，给人的画面也叫“虫览画面”，如同昆虫的视界，可以使景物显得特别雄伟，使主景具有更大的气魄。仰视风景的视点安排在很近的距离内，使视点不能后退，从而突出了主景的感染力。仰视风景使人情绪紧张，所以不能安排在安静休息之处。俯视风景也叫“鸟瞰画面”，垂直景深远，给游人的感染力是居高临下，产生攀登高峰后的喜悦感，能使人心胸开阔，产生“登泰山而小天下”的意境。

（3）*正确处理森林风景的景深* 一个人的正常眼睛，具有一定的视距，在距离100m以外尚可以看清树木枝叶的轮廓。正常眼睛的视域，垂直方向的视角为130°，水平方向的视角为160°，但在正常平视的条件下，垂直视场为26°～30°，水平视场45°。所以在安排景物时，在这个范围内安排一定的空旷地或休息亭榭，供游人徘徊观赏。难以透视的密林，使人产生单调感或压抑感，看不到森林的全貌。为此，在主要游览线路两侧和游人集中的人文景点附近，配置水平郁闭型、稀疏型和空旷型森林风景。可以把不同类型的森林风景分成几个层次、构造层层迭迭的景色，使人产生“山重水复疑无路，柳暗花明又一村”的感觉。

（4）合理安排对景、透景、障景和隔景 对景是指风景点的安排要求互相烘托，互为对景。例如，天然的溪流和游览小道可以互为对景。小道可以顺着溪流的方向转换，一路上选择对景点相互配合可以增加风景观赏价值。透景是在对景之间安排的透视线。例如，在二个对景之间安排水面、草坪等空旷型风景，使对景能够互相透视。障景是透景的反面，当遇到不调和的景观、有碍观瞻时，布置一定的乔灌木作为屏障之用。通过合理安排对景、透景、障景和隔景，使各种风景林相互烘托、互为陪衬，并有适度的透视线，互相透视，或以密林适当遮障、分隔，掩蔽有碍观瞻的生产、生活和服务设施，使游人在“曲幻含蓄”的意境中，漫步寻幽览胜。

6.2.3.2 风景林造林树种的选择

选择风景林的目的树种，除了适地适树等一般原则外，要妥善处理好常绿针叶树和落叶阔叶树、乡土树种和外来树种的关系。

按照我国传统习惯，在一些名胜古迹和纪念性的风景区，为了体现庄严肃穆、万古长青的气氛，适当配置常绿针叶树，这是无可非议的。但整个风景区全都是这样的森林景观，也并非上策，而且森林公园毕竟不是陵园，树种配置应该多样化。从风景林的观赏价值来考虑，常绿针叶树虽然四季常青，但存在着不少缺陷，例如，缺乏四季变化，在干旱地区，树冠蒙上一层灰尘，则林貌形象更差；很少能有繁花盛开的树种，先叶开花的树种更找不到；难以招引鸟类和其他野生动物；常绿树造成的浓荫使人感到闷郁，特别是阴性针叶树在冬季缺乏阳光透射，更令人感到寒冷阴森。在我国长江流域一带，不宜大量发展常绿针叶树。落叶阔叶树也有不足之处，例如不能四季常青，在冬天产生一种万木萧条的景象。但是，落叶阔叶树的某些观赏价值是常绿针叶树难以达到的，如早春的嫩绿能带给人们春回大地的信息；落叶阔叶树种大多具有先花后叶的生物学特性；夏日炎炎时，能提供绿荫，严寒时又能使阳光通透；有利于招引鸟类和野生动物；在秋季不少落叶树种叶片变黄、变红，为人们提供观叶的金秋旅游季节。

关于乡土树种和外来树种的比例关系，应以乡土树种为主体，因为乡土树种是地带植被的组成树种，具有最优的适应性和抗拒各种灾害的特性。同时，乡土树种还能充分体现出当地的风光。当然，适当地引进外来树种，也有利于丰富森林公园的植物种群，使森林风景更加多样化。

6.2.3.3 关于草坪的配置

在森林公园中应给予草坪应有的重视。草坪的生态效益不容忽视。在游人集中的景区，如能有草坪覆盖，下雨天就不会产生泥泞，刮风也不会扬起土尘。草本植物具有很强的杀菌力，特别是在刈割修剪时，释放出的杀菌素更多。草坪在水土保持、净化空气、吸附灰尘等方面的作用也十分显著。

在森林公园中配置草本活地被物，因经营强度的差别而有草坪和草地之分。草坪是由禾本科草本为主体、具有茂密的覆盖度、平均高度不超过10cm、要求不断刈割和集约经营的活地被物。草地的种群无严格要求，一般是由天然草本群落组成，稍加经营管理而形成的活地被物。根据草坪和草地的功能，在森林公园内可配置以下一些草坪或草地：①游憩草坪，可配置在人文景点、水面、野营区附近；②文娱体育草坪，可配置在宾馆、生活区附近；③观赏眺望草地，在适于眺望全景的地段，安排一定面积的草地，满足游人观赏眺望自然风光的需求；④护岸护坡草地，主要发挥水土保持作用，同时也为自然景观增添绿色。根据草坪和草地与其他植物的组合关系，可分为：空旷草坪、散生木草坪、疏林草地、林中草地、缀花草坪等。外国旅游者到我国森林公园或大型风景区观光以后，都觉得美中不足之处就是缺乏草坪，难以找到小憩和野餐的场所。在森林公园中配置草坪还可以跟直升机的起降场结合起来，加以综合利用。

6.2.3.4 风景林抚育整形

风景林抚育属于特种林抚育，适用于风景林的抚育采伐可以分为以下几类：①卫生疏伐；②整形伐；③透视伐；④综合抚育伐。

卫生择伐的对象是枯立木、病虫孳生的濒死木、风折木、倒木。目的是改善林地卫生状况和提高森林景观美景度，减少病虫孳生蔓延。对于枯立木并非一概清除，有些径级较大、枝干有洞的枯立木应适当保留，以供鸟类和其他野生动物栖息。对林火烧死特别严重的风景林，也可全部伐除，重新营造。

整形伐的目的是在不改变风景类型的前提下，提高其美学等级。间伐的对象为：影响目的树种生长的次要树种、有碍森林风景和谐气氛的乔灌木以及生长过密的林木。对于大径级的乡土树种应尽量保留，可通过修枝达到整形目的。

透视伐的目的是增加透视度，创造观察森林深处或眺望远景的条件。通过不同强度的透视伐，把茂密的垂直郁闭型风景林改造成水平郁闭型风景林或稀疏型风景林。我国有些森林公园或风景区，不注意为游客创造眺望或摄影取景的条件，适于眺望或摄影的景点，往往被树冠遮挡，迫使游人跻身于狭窄的孔隙中窥视远景，而适于摄影的最佳取景地段往往被人为封闭垄断。这种现象严重地影响了游客的情趣，是森林公园“大煞风景”的地段。

综合抚育伐适用于从未经过抚育的天然混交林。把林分内的林木划分为：优良木、有益木、有害木、后备木4种。间伐对象是有碍优良木和后备木生长的有害木。综合抚育时可以把卫生择伐、整形伐、透视伐结合在一起。

在进行透视伐和综合抚育伐时，要采用定性和定量相结合的方法来确定采伐强度。通过南京林业大学森林资源与环境学院规划组在中山陵风景区的试点，树冠系数法比较适用于风景林。计算公式为：

$$N/\text{hm}^2 = 10\,000/(KH)^2 \tag{6-1}$$

式中：N 为每公顷面积保留木株数；K 为树冠系数，即树冠幅与树高之比；H 为林分平均高。

抚育前，要调查现有风景林每公顷株数，并分别树种及其龄级测定 K 值，同一树种处于不同风景类型的林分内，也有不同的 K 值。用公式计算而得的 N 值与林分现实株数相减，即可得采伐木株数（n）。计算所得之 n，尚需具体落实到林分，对采伐木进行标号，并针对林分实况，对采伐木株数进行调整，一般可把 n 值作为间伐强度的上限控制数。

6.2.3.5 风景林更新改造

为造就新一代林分，提高风景林的美学价值，需要对风景林进行更新改造。采伐对象是衰老的残次林分以及立地不宜的“小老树”。根据南京林业大学规划组的经验，采用小面积孔状二次渐伐，较为可行，对森林景观不会产生不良影响。据调查，在林中空地上生长着大量天然更新的幼树和幼苗，应该充分利用林木天然更新的能力。本法的实施要点为：①沿公路、河流和主要景点边缘设置保留带，宽度在20m左右。在保留带内，不搞更新采伐；②在保留带以外，选择天然更新较好的林窗，以此为中心，实行强度择伐，把林窗进一步扩大，但面积不超过0.11hm^2，林窗内保留郁闭度0.3～0.4，林窗形状不求规正；③对林窗内的天然幼苗加以抚育，清除妨害幼树生长的杂灌；④进行人工补植或补播；⑤待幼树生长稳定、幼林郁闭度达到0.5以上时，即可实行第二次采伐，伐除上层林木，完成更新过程。

6.3 基于森林旅游活动的风景林经营措施

本书3.6节的风景林美景度与森林旅游活动适宜度的相关分析表明，风景林美景度与各种森林旅游活动适宜度、各种森林旅游活动适宜度之间的相关关系并不完全一致。这就意味着提高森林美景度的经营措施并不能完全促进各种森林旅游活动的适宜度，以各种森林旅游活动为导向的风景林经营技术体系彼此之间并不完全一致。因此，针对不同的森林旅游活动制定相应的经营措施，是实现风景林经营目标的必由之路。

6.3.1 森林旅游产品

6.3.1.1 森林旅游产品的定义

兰思仁认为，森林旅游产品是以森林景观资源或森林为依托而存在的自然资源经过开发而形成的旅游产品。对森林产品概念的正确理解应注意以下几个方面：

（1）森林旅游产品由森林景观资源（如季相林观赏）或以森林为环境的自然资源（如漂流）构成。

（2）森林旅游产品不是指旅游吸引物（由旅游资源形成的旅游景观）本身，而是指旅游吸引物在时间和空间上的使用关系使游客产生的经历。

（3）旅游吸引物是旅游产品的物化形式，它是决定旅游产品的关键因素，因而也是游客判断旅游产品质量的重要依据。

6.3.1.2 森林旅游产品的特征

（1）*森林旅游产品的一般特征* 森林旅游产品的一般特征是指一般旅游产品所具有的特征。关于旅游产品的特征，我国旅游学者进行了大量的研究。他们认为旅游产品具有无形性、生产与消费的不可分割性、不可储藏性、所有权的不可转移性、易波动性、生命周期性、综合性等特征。

赵克非认为，由于旅游者需求的多样性，单一的旅游目的地对旅游者的持续吸引力总是在不断衰减的，因而旅游产品必须是一种组合产品的特征。魏小安认为，对于观光旅游产品，由于具有一定的垄断性，在国际市场上具有较强的竞争力。另外，在生产上，由于自然观光产品具有不可替代性，两地同时生产观光产品不会引起严重的产业结构趋同现象。王莹认为，旅游产品具有与普通产品不同的销售特点，即物质产品可以送货上门，而旅游产品则需旅游者自行前往目的地实现消费目的。张辉指出，旅游产品在消费的另一个特点是，质量价格与实践价格并存，并产生了旅游产品效用与价值的差异。不同产品受其自然特性和市场特征的影响，生命周期存在很大差异，市场的需求和外部环境的变化、管理的不善，也会缩短一项产品应有的生命周期。钱炜的研究表明，在没有合理经营的情况下，一项旅游产品也会出现“早衰”现象。

（2）*森林旅游产品的个别特征*

森林旅游产品的周期性：与主题公园完全靠人工投入开发而成的旅游产品相比，森林旅游产品具有较长的生命周期，森林旅游产品的市场生命周期受自然生命周期的影响较大，而主题公园的旅游产品受技术生命周期的影响较大。

森林旅游产品的季节性：由于森林旅游资源随着气候的变化而变化，森林旅游产品所依托的森林环境随着季节的变化而变化，使森林旅游产品表现出明显的季节性，如花卉观赏、滑雪、漂流。旅游产品的不可储藏性加剧了森林旅游产品的季节性。

森林旅游产品项目的有限承载性：由于森林旅游产品的消费必须在一定的地域空间内进行，地域空间的有限性和空间密度影响旅游质量的特性，使产品项目在一定时间内的承载力具有有限性，这一有限性构成潜在生产能力的限制因素。

森林旅游产品的垄断性：垄断性是森林旅游产品的一个重要特征，其产生的根源在于森林旅游资源的垄断性。产品中旅游资源的含量越大，产品的垄断程度越强。产品的垄断性是获得垄断利润的源泉，也是森林旅游产品不同于工业产品的重要特征之一。

森林旅游产品的质量依赖性：森林旅游产品的质量依赖性是指森林旅游产品对森林资源质量的依赖性。由于森林旅游产品是一种资源依赖性产品，森林旅游产品质量的高低在很大程度上取决于旅游资源的质量高低。这一特点决定了森林旅游产品的开发离不开对森林资源的保护。

森林旅游产品的消费对资源的冲击力：森林旅游产品的消费是在风景区的森林生态系统内进行的。森林旅游资源和森林生态环境具有一定的再生能力，能够自我修复产品使用者对资源的破坏，又对使用者的冲击高度敏感。因此，森林旅游产品的消费对资源的冲击既具有可修复性，又具有影响的复杂性和潜在性。

6.3.1.3　森林旅游产品与森林旅游活动的关系

20 世纪 80 年代北美旅游研究专家 Driver、Maning 提出“经历分层模型”并最后发展成国家公园旅游管理的理论基础 。该理论将旅游经历定义为：在一个喜欢的旅游环境、意识到渴望的经历、从事一项喜欢的活动。其中，游客的旅游活动是形成游客游憩经历的核心，决定旅游需求的实现，而旅游环境影响游客的旅游体验。因此，旅游环境和旅游活动共同构成旅游经历，旅游供给者通过旅游环境和旅游经历的设计为游客创造不同的游憩机会，游客通过游憩活动的参与，实现期望的经历。因此，我们可以认为，森林旅游活动是构成森林旅游产品的核心成分，是形成森林旅游产品的基础。

6.3.2　森林旅游活动类型划分

谢哲根将森林旅游活动分为 9 类。兰思仁认为，会议、商务旅游本身不构成旅游者的游憩行为活动，因此不能作为一类森林旅游活动。他根据旅游者行为特征，对森林旅游活动进行一级分类，将森林旅游活动分为观赏性旅游活动和参与性旅游活动。在此基础上，根据旅游者对旅游资源的利用方式和旅游效果及行为活动方式，对森林旅游活动进行二级分类，将森林旅游活动分为 10 个亚类。结合以上学者的研究成果，作者将森林旅游活动分为以下 8 类：

6.3.2.1　观光型旅游活动

指通过观光游览获得视觉上的美感为主要特征的森林旅游活动，如观花、观山石、观日出、观云海、观林海、观人文古迹、观看地方节日活动，观看山村风貌，了解地方饮食、起居、穿戴、劳动习俗，观鸟，观兽。

6.3.2.2 运动型旅游活动

主要指以满足游客运动、健身等动机需求为目的进行的旅游活动。如登高、攀岩、徒步穿越山林、骑车、蹦极、速降、跳伞、探险、滑翔、打球、游泳、跑步、滑雪、划船、划水、涉水、驾快艇、漂流、骑马。

6.3.2.3 休闲娱乐型旅游活动

指以与现代文明相对立的、以原始生活体验为特征的郊野游乐型森林旅游活动，如散步、林中小憩、品茶、对弈、垂钓、扑蝶、抓蝉、野营、野炊。该类森林旅游活动主要是满足游客接近自然、了解自然、追寻人类原始生活体验的目的。

6.3.2.4 科普艺术型旅游活动

指对游客进行以森林、生态为主题的科普教育和以森林生态环境为对象的艺术创作为主构成的旅游活动，前者如植物识别、标本采集与制作，后者如摄影、写生。

6.3.2.5 宗教朝觐型

历史上，我国风景区和国家森林公园多庙宇和道观，宗教具有神圣的感召力、神秘的吸引力和神奇的诱惑力而吸引着无数的旅游者。宗教朝觐型森林旅游活动是以满足信教的香客宗教朝观、考察为主要目的的旅游活动。

6.3.2.6 采摘尝购型旅游活动

是以食用菌、竹笋、香椿、山野菜和湿地中的莲藕、茭白等森林食品的培育、采摘、加工、品尝为主要目的的森林旅游活动，包括在森林公园中花卉、水果、鱼塘等主题公园举行的农家乐、林家乐活动以及在森林公园中“森林绿友人家”进行的采摘尝购型旅游活动。

6.3.2.7 狩猎垂钓型旅游活动

狩猎、垂钓是人类潜意识中一种经久不衰的掠取心理需求。林区野生动物和水资源丰富，为开展狩猎垂钓旅游活动提供了便利条件。除垂钓外，随着野生动物保护名录的不断扩大和新的森林文化的形成，除了国家许可的特定地区、特定季节的狩猎场外，野生动物的狩猎旅游活动受到严格的限制。为了满足人们的狩猎需求，一些森林公园开辟人工蓄养的家禽、家畜狩猎场，也属于此类旅游活动。

6.3.2.8 疗养度假型旅游活动

指以满足游客保健、疗养、休息等需求开发的森林旅游活动，如森林保健药浴、森林花瓣浴、温泉浴、高山氧吧、林区微型高尔夫运动。

6.3.3 不同森林旅游活动类型风景林经营措施

6.3.3.1 植物观赏型风景林

主要位于远、中山区，通常为具有地方特色的原始常绿落叶阔叶混交林或具有较高美学价值的人工风景林，前者如湖南岳麓山深秋的满山红叶，后者如南京梅花山早春的梅林。植物观赏性风景林，要求林分的植物配置与造景，应当利用原有地形、地貌、水系、植被，在大尺度和季节上具有不同的特色和较高的美景度，即较高的景观空间异质性，同时适当配置亭台等观景设施。

6.3.3.2 运动、休闲、娱乐、保健型风景林

运动型风景林以提供人们休闲健身为目的，要求林分的可及度较大，具有一定的内部游憩区（林中空地、林道等），以便于健身和休闲活动的开展 。保健型风景林植物配置侧重于

植物的保健性能上，要求具有较高的林地空气负氧离子，分泌杀菌祛病物质，林中无花粉等生物污染，能减缓压力和愉悦心情等功能。此类风景林中人工休闲设施的设计，应遵循自然景观生态的原则，力求不着痕迹。休闲步道、休闲亭等的设计则运用简约主义的原则，空间景点的设计要兼顾传统意境和园林的审美要旨。

6.3.3.3 采摘尝购型风景林

采摘尝购型风景林的配置要突出地方区域特色，发挥区位优势，种植富有地方特色的干鲜果木，如葡萄、荔枝、柑橘、龙眼。配置模式通常有农林复合经营型、混交林经营型两种模式。农林复合经营是指根据主要收益树种的生态学特性，适当配置些草本类、豆科类、中药材类等植物，使整个林分形成复层式结构，物种间相互促进。混交林经营是指根据物种相生相克理论，在经济（果）林建设中借鉴带状、块状混交等混交林建设技术，突破固有的经济（果）林建设理念。

6.3.3.4 科普艺术型、宗教型风景林

此类风景游憩林的建设树种宜选择富有观赏、科普、文化等内涵，且对相应的建设区域有较强的针对性等的树种。配置模式需根据不同的功能与景观规划设计来进行，大都是乔灌草的合理配置，有时还以科学馆、寺院为中心配以廊道、水域等园林工程设施。在宗教型寺院周围宜配置常绿针叶树，以体现庄严肃穆、万古长青的气氛。而具有地方特色的小型植物园、盆景园，则是科普艺术型风景林的典型范例。

6.3.3.5 观赏野生动物型风景林

在西方发达国家，乘车或沿步行道观赏野生动物是一种重要的森林旅游活动，为野生动物提供适宜的生存环境也是森林生态系统管理的重要目标之一。此类风景林的经营应考虑树种组成对动物生存的影响，提高树种多样性，保存丰富的林下植被层，特别是由大量的木本植物组成的小乔木、灌木层。保护枯树倒木也可以为野生动物提供充足的食物以及良好的庇护场所，林地枯枝落叶层也可以为土壤小动物提供食物和庇护场所。另外，人为制造树洞也是保护野生动物的途径之一，通过异龄林经营可增加景观的异质性，达到可持续管理的目标。

6.3.3.6 野外露营地风景林

针对游人对野外露营地隐私性、安逸性的需求，风景林的营造可以借助园林中的一些造景手法，例如合理安排对景、透景、障景和隔景，通过营建垂直郁闭型风景林使不同宿营单元相对隔离。通常情况下，游客有在露营地附近进行烧烤、体育运动的习惯。因此，在露营地的选择上倾向于靠近公路、湖泊或溪流的森林。应通过疏伐、间伐的方式降低林分郁闭度，在地势比较开阔的地段通过人工的方式营造休憩草坪、运动草坪，并配备厕所、薪材、灶具、桌椅等简单服务设施。

6.4 风景林空间布局和特色景点设计

6.4.1 风景林的空间布局

紫金山的主要游览区是在明孝陵、中山陵、灵谷寺3个点以及三点间的林道两侧，这是风景区的门面，共计92个风景小班，面积345.87hm^2，分3条线进行空间布局。

6.4.1.1　中山门——卫桥——中山陵一线

共跨越 6 个林班（65、64、63、62、61、56），其中 65 林班内有大片农田和居民点（竹林新村），64 林班有手表厂，61 林班有省委招待所，这些非林地有碍风景区的观瞻。所以在这一线除了 56 林班及四方城附近之外，基本上都应该配置垂直郁闭型的森林风景，以便起到隔离带的作用。目前，这段旅游线路林相杂乱，主要由竹林和水平郁闭型风景林组成，特别是卫桥农田附近和手表厂边缘急需配置垂直郁闭型森林风景，以便发挥掩蔽的作用。

这一线的 56 林班地段，靠近中山陵，宜配置以针叶树组成的水平郁闭型森林风景。目前，这段林分上层木为马尾松，树冠狭小，呈现衰老、濒死的迹象，林下已经种植雪松和柏树，但由于上层郁闭度还有 0.4 以上，下层木被压，有不少雪松出现偏冠、结顶现象。为此应该对上层林木进行疏伐，否则下一代林木难以正常生长。

四方城是明孝陵的组成部分，附近栽有一片雪松，但杂草灌木丛生，透视度不良，不少外地游客往往路过四方城而见不到四方城。四方城这个景点具有很高的开发价值，除了对破损的城墙进行修缮外，四方城周围宜按照园林型森林景观的要求配置绿化树种，其外围宜配置水平郁闭型的森林景观。

中山门——卫桥——中山陵一线的林荫大道为本风景区名胜之一，特别是卫桥至四方城一段，形成雄伟壮观的绿色长廊，这段林荫大道应该作为重点管护的对象。

6.4.1.2　中山陵——灵谷寺一线

跨越 50、51、48、52、44、45 六个林班。这一线森林风景的布局应考虑以下几点：

①中山墓到流徽榭一段公路两侧（北段为 50 林班、南侧为 51 林班），要求体现庄严肃穆、浩气长存的景象。为此，应配置以针叶树为主的水平郁闭型的风景林为宜。

②流徽榭附近，包括 51、48 林班的部分地段。这里地处中山陵和灵谷寺之间，环境幽雅，湖光榭影，是游客小憩的理想之地。应配置园林型、稀疏型和空旷型 3 种类型的景色。

③流徽榭至灵谷寺一线，跨越 44、51、45 三个林班。灵谷寺一带，历代文人墨客来此游览，写下不少诗句，如“山门才入便悠然，十里深松上绿天”，反映了“灵谷深松”的自然景色。这一带的森林风景应体现幽深莫测、古色古香的景象。为此，应配置多样化的垂直郁闭型森林风景，避免千篇一律的单纯林，应交替配置松树为主的水平郁闭型、针阔混交林为主的垂直郁闭型、阔叶混交林为主的垂直郁闭型森林。

④行健亭至明孝陵一线。跨越 55、56、60、61 四个林班，包括明孝陵、梅花山、紫霞湖 3 个风景点。这一带是游览古迹、欣赏季相风景的地段，应体现百花争艳、葱郁多姿的景象。近景宜配置园林型和空旷型的森林风景，背景宜配置垂直郁闭型森林风景，周围有森林和群状树木作衬托，位置适中，可远眺紫金山第一峰，也是游人开展集体活动的场所，宜加管护，提高美学等级。

6.4.2　紫金山风景林特色景点设计

6.4.2.1　春景点

春景点的地点在梅花山。梅花山，旧名孙陵岗，又称吴王坟，根据历史学家考证，孙权及步夫人之墓就在梅花山。目前，梅花山除春梅外，还广植碧桃、海棠、杏、樱花等。每当早春时节，这里繁花一片，梅如海、花似雪，清香馥郁，给人以春回大地、万象更新之气息，从而成为南京春游胜地。1963 年，梅花山的美学得分为一级，1982 年调查时降为二级。降级的主要原因为树木衰老、冠形不好，其次是管理不善，卫生状况不佳。

规划采取的措施主要包括：①更新和补植。现有植株有不少濒临衰老，亟待更新。有的宜用修剪的方法，保留老树，培养新枝，达到更新目的。少数无培养前途的可用幼树补植更新。在更新时，应注意稀有品种的保护和繁殖。②改善眺望条件，改建游憩凉亭，供游人观赏梅花山。③竖立名碑，选用天然石块刻字立碑，给游人摄影留念提供便利之处。

6.4.2.2 夏景点

地点在光化亭、音乐台、流徽榭、仰止亭、玉兰园一带。这一带具有各种类型的森林风景，种有白玉兰、广玉兰、石榴、紫薇，水中栽植各种荷花、睡莲等夏季花木。多年来，已成为游客消夏、纳凉、观赏夏季花木的胜地。为进一步提高夏景点的美学等级，宜采取的经营措施有：①增值夏季花木。为进一步体现夏景点的特色，宜增加石榴、夹竹桃、紫薇、合欢等花木，同时适当配置一些其他季节的花木；②改善眺望条件。光化亭、仰止亭等周围林木呈垂直郁闭型，影响视线，有碍观瞻，宜改为水平郁闭型；③增设服务设施。宜在流徽榭周围及光化亭、仰止亭附近增设石椅、石凳，供游人小憩；④控制水源污染。中山陵茶社及照相馆放出大量污水，致使中山陵和灵谷寺之间的溪水被严重污染，水色发黑、臭气熏天，大煞风景，应该采取措施，控制污染。

6.4.2.3 秋景点

地点在灵谷寺。灵谷寺，本在钟山独龙阜，古为开善寺，唐为宝公院，宋为太平天国寺。因明太祖营建孝陵，故将此寺移至此址。朱元璋赐名“灵谷寺”，号称“天下第一禅林”，主要名胜古迹有放生池、无梁殿、宝公塔、三绝碑、灵古塔等。灵谷寺一带的落叶阔叶林中，枫香、槭树、麻栎、黄连木等树的叶子在秋季呈现红色，构成了秋景的基调。此外，灵谷寺内广植桂花，别有一番风韵。

规划拟采取的经营措施有：①抚育伐及卫生伐，伐去枯立木及濒死木；②进一步扩充桂花园；③在建筑物周围增植其他季相植物。

6.4.2.4 冬景点

地点在明孝陵。目前在明孝陵内广植腊梅、天竺。每当隆冬季节，万木枯凋之时，大片腊梅，黄花朵朵，散发阵阵清香；天竺红果、苍松翠柏与瑞雪相映，更富有诗意。规划拟采取的经营措施包括：①整理陵园内的绿地。目前绿地经营面积仅为明孝陵围墙内面积的 1/5 左右。两侧土地尚未利用，一片荒凉，不堪入目。应该及早进行整理，清除碎石烂砖，培植花木；②增强冬景树种。除腊梅、天竺外，还可以引进君迁子作冬季观景树种之用，在围墙附近可种植小径竹类等常绿植物，丰富冬季万木枯凋的单调景色。

6.5 人工风景林经营技术体系

我国大部分地区四季分明，物候期差异显著。在风景林规划中，巧用植物季相变化的自然美，有意识地营造各种季相特色的林木，可以使风景林锦上添花，从而提高其美学价值，吸引更多的旅游者。近 30 年来，对南京市春景点梅花山的建设成效显著，成为广大人民群众春游的主要热点，在高峰日，每天游人量达 15 万人之多。南京梅花山正以其得天独厚的自然和人文优势吸引越来越多的海内外游人，逐渐成为全国的梅文化中心。

6.5.1　认真区划林地，合理安排游览步道

梅花山原为东吴孙权墓地，故亦称孙陵岗，是钟山南麓一小丘。1928 年，中山陵园成立后，被划为中山先生纪念植物园中的蔷薇科种植区。在此种植了梅、樱、碧桃、李、杏、木瓜、棣棠等多种蔷薇科植物，其中以梅、樱为主，改变了梅花山的面貌，为创建梅花山春景点打下基础。但当时的布局，是从植物分类出发，还没有考虑到旅游问题。十年动乱期间，梅、樱树木遭受严重摧残。1978 年改革开放以来，中山陵园管理局着手下工夫建设梅花山春景点。首先把梅花山区划为 5 个小区，把梅花山下半坡的东、南、西、北四面坡各划一个小区，上半坡及丘顶划一个小区。修建游览主干道（宽 2 ~ 2.5m），环半山坡修筑步道（宽 1 ~ 1.5m）以及林间小步道，修建游览线路为以后梅林管理和梅林配置的调整打下基础。在游览线路修建过程中，结合道路修筑整理排水系统，避免林地积水，以利梅树生长。

6.5.2　扩大梅林面积，建立梅花专类园

梅花山东、南、西、北下半坡土壤条件好，早已植满梅、樱，而在上半坡，土壤条件较差，除少数地段植梅外，尚有部分地段荒芜。为了扩大梅林面积，增加景观效果，进行了全面垦殖，同时对梅林缺株进行补植，使 17.67hm^2 的梅花山除局部岩石裸露地外全部植上梅树，现有古老和成年梅树 6 000 余株。梅花山梅林面积之大，已成为国内梅园之最，随着人民生活水平的提高，植梅、爱梅、赏梅，成为广大人民之习俗，南京市已把梅花定为市花。为了加强春景点梅林的建设和管理，将原来开放式的梅林改造为封闭式的专类梅园。为不破坏周围景区与梅园景观的协调，采用了自然式围圈手法，即沿梅花山地形环山挖掘水沟，根据落差分段设置拦水坝，在水沟内侧栽植绿篱隔景，绿篱内侧再布设隐蔽的铁丝网。在沟地上种植了金钟花木，水沟外侧散点垂柳。这样不但不影响整个景区景观效果，且给梅林增添了环境的自然美。

6.5.3　适当配置辅佐树木

梅花山在辟为专类园前，其梅林是作为一般风景林来经营管理的，多年来经营管理粗放，梅林中生长了不少杂灌木，不但影响梅树生长，还造成喧宾夺主、层次不清、主次不明，影响梅林美学价值。为此对梅林进行了清理。保留一些大树和有配景衬托作用的树种，如乌桕、棣棠、松类、柏树，清除一些没有观赏价值的杂灌。为衬托梅林景观，还增补了一些松类、碧桃等树种，以提高梅林的整体景观效果。

6.5.4　合理配置梅林周围的风景类型

根据梅花山梅林面积和每年赏梅游人量的测算，游人容量已呈超饱和状态。其周围虽有花房盆景园及大面积雪松苗圃，但这些都是封闭式的园地，游览者不能任意进入。为使游人在赏梅之余有小憩之场所，在梅林周围宜配置空旷型风景林。在梅林外东侧营建了一块大草坪，加强管理之后，提高了草坪质量，现已达到甲级水平，宛如天鹅绒的绿茵地毯，供游人小憩。另在草坪边角地段，配置枫树、碧桃、榆叶梅、紫薇等花木，并以三五成丛散点组团的手法，配植了一些红梅、绿梅，使游人感到虽不置身于梅海之中，反觉通透开朗。在休憩之时，回味梅的色、香、姿、韵的诗意境界。

6.5.5 新梅园的开辟

1992 年以来，中山陵园管理处又在梅花山东侧开辟了一座新梅园。新梅园是梅花山的延续，又是自成一体的自然山水型梅花专类园。新梅园面积 72 309 m^2，新植梅树 2 500 余株，与原梅花山合在一起形成了千亩园、万株梅。同时，新梅园还配植了樱花、合欢、池杉等观赏植物，并铺设草坪，弥补了季节变化而造成的空白，使全园四季有景。园内还开辟了人工水面 6 672m^2，分成若干小的池塘，形成独特的水景。临池还筑有一座香无涯亭和一座冷香亭，均饰以彩绘，亭顶覆盖黄色琉璃瓦。

6.6 风景林林相改造技术

我国许多森林公园、风景区，起源于国有林场。景区的植被，一般都是次生林或人工林，美景度较低，不符合森林旅游业观光、游览的要求。景观尺度上风景区面上的林相改造，既不同于荒山造林，也不同于城市公园绿化，有其独特的原则和方法。长期以来，林业部门以木材生产为目的，对其如何进行林分改造与经营管理，各地都有一些成功经验和习惯做法。传统的风景林规划，重点集中于著名旅游景点、重点旅游线路两侧的绿化、美化和人工季相风景林的营建，对于作为公益性的风景林的大面积林相改造，至今尚无成熟的技术可供借鉴。近年来中山陵风景区、千岛湖风景区在林分改造实践中，总结出一套科学适用的经营技术体系。

6.6.1 针叶林导向针阔混交林的改造措施

千岛湖风景区山林主要植被是以马尾松为主的针叶纯林，林下土壤易灰化与板结，松毛虫危害严重，松材线虫病从周边地区扩散到景区的危险也日益增加；林地内植物、鸟兽、昆虫与微生物的生态平衡也较脆弱。因此，通过人工措施，将针叶林改造成针阔混交林显得尤为重要。采取的具体改造措施是先对郁闭度高的林分进行透光抚育伐，以改善林地的条件，然后对林下已有的阔叶树幼苗作保护性抚育；如果没有或很少有阔叶树幼苗，则应进行小块状整地（每公顷约601块，每块 1 ~ 2m^2）并补栽适宜的阔叶树幼苗，并进行经常性的养护管理。主要做法是结合清除藤灌杂草的松土培育、适当地进行整枝和萌芽条的筛选，为阔叶幼树的生长创造良好的条件。

6.6.2 常绿阔叶林的保护性培育措施

千岛湖常绿阔叶林可分为青冈林、青冈木荷林、苦槠林、苦槠青冈林、苦槠石栎林、石栎苦槠林等 6 个群落类型。林内主要树种还有木荷、杉木、黄檀、枫香等，此外也有一些有利于提高土壤肥力的豆科树种，如合欢、山槐、胡枝子等。经过 40 余年的封山育林，加上千岛湖自然条件优越，这类林分的林冠已过度郁闭，林内光照不足，单位林地上的植株过密并超过林地的合理负荷量。由于树冠不断扩大而互相重叠，林内更趋阴暗，使部分生长较慢的喜光树种受到压制而逐渐枯死，阴性的常绿树和速生的落叶树或针叶树则成了优势种。对此类林地，必须采取适度整枝与择伐措施，以改善林地的透光及营养条件。择伐作业应掌握“砍杂留主、砍密留均、砍小留大、砍衰留壮”等原则，如果季相变化过于单调，则可利用

“林窗”或结合择伐适当补植色彩鲜艳的乡土树种。

6.6.3 常绿落叶阔叶混交林的林相改造技术

根据中山陵风景区森林林相结构单一，生态景观层次差，秋、冬季无绿量，不适应观光旅游需求的现状，中山陵园管理局、江苏省林业科学研究院通过林下补植阔叶树种进行复层混交的方式，进行风景林林相改造。其主要技术环节包括：在松林、杂阔林内，采取“带宿土土球，草绳裹干，截去部分主梢，适度修剪侧枝，减少树体水分蒸发”等关键技术，移植 3 ~ 4 年生苦槠、2 ~ 3 年生香樟幼树，使高度 2 cm、干径 2 ~ 3 cm 的香樟幼树造林成活率达 95%~97%，苦槠幼树造林成活率达 92%。

通过人工疏伐，伐去被压木、灌木、弱势木、枯死木，将上层乔木林郁闭度由 0.70 ~ 0.75 调控至 0.60 ~ 0.65，并在株间、行间补植香樟和苦槠幼树，以形成含常绿成分的复层混交林，增加单位面积的林木株数和树种种类，可以改善林相结构，稳定林分树种组成。

6.6.4 人工用材林的林相改造技术

千岛湖有各类人工林近 10 000hm^2，由于历史原因，其主要树种为杉木，应按照林种、树种结构调整的要求，将杉木等人工针叶林的间伐与套种阔叶树种或毛竹结合起来，通过人工辅助天然更新的方式，形成美景度较高的针阔混交林、常绿阔叶林森林植被。针叶林阔叶化改造需要有一定的目标进行定向改造，并且应根据不同的植被类型和不同的演替进程进行多目标分类改造：山坡上部改造目标为甜槠—木荷林；山坡中部为青冈—木荷林；山坡下部为苦槠—木荷林；山岙地段为紫楠—华东楠木林；石质山地为乌冈栎—冬青、石栎林。根据植被的自然演替规律进行阶段性改造，首先宜形成针阔叶混交林，在自然演替的基础上，通过人工定向培育，逐渐向常绿阔叶林的方向迈进。

6.7 美国游憩林经营措施分析

6.7.1 美国森林分类

1960 年美国第 86 届国会通过《森林多种利用和永续利用法案》。这项联邦法律明确规定，国有林的经营目标分为五大类，即：户外旅游；放牧；木材生产；流域保护；野生动物和鱼类生境保护。这就正式以法律形式确定户外旅游为森林经营的首要目标，木材生产仅居第三位。根据这项联邦法律，美国森林分为 5 种类型：游憩林；放牧林；木材生产林；流域保护林；野生动物和鱼类生境保护林。按照这项联邦法律的要求，美国的国有林、私有林、游乐区、国家公园、自然保护区，在可能的情况下，一般都开展森林旅游经营活动。

随着森林生态环境问题的日益突出，1992 年，美国的 3 个林业组织开会研讨可持续林业的定义与方法，并于次年发表了 N. A. Sample 等几十人署名的专著《定义可持续林业》。在书中作者认为，可持续林业是个十分复杂而争论激烈的问题，很难给出一个明确的定义，但它的基本内涵是森林生态系统经营和维护生物多样性。美国 J. F. Franklin 教授和他所领导的研究组在美国俄勒冈州 Andrews 试验林所进行的生态研究的基础上，将森林的生态功能（保存物种和保存环境等）和木材生产功能结合起来，使之协调发展；将林业从培育树木、更新树木的角度扩展到对复杂的生态系统和生物学多样性的维护上，在此基础上，提出了森林生态系统经营的理论。

森林生态系统经营，是森林资源经营的一条生态途径。它试图维持森林生态系统复杂的过程、路径及相互依赖关系，并长期地保持它们的功能良好，从而为短期压力提供恢复能力，为长期变化提供适应性。从森林生态系统经营的定义可以看出，它是森林经营的一条生态的途径，更准确的理解，它是基于森林生态系统的经营。其核心是追求人与自然的协调统一，因此它实际上也是森林可持续经营的一条途径。

森林生态系统经营理论提出以后，在美国不再强调具体林种的划分。美国的放牧林、木材生产林、流域保护林、野生动物和鱼类生境保护林，在可能的情况下，都可以开展森林旅游经营活动。因此，在美国，凡是开展森林旅游活动的森林都可以称为游憩林，而不管原来的林种划分如何。从此，游憩林的经营活动纳入了森林生态系统经营的技术体系内，即以森林旅游为主的游憩林其经营目标也要服从于生态系统维持、生物多样性保护的目标。

6.7.2 森林生态系统经营的原则和策略

“不要规划自然”是美国建设和管理国家公园的重要指导思想。他们认为，各种自然现象都是自然规律的客观反映，都具有其存在的客观必然性。因此，对发生在国家公园内的一切自然现象都要顺其自然，任其自然产生，也任其自然消亡。他们不主张对自然现象进行人为的干预，如对大火、洪水、虫害等，都要顺其自然，除非大火直接威胁到人的生命或是威胁到文化遗迹和建筑设施时，才采取必要的但是有限的防救措施。

通过森林生态系统经营实现森林生态系统的长期健康和生产力，需要有新的策略。包括相互联系的三方面的策略：即森林资源的经营策略；发展新知识研究的策略，特别是关于整个系统的知识以及学科的综合与整合，并将研究扩展到更大规模；以及教育的策略，包括专业教育、继续教育和公众教育等。通过这三方面的策略，形成经营——研究——教育的伙伴关系。

森林资源的经营策略主要体现为生态系统经营计划策略和方法，不同于实现永续利用的策略计划。生态系统经营的计划策略和方法包括以下方面：①评价经营效果。从生态系统经营角度，森林经营方案编制需要更好地体现基本的生态过程和期望的森林状况，以能够评价对物种和生态功能的经营效果；②在经营方案中反映自然干扰；③为对整个生态系统开展经营，需要发展涉及不同所有者的计划及合作方法；④在经营方案中纳入适应性管理，以克服不确定性，促进新知识的发展和应用；⑤改进调查方法，要求更详细的调查；⑥应用营林措施，有助于实现一些重要的生态系统经营目标。

实施生态系统经营的一般化模型是：综合现有的信息；根据当前的科学定义生态系统；综合已有的科学和公众价值确定目标；形成一个 pre-reviewed 的经营战略；执行经营行动；导向研究，获取更多的信息，以减少不确定性和评价经营行动；综合现有的信息。

6.7.3 具体经营措施

6.7.3.1 卫生伐

美国游憩林中的卫生择伐的对象主要是枯立木、病虫孳生的濒死木、风折木、倒木。目的是改善林地卫生状况和提高森林景观美景度，减少病虫孳生蔓延。例如，1996 年，美国国家公园的游憩林中出现了 5800 起南方松树甲虫危害。为了阻止这些可能导致森林退化的虫害进一步蔓延，美国公园管理部门采取了“砍伐并移出林地”和“砍伐但留在林地”的措施作为控制手段。

6.7.3.2　疏伐

美国游憩林疏伐的主要目的有两个，一个目的是增加透视度，创造观察森林深处或眺望远景的条件，为游客驾车观光提供便利条件；另一个目的是通过疏伐降低林分密度，创造林窗或灌木林等小生境，为林下野生动物提供栖息条件。在进行疏伐时，需进行谨慎的森林采伐设计，考虑包括植被结构、大型地被木屑、采伐单元面积和林况。另外，通过疏伐还可以减少森林可燃物的数量，从而降低大规模森林火灾的风险。

6.7.3.3　计划用火

在许多类型的森林中，长期以来由闪电引起的地表火降低了森林的可燃物含量，因而减少了灾难性林冠火发生的可能性。计划用火，即是通过人为模拟这种自然火灾格局的方式，烧除游憩林下的可燃物来减少火灾的威胁。通过周期性的计划用火，还可以为林下种籽发芽和小树成长提供最适宜的契机，从而增加生物多样性。计划用火的难点在于林火控制，很难或者不可能把计划火烧只控制在地面火，而不让其扩展并毁掉林冠层。在这种情况下，森林管理人员最愿意采取的措施就是砍伐和运走采伐木来达到减少可燃物的目的。

6.7.3.4　游憩林更新

随着森林旅游业的发展，伐木、石油和天然气开采、筑路、采矿、民宅建筑和新的居民聚集点的建设，持续侵犯着公园周围敏感的荒野和重要的野生动物生境。伴随着民间环保运动的兴起，这些地类的生态恢复成为游憩林经营面临的一个重要问题。游憩林更新通常作为生态恢复的一个措施，发生在采伐迹地、废弃的道路、矿山、居民点等建筑用地上。迫于民间环保组织的压力，在美国许多国家公园，现在也正在大规模拆除公路、建筑，把土地让给植树造林。在造林树种的选择上，为防止日益严重外来生物入侵，美国国家公园通常选择本地乡土树种。因为乡土树种是地带植被的组成树种，具有最优的适应性和抗拒各种灾害的特性。同时，乡土树种还能充分体现当地的风光。

6.7.3.5　结合管理措施的游憩林经营

在美国国家公园，游憩林的经营往往与公园的管理措施紧密地结合在一起。例如，落基山国家公园定期地调查公园内美洲麋鹿种群的数量，通过发放狩猎证减少麋鹿种群的数量的措施，减少野生动物对山杨幼林的破坏；通过禁止机动车进入游憩林内部，减少机动车对林地的物理和机械破坏；根据动物的习性，在幼龄林和生态恢复区入口处，通过设立障碍门、隔离栏的方式阻止北美野牛、野驴等野生动物进入，从而减少对森林更新的影响。

第7章 中外风景林经营规划实践分析

7.1 我国风景林经营规划实践分析

在相当长的历史时期，出于促进当地经济发展的目的，在我国的许多自然保护区、森林公园和风景名胜区内，都在大力开展旅游业。一方面，这3个体系在建立、审批和管理上都有各自的特点，并都拥有一定的基础。另一方面，这3个体系在经营目标、经营范围、管理机构上都存在着相似或重叠现象。出于扩大知名度、多渠道争取资金和优惠政策的考虑，很多自然保护区、森林公园、风景名胜往往是三块牌子、一套人马。在3种体系中，自然保护区内资源开发受到限制，旅游开发仅限于实验区，森林公园正处于蓬勃发展阶段。比较而言，风景名胜区历史最为悠久，所占国土面积最大，旅游经济效益最好，规划资料齐全。因此，本节以风景名胜区总体规划中的保护培育规划为例来进行我国风景林经营规划实践分析。

7.1.1 风景名胜区保护培育规划的内容

根据《风景名胜区规划规范》（GB50298－1999），风景林规划属于专项规划的内容，通常包含在景区保护培育规划的有关章节当中，通常以绿化规划、绿化抚育规划的形式出现。保护培育规划的内容主要包括：查清保育资源；明确保育的具体对象；划定保育范围；确定保护原则和措施等。

7.1.2 风景区保护培育规划的主要方法

根据《风景名胜区规划规范》的有关规定和我国风景名胜区的规划实践分析，我国风景名胜区保护培育规划主要采用分类、分级的分区保护方法。目前我国风景名胜区规划基本按照《风景名胜区规划规范》的分区方式：即当需要调节控制功能特征时，进行功能分区；当需要组织景观和游览特征时，进行景区划分；当需要确定培育特征时，进行保护区划分；在大型或复杂的风景名胜区中，可以几种方法协调使用。

7.1.2.1 分类保护

在保护培育规划中，分类保护是常见的规划和管理方法。它是依据保护对象的种类及其属性特征，并按土地利用方式来划分相应类别的保护区。在同一个类别的保护区内，其保护原则和措施应基本一致，便于识别和管理，便于和其他规划分区相衔接。风景保护的分类应包括：生态保护区；自然景观保护区；史迹保护区；风景恢复区；风景游览区；发展控制区。

在生态保护区内，可以配置必要的研究和安全防护性设施，应禁止游人进入，不得搞任何建筑设施，严禁机动交通及其设施进入。在自然景观保护区内，可以配置必要的步行游览和安全防护设施，宜控制游人进入，不得安排与其无关的人为设施，严禁机动交通及其设施进入。在史迹保护区内，可以安置必要的步行游览和安全防护设施，宜控制游人进入，不得安排旅宿床位等旅游服务设施，严禁增设与其无关的人为设施，严禁机动交通及其设施进入，严禁任何不利于保护的因素进入。在风景恢复区内，可以采用必要技术措施与设施；应分别限制游人和居民活动，不得安排与其无关的项目与设施，严禁对其不利的活动。在风景游览区内，可以进行适度的资源利用行为，适宜安排各种游览欣赏项目；应分级限制机动交通及旅游设施的配置，并分级限制居民活动进入。在发展控制区内，可以准许原有土地利用方式与形态，可以安排同风景区性质与容量相一致的各项旅游设施及培育基地，可以安排有序的生产、经营管理等设施，应分别控制各项设施的规模与内容。

7.1.2.2　分级保护

在保护培育规划中，分级保护也是常用的规划和管理方法，这是以保护对象的价值和级别特征为主要依据的一种管理措施。在同一级别保护区内，其保护原则和措施应基本一致，便于识别和管理，便于和其他规划分区相衔接。风景名胜区的分级包括：特级保护区、一级保护区、二级保护区、三级保护区。

特级保护区应以自然地形地物为分界线，其外围应有较好的缓冲条件，在区内不得搞任何建筑设施，一级保护区内可以安置必需的步行游赏道路和相关设施，严禁建设与风景无关的设施，不得安排旅宿床位等住宿设施，机动交通工具不得进入此区。二级保护区内可以安排少量旅宿设施，但必须限制与风景游览无关的建设，应限制机动交通工具进入本区。在三级保护区内，应有序控制各项建设与设施，并应与风景环境相协调。

7.1.3　典型风景区风景林培育规划分析

7.1.3.1　千岛湖绿化规划

千岛湖位于浙江省杭州西郊淳安县境内。它是国务院首批公布的 44 处国家级风景区之一，也是目前国内最大的国家级森林公园。它是 1959 年为建造新安江水电站而筑坝蓄水形成的人工湖。因其山青、水秀、洞奇、石怪而被誉为“千岛碧水画中游”。湖区面积 $573km^2$，湖中拥有形态各异的大小岛屿 1 078 座，平均水深 34m，能见度 9 ~ 14m，属国家一级水体，被原新华社社长穆青赞誉为“天下第一秀水”。整个湖区分为东北、东南、西北、西南、中心五大湖区。千岛湖碧波万顷，千岛竞秀，群山叠翠，峡谷幽深，溪涧清秀，洞石奇异，还有种类众多的生物资源，文物古迹和丰富的土特产品，构成了享誉中外的岛湖风景特点。

（1）*存在问题*　景区内因集体林场砍伐森林无度，导致水土流失严重。现有古树名木，保护不力，已建景点及设施很多缺乏规划；现有总体规划缺乏详细规划，可操作性差，实施困难；很多风景点阔叶林正遭受毁灭性的砍伐，很难恢复。

（2）*规划原则*　规划应突出风景林的特色和要求；抚育、改造、更新风景林，创造类型多样、景色丰富，四季有景的植物景观，切忌城市化、公园化的绿化方式；绿化植物以优良的乡土植物为主，依据不同的立地条件，创造地方性的特有景观；在小气候环境特异的地方积极引进和培养新品种，创造新景观，扩大旅游地空领域，丰富风景资源；重视风景区的道路绿化，公路及主要道路两侧要求留有足够的绿化带。

（3）规划目标

近期：基本完成千岛湖风景区内风景林的规划设计，对岛上阔叶林进行抚育，以丰富植物景观，对荒山进行封山育林，增加绿化覆盖率。

中期：调整风景区公益林、风景林规划设计，逐步对特色风景林进行重点建设，中心湖区和东南湖区基本改变面貌；对一级保护区内景区中的集体山林进行改造，建设风景林并初见成效；扩大、深化景区、景点绿化设计，提高景观和环境质量。

远景：绿化规划要求全部实现，植物景观和生态环境真正达到一流水平，并在原有规划和实施基础上调整规划，不断提高风景区绿化水平。

7.1.3.2 庐山风景区绿化抚育规划

庐山风景区位于九江市庐山区境内，距离九江市约40km，因在西周时期，匡俗七兄弟上山结草庐修仙而得名。风景区内风景秀丽，人文遗址非常丰富，作为著名的世界级名山、旅游胜地，庐山屡获殊荣，是世界自然与文化遗产、国家重点风景区、国家4A级旅游景区、中华十大名山之一。

从地形、地貌上看，庐山是一座地垒式断块山，最高峰1 474m，山体面积282km^2，风景区面积302km^2，风景区可分为山上和山下两部分游览区，山上部分就是庐山牯岭景区，山下部分分为庐山山南景区和沙河景区。景区内气候宜人，植被葱茂，形成了瀑泉、山石、植物、地质、建筑等多类景观，共有景区12处、景点37处，各种景物景观370个。

庐山之美，可以用唐代诗人白居易的一言蔽之，即“匡庐奇秀甲天下”。庐山中的石、水、瀑、林，无一不佳，无一不秀，大自然鬼斧神工的魅力在此尽显，山间峰峦叠嶂、云海缭绕、气势雄浑、宏伟壮丽，以仙人洞、九十九盘、三叠泉、白鹿洞、天池、庐山云海等景点景观最为出名。

自从匡俗结庐开始，庐山就与儒、道、佛文化结下了不解之缘，302km^{2}的景区内分布着500多座寺庙、道观，甚至还有西方基督教、天主教的教堂等，自然美景和儒、道、佛文化在这里交相融会、相得益彰，吸引着无数文人墨客来此游历，400多处摩崖题刻、4 000多首诗词都表现出文人们对庐山的情有独钟。庐山还是著名的避暑胜地，这里不仅有多处名人别墅，既有朱德、万里等党和国家的领导人的，也有越南劳动党主胡志明下榻过的别墅，多国风格在此尽相荟萃，为庐山增添了别样魅力。

（1）经营分区　根据风景区保护和区内居民生产、生活实际需要，在全面绿化荒山的基础上，因地制宜地合理划分林业经营区，开发多种经营。全山共分为6个经营区：①庐山山上、各风景点及山麓地区东林寺、康王谷、温泉、秀峰、归宗、观音桥、白鹿洞、海会寺一带，均化为风景林经营区；②威家、高垅和庐山茶场一带，划为东北丘陵经济林经营区；③九星公路以东，划为东部滨湖农田防护林与果木经营区；④九星公路以西，划为彭山丘陵用材林区，发展毛竹及部分薪炭林；⑤莲花洞及莲花乡一带，划为西北部低山风景林和用材林经营区；⑥西部丘陵划为经济林与用材林区，发展油茶、油橄榄、茶叶及部分薪炭林、用材林。

（2）风景林培育　各景区、景点要根据游赏要求，逐步调整林相，分层分片培育常绿与阔叶复层混交林及观赏林木，以改善植物景观。在名胜古迹和建筑附近配置植物，要根据环境条件，进行科学空间配置，做到主题明确、意境深刻，形成人工与自然融合的良好

环境。

（3）园林型风景林建设 各景区、景点和建筑物在规划设计中，必须有园林规划设计内容，全面考虑环境效果，并切实按照经过审批的绿化设计方案实施。

7.1.3.3 武夷山绿化规划

武夷山风景区是1982年国家首批公布的重点风景名胜区之一。位于福建省武夷山市南郊，武夷山脉北段东南麓。武夷山碧水丹山，千姿百态，素有“奇秀甲东南”之称。风景区呈长条形，东西宽约5km，南北长约14km，面积70km^2。

武夷山是由紫色沙砾岩组成的低山丘陵，属丹霞地貌。在漫长的地质年代中，因地壳运动，地貌不断发生变化，构成了秀拔奇伟，独具特色的“三三”“六六”“七十二”“九十九”之胜。三三指的是碧绿清透盘绕山中的九曲溪，六六指的是千姿百态如森林般矗立两岸的三十六峰，还有七十二个洞穴和九十九座山岩。

武夷山是座历史悠久的文化名山。早在新石器时期，古越人就已在此繁衍生息。如今悬崖绝壁上遗留的“架壑船”和“虹桥板”，就是古越人特有的葬俗。西汉时，汉武帝曾遣使者到武夷山用干鱼祭祀武夷君。唐代，唐玄宗大封天下名山大川，武夷山也受到封表，并刻石记载，还明令保护山林，不准砍伐。唐末五代初，杜光庭在《洞天福地记》里，把武夷山列为天下三十六洞天之一，称之为“第十六升真元化洞天”。宋绍圣二年（1095年），皇帝祷雨获应，又封武夷君为显道真人。自秦汉以来，武夷山就成为禅家栖息之地，留下了不少宫观、道院和庵堂故址。武夷山还曾是儒家学者倡道讲学之地。陈朝顾野王首创武夷讲学之风。宋代学者杨时、胡安国和朱熹等都先后在此聚徒讲学。清朝康熙二十六年（1687年），康熙帝御书“学达性天”颂赐宋儒朱熹，匾额悬挂于朱熹亲手创建的武夷精舍。故后人称武夷山为“三朝理学驻足之薮”。至今山间还保存着宋代全国六大名观之一的武夷宫、武夷精舍、遇林亭古窑址、元代皇家御茶园、明末清初农民起义军山寨以及400多处历代名人摩崖石刻等文物古迹，为研究武夷山古代文化提供了珍贵的资料。

武夷山风景区还有双竿竹、方竹、建兰等罕见的竹木、奇异的花卉、稀有的鸟兽和名贵的药材。特别是这里盛产的色艳、香浓、味醇的武夷岩茶，以其“药饮兼具”的功效，名扬四海。

（1）规划原则 绿化规划以维护景区生态平衡，抚育常绿阔叶林为宗旨；结合退茶还林工程的实施，以壳斗科、樟科、山茶科、杜鹃科等为树种，加速景区针叶林改造；车行道两侧以自然式的方式种植风景林带，山前道路种植香樟、黄柏溪北环路种植大竺桂，九曲溪种植栎类，星村西环路种植木荷，往城村道路种植马褂木；步游道两侧以自然式方式，营造丰富多彩的乔、灌、地被相结合的风景林。

（2）重要景点的绿化规划 九曲溪两岸种植乌桕、红枫等秋季观叶树种及各种花灌木，形成风景林带；南源岭、乌龟山、玉华洞、弥陀岩等景点，营造风景林；一线天、九曲溪码头、桃源洞、永乐寺、水帘洞等景点需作种植设计；居民点造林要与景区绿化风格协调，营造庭院式绿地；在溪南景区建立竹类园、山茶、杜鹃、梅花专类园；在九曲溪桥头、玉女峰码头种植攀援植物；在溪南景区乌龟山南侧，建立20hm^{2}的苗圃；对武夷山茶园进行一次普查，以确定在哪些地区退茶还林。武夷山茶园的总规模，近期控制在1 333hm^{2}以内，远期控制在53hm^{2}以内。景区内茶园应选择优良品种，提高单位产量。

7.1.3.4 泰山风景区绿化规划

泰山乃五岳之首，古称岱山，又名岱宗，春秋时期改名泰山。泰山自然景观雄伟绝奇，东望黄海，西襟黄河，前瞻孔孟故里，背依泉城济南，以拔地通天之势雄峙于中国东方，以五岳独尊的盛名称誉古今，可视为中华民族的精神象征，华夏历史文化的缩影。泰山是一座天然的历史，艺术博物馆，仅在泰山中轴线上现存各种石刻1 800余处。泰山岱庙天殿同北京的太和殿和曲阜大成殿，被称为中国三大宫殿。在泰山灵岩寺还有40尊宋代罗汉像，人物造型个性突出，充分显示了中国古代精湛的雕刻技术和艺术表现力。1982年，泰山被国务院列为第一批国家重点风景名胜区；1987年，被联合国教科文组织列为世界遗产，是融自然与文化遗产为一体的世界名山。

泰山的风景名胜以主峰为中心，呈放射形分布，历经几千年的保护与建设，已成为中国山岳风景自然景观与人文景观融为一体的代表。从地形地貌上看，泰山拔起于齐鲁丘陵之上，主峰突兀，山势险峻，峰峦层叠，形成“一览众山小”和“群峰拱岱”的高旷气势。泰山多松柏，更显其庄严、巍峨、葱郁；又多溪泉，故而不乏灵秀与缠绵。缥缈变幻的云雾则使它平添了几分神秘与深奥。它既有秀丽的麓区、静谧的幽区、开阔的旷区，又有虚幻的妙区、深邃的奥区；还有旭日东升、云海玉盘、晚霞夕照、黄河金带等十大自然奇观及石坞松涛、对松绝奇、桃园精舍、灵岩胜景等十大自然景观，宛若一幅天然的山水画卷。在人文景观方面，景点的布局重点从泰城西南祭地的社首山、蒿里山至告天的玉皇顶，形成“地府”“人间”“天堂”三重空间。岱庙是山下泰城中轴线的主体建筑，前连通天街，后接盘道，形成山城一体。由此步步登高，渐入佳境，而由“人间”进入“天庭仙界”。

(1) *存在问题* 风景林比重少且分布范围窄；树种少，多纯林；工程破坏植被现象比较严重；游客封建迷信形成的压石风俗对植被的破坏严重；古树名木的长势日趋衰落。

(2) *规划原则* 以暖温带原有植被分布为基础，调整营林方向，扩大风景林的面积和分布范围，改造全部防护林、用材林为风景林；以松柏常绿树为基调，体现雄伟神圣的泰山风格，衬托“百花烂漫”“云烟缭绕”、“红叶映天”“松柏雪帘”季相景观的背景，渲染神圣肃穆幽静的寺观外围环境气氛；与景区景点的景观气氛相协调，树种的选择和种植位置应体现雄中藏秀、藏奇、藏幽，雄中有旷，使各景区景点各有特色；大面积的山地风景林，登山盘道，寺观外围环境绿化要自然式种植，切忌规整等距离。同时还要满足山岳景区游人视点多变的要求；恢复生态平衡，保护植物资源。对于后石坞、对松山二片原始油松林，要划定保护圈，规定游览线路，控制游人量。

(3) *规划意见* 关于中路绿化：通天街两侧消除绿化障碍。道路两侧绿化，更新长势高大的国槐、银杏，代之以不遮挡视线的灌木和小乔木；岱庙绿化要改造绿篱、雪松、喷泉等西洋式绿化园林小品，恢复以柏树为主的规则式的岱林和东、西、北部的后花园。岱庙至环山路两侧各50m宽的绿带，在靠近中轴线的两侧各20m，成片规整种植常绿树，以便收缩现有过于宽阔的红门路道路空间，遮挡两侧不协调的高、大、洋之建筑。从红门宫至南天门，加强充实松柏常绿树，路边林下点缀以灌丛野花，创造步步登天的意境。岱顶绿地要结合三天胜迹、天宫神府之意境，逐步恢复“万松侍卫”“金茎遥草”“苍苔半蚀摩崖宇”的景象，做到以花灌丛为基调，常绿与灌丛草本形成上、中、下立体层次的生态结构。

对于索道、盘山公路的生石面、碎石坡，要尽快以爬藤植物遮障，西溪公路两侧植以高大乔木，隐障延绵不断与山体不协调的路面。索道上、下站房也要加强垂直绿化，使其与自

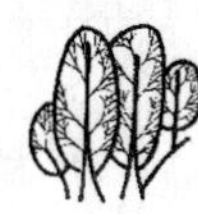

然协调，不与中天门、南天门喧宾夺主。

建立植物园、药用植物基地和花卉盆景园。

7.1.4 我国风景林经营规划的特征和存在的问题

7.1.4.1 特征分析

(1) 通常采用分级、分类的分区方法进行风景林培育规划，这种分区方法在认识上还基本处于物质空间规划阶段；

(2) 由于人力、物力、财力的限制，规划的重点集中在著名旅游景点、重点旅游线路上，风景林的配置通常采用园林式风景林；

(3) 重视索道、公路、宾馆、停车场等工程破坏地段的生态恢复，充分利用风景林的障景功能进行风景不良地段的绿化、美化工作；

(4) 在春夏秋冬特色风景林树种的选择上，挖掘当地乡土树种的作用，在空间配置上开始摈弃西方绿化园林小品的创作手法，注重与景区的性质、风格相协调；

(5) 重视植物专题园、药用植物基地和花卉盆景园及其人工季相风景林的建设，一方面可以提供风景林绿化所需要的苗木，另一方面通过人造植物景观，可以丰富风景区的旅游资源，改变风景区单调的季相特征；

(6) 重视管理手段在风景林规划中的应用，如划定保护圈，规定游览线路，控制游人量。

7.1.4.2 存在的问题

(1) 我国风景区总体规划的重点放在风景游览系统规划、旅游服务设施规划，风景林规划在风景区总体规划中所处的地位较低，仅属于专项规划的一个内容，与风景林发挥的作用不相称。

(2) 在规划方法上，还基本停留于物质空间规划阶段，在形态上缺少清晰的空间描述，在管理政策方面缺少有效的控制对象和控制手段，因此虽然看似分区规划，但实质上，对规划只有指导（引导）意义，不具控制能力，管理上的可操作性不强。

(3) 对于风景区面上的风景林规划，虽然有的景区提出基本原则，如泰山风景区提出以松柏常绿树为基调，体现雄伟神圣浑厚的泰山风格，但如何将现有用材林改造成风景林，缺乏成熟的经营技术体系。

(4) 人多地少是中国的国情，景区内居民的生产、生活活动对风景林的经营状况有着巨大的大影响。风景林规划如何与解决居民社会、经济问题相结合，在很多风景区总体规划中尚处于空白阶段。

7.2 发达国家风景林经营规划实践分析

7.2.1 美国国家公园游憩林经营规划分析

7.2.1.1 美国国家公园管理体系

1916年美国依法在内政部设立国家公园管理局，专门负责全国的国家公园事务。国家公园管理局总部设在华盛顿，为中央管理机构，下设7个地区局，分片管理。各国家公园设有公园管理局，具体负责本公园的管理事务。这样国家公园管理局、地区国家管理局和公园国家管理局三级管理机构实行垂直领导，与公园所在地方政府没有业务关系。国家公园管理局代表国家直接管理全国国家公园的行政、规划建设、业务技术、旅游经营、人事任免等事宜。

7.2.1.2 美国国家公园的规划设计

美国从1918年以来，始终贯彻“按照预想，从保护资源出发，进行规划和设计”的指导思想。规划设计工作完全是垄断的。在国家公园管理局直接领导下，由其下的丹佛规划中心负责，在地区局下设规划设计专业机构，基层国家公园下设规划设计小组。通常一个规划设计，由丹佛中心领导，由地区局规划设计机构具体负责，基层国家公园规划设计人员一起参加工作，另外组织群众讨论，吸收群众意见。公园的单一规划甚至小到一块指示牌也是由丹佛中心负责，这样就保证了总体规划—专项规划—详细规划—单体规划的连续性。规划程序是，先由基层国家公园管理机构提出申请，国家公园管理局同意后，拨款委托专业机构负责编制，编制完成后，报国家公园管理局，最后经过国会讨论通过，充分体现了国家公园规划的严肃性。

7.2.1.3 美国黄石国家公园游憩林经营规划

1872年建立的黄石公园是举世公认的世界上第一个国家公园。它地处“美洲脊梁”的落基山脉，总面积8 987km^2。公园大部分位于怀俄明州西北部，有一部分延伸到蒙大那州和爱达荷州。这是一片广袤而洁净的原始自然区，有着丰沛的降水。在这片平均海拔约2 400m的高原上，泥火山和温泉到处可见，尤其是间歇性喷泉更是众多，它的数量和密度都是世界之冠。公园的中部覆盖着茂密森林、相对平坦的火山高原；无数的湖泊在其间闪烁，它们彼此串联，形成著名的溪流群；溪流或在灼热的熔岩上流淌，或从冰封的山巅飞泻而下，使这里成为美国众多大河的发源地。溪流两岸充满了迷人的魅力，森林和崎岖幽深的大山中有无数神秘的花园，布满奇花异草，各种欢快的动物使大自然洋溢着生机。黄石公园还是一个野生动物的乐园，园内栖息着60种哺乳动物，12种鱼，6种爬行动物，4种两栖动物，以及100多种蝴蝶和300多种鸟。其中属于世界珍稀动物的有：北美野牛、灰狼、棕熊、驼鹿、麋鹿、巨角岩羊、羚羊等。

美国黄石国家公园规划的指导原则是：①切实保护好国家公园的自然景观资源和人文景观资源；②向国民提供宣传、讲解、培训、科普知识等方面的服务，把国家公园当作一个大自然博物馆。

黄石公园游憩林的主要有3个作用：为野生动物提供栖息地；为溪流和温泉提供水源涵养；森林、奇花、异草本身构成一种植物景观。体现在游憩林的规划方面，就是贯彻“不要规划自然”的仿自然经营指导思想。黄石公园管理者认为，各种自然现象都是自然规律的客观反映，都有其存在的客观必然性。因此，对发生在国家公园内的一切自然现象都要顺其自然，任其自然产生，也任其自然消亡，除非大火直接威胁到人的生命或是威胁到文化遗迹和建筑设施时。

黄石公园的游憩林经营规划主要体现在以下方面：

（1）卫生伐　美国游憩林中的卫生择伐的对象主要是枯立木、病虫孳生的濒死木、风折木、倒木。目的是改善林地卫生状况和提高森林景观美景度，减少病虫孳生蔓延。

（2）疏伐　美国游憩林疏伐的主要目的有两个，一个目的是增加透视度，创造观察森林深处或眺望远景的条件，为游客驾车观光提供便利条件，另一个目的是通过疏伐降低林分密度，创造林窗或灌木林等小生境，为林下野生动物提供栖息条件。

（3）*计划用火*　在许多类型的森林中，长期以来由闪电引起的地表火降低了森林的可燃物含量，因而减少了灾难性林冠火发生的可能性。计划用火，即是通过人为模拟这种自然火灾格局的方式烧除游憩林可燃物来减少火灾的威胁。通过周期性的计划用火，还可以为林下种籽发芽和小树成长提供最适宜的契机，从而增加生物多样性。

（4）*游憩林更新*　游憩林更新通常作为生态恢复的一个措施，发生在采伐迹地、废弃的道路、矿山、居民点等建筑用地上。迫于民间环保组织的压力，在美国黄石国家公园，现在也正在大规模拆除公路、建筑，把土地让给植树造林。在造林树种的选择上，为防止日益严重外来生物入侵，美国国家公园通常选择本地乡土树种。

（5）*本地植物保护*　目前在黄石公园内已经发现了 170 多种外来植物物种，其中大部分是有毒的。为使当地乡土物种不受到破坏，黄石杂草协调委员会和植物学家帮助找出有危害性的外来物种，野外工作人员则通过仔细观察来识别外来物种。在此基础上，通过刈割、拔除、火烧的方式加以清除。

（6）*结合旅游管理措施的游憩林经营*　在黄石国家公园，游憩林的经营与公园的管理措施紧密地结合在一起。在野营地、道路等一些开发过的地区，存在着树木倒地伤人的可能，为此资源运营员就会设法识别那些树木，将其移走，并在原地栽种新树苗。

7.2.2　日本国家公园风景林经营规划

7.2.2.1　日本国家公园制度概述

日本的国家公园是指那些全国范围内规模最大并且自然风光秀丽、生态系统完整、有命名价值的国家风景区及著名的生态系统。国家公园原则上应有超过 $20km^2$ 的核心景区，核心景区保持着原始景观；除此之外，还需要有若干生态系统未因人类开发和占有而发生显著变化、动植物种类及地质地形地貌具有特殊科学教育娱乐等功能的区域。日本的国家公园由国家环境厅厅长主管，自然保护委员会协管。截至 1995 年，日本拥有国家公园 28 个，总面积 2.05 万 km^2，占全国面积的 5.4%。日本国家公园的保护和利用法规由国家环境厅制定，每 5 年修订 1 次。

7.2.2.2　保护性政策

日本所有的国家公园都依照《自然公园法》进行规划管理，由于目前日本的国家公园内的土地存在着多种所有制——国家所有、地方政府所有、私人所有和多种经济活动——农业、林业、旅游业及娱乐产业，因而，日本有针对性地按照生态系统完整和风光秀丽等级、人类对自然环境的影响程度、旅游游客使用的重要性等指标将所有国家公园的土地划分为几种类型区域，即：特别区、海洋公园区和普通区。特别区又分为，特殊保护区、I 级特别区、II 级特别区、III 级特别区。

在为游客服务方面，日本政府规定，国家要为游客进入国家公园以及在国家公园内旅游提供便利的交通和食宿条件。为了在有限的区域内集中公园的食宿设施，国家公园的规划包括对专营的“食宿点”的安排，还包括交通系统、小旅馆、露营、观景点和其他种种户外活动的设施安排。

具体地，在国家公园和自然公园系统的自然保护方面，主要采取以下一些措施：

(1) 园内限制人类活动对风景林的干扰　为了保持日本国家公园著名的生态系统和秀丽的风光，在国家公园内控制各类人类活动。除非得到国家环境厅厅长的批准并领取了执照，采伐、开矿、狩猎等许多对自然环境有影响的人类活动都禁止在国家公园内进行。1974年日本国家环境厅自然保护局对在国家公园的4种区域内从事开发活动课以罚款给出了详细规定。

(2) 绿化、美化园内环境　为了促进和鼓励在国家公园游客集中的区域的进行美化和清洁工作，日本国家公园管理部门组织起由地方政府、特许承租人、科学家、当地群众等组成的志愿队伍，从事国家公园造林绿化项目活动。日本国内这类志愿队伍约有40支，其所需经费的1/4由国家环境厅资助，1/4来源于地方县政府，1/4来源于上一级市政府，1/4来源于地方企业。

(3) 收购园内的私人土地　日本的国家公园严格控制对环境或资源产生有害影响的人类活动。为此，那些不需经国家环境厅特别批准的土地所有者在法律的框架内开展生产经营活动，由于环境资源保护遭受的经济损失，可以得到政府的补偿，以保证其遵守控制约定。政府经济补偿并且强化管理著名的生态系统的方式之一，便是收购国家公园内的私人所有土地。收购政策始于1972年，收购的对象集中于那些重点保护区域，比如：特殊保护区、Ⅰ级特别区。1991年以后，政府收购扩展到Ⅱ级和Ⅲ级特别区。收购是通过地方政府发行公共债券来实现的，债券的偿还由中央政府承担。截至1995年3月，发行此类债券共计123.4亿日元，收购国家公园内土地6 507hm^2。

7.2.3　德国国家公园风景林经营规划

德国1970年建立了其第一个国家公园——巴伐利亚森林国家公园。在随后颁布的巴伐利亚州自然保护法中规定了建立国家公园的目的：第一，保护整个地区的生态环境；第二，保护处于自然状态和接近自然状态的生物；第三，在不影响环保目的的前提下，对当地居民进行宣传教育，开发旅游和疗养业；第四，国家公园不以盈利为目的。德国国家公园的规划和管理机构是政府机构，称为国家公园管理处，隶属于所在地的县议会。国家公园必要的管理经费由州政府根据规定下拨到县。国家公园管理处的职责有：第一，提出并制定国家公园的规划和年度计划；第二，经营并管理国家公园及其设施；第三，保护、养护国家公园内的动植物，执行推广保护措施；第四，鼓励并参与有关科学考察和科学研究；第五，对公众进行宣传教育；第六，管理旅游和疗养业。

7.2.3.1　风景林的地位和作用

德国在法律上规定了林业要为整个国民经济和社会福利服务的原则。在1975年颁布的《保持森林和发展林业法》中，规定木材生产服从于防护功能和游乐功能的发挥。在西方国家，私人领地是神圣不可侵犯，但德国的法律规定，一切森林包括国有林、集体林、私有林都要向旅游者开放。有的州规定距离居民区步行0.5h路程内的森林都是风景林；人口5万以上城市周围10km以内的森林和人口5 000~5万的城镇周围3km以内的森林均区划为风景林。德国有90多个自然公园，14个生物圈保留地和13个国家公园。

7.2.3.2　风景林规划的指导思想

作为森林美学理论的发源地，德国国家公园风景林的森林美学价值与经济目的达到了完美的统一，形成了独具特色的德国艺术型林业。在经营指导思想上，德国风景林以近自然经

营为主，但并不排斥正常的森林经营活动。除了教学科研意义上的绝对保护区外，其他地段仍然进行正常的森林经营活动，该间伐的间伐，该更新的也实行间伐或择伐。

7.2.3.3　德国密里茨国家公园风景林经营规划

在数千万年前的冰川时期，德国东北部形成了一种景观，它使这片地区成了世界上最美的地区之一。大片草地和森林之间，镶嵌着一千多个粼粼生辉、清澈见底的蓝色湖泊。密里茨湖是其中最大的湖泊之一，这个名称来自斯拉夫语，是小海洋的意思。密里茨国家公园（Mritz National Park）位于汉堡至柏林的中间，占地面积322km^2，其中森林和水面占了大部分。

（1）*通过设定发展区保护森林*　所谓的发展区占了公园的大部分，这里的发展指的是尽可能少地破坏大自然的原貌，使其在一段时间内成为一个完全没有人工雕琢的重要核心地区。至于这里的旅游事业，重点则放在亲近自然上，使更多的人能接近这样宝贵的自然遗产。

（2）*在发展区外通过疏伐、卫生伐提高风景林的美景度*　卫生择伐的对象主要是枯立木、病虫孳生的濒死木、风折木、倒木。游憩林疏伐的主要目的有两个，一个是目的是增加透视度，为游客驾车观光提供便利条件，另一个目的是通过疏伐降低林分密度，创造林窗或灌木林等小生境，为林下野生动物提供栖息条件。

（3）*通过管理措施降低游客对风景林的干扰*　为了保护密里茨国家公园的自然本色，公园管理处针对游客日益增多的局面，建立了一套游客疏导体系。在公园入口处，管理人员向游客提供多种游览路线。另外，公园提供一种可以乘坐汽车、船和橡皮筏的交通票，这样游客可以随意游览，另外游客也可以免费携带自行车乘坐公共交通。

（4）*风景林的经营与旅游服务设施建设紧密结合*　在密里茨国家公园里，指示路标、木椅、木桌、风雨亭、游览小道、停车站、野营与野炊场地、旅馆与小卖店等各种服务设施齐全，一方面方便了游客，一方面降低了对森林的干扰和破坏。

7.3　发展中国家风景林经营规划

7.3.1　肯尼亚国家公园风景林经营规划

7.3.1.1　肯尼亚国家公园概况

地处东非高原的肯尼亚以其优美的自然风光和种类繁多的野生动植物闻名于世，每年吸引外国游客100多万人次。肯尼亚气候宜人，环境优美，旅游资源极其丰富。这里有数量众多的珍禽异兽，多姿多彩的赤道景观，淳朴敦厚的非洲风土人情。在拥有“花之都”美称的首都内罗毕，奇花异草，千姿百态；西南部的维多利亚湖，湖光岛影，河马鳄鱼，嬉戏水间；北部的大裂谷地带，有“鳄鱼的极乐世界”图尔卡纳湖和世界著名的古人类遗址；东部是非洲第二高峰肯尼亚山和阿伯德尔国家动物园，“树顶旅馆”便在此地。肯尼亚旅游资源如此得天独厚，使旅游业成为肯尼亚仅次于农业的第二产业。

旅游业是肯尼亚的支柱产业和主要创汇来源，近年收入均在3亿美元左右，旅游业职工占全国职工总数的9.1%，主要旅游点有内罗毕、察沃、安博塞利、纳库鲁、马赛马拉等地的国家公园、湖泊风景区及东非大裂谷、肯尼亚山和蒙巴萨海滨等。肯尼亚现有59个国家公园，国家公园和野生动物保护区的面积占其国土面积的8%。肯尼亚的国家公园各具特色，每个都会有足够空间满足游客对自然的探索之心。在辽阔的肯尼亚国家公园，游客可以坐着吉普车轧着晚霞，观赏大象和猎豹到河边饮水，眺望太阳的余晖把草地涂抹成一片金色，一点一滴倾听非洲草原的日月更替和草长莺飞。

7.3.1.2 肯尼亚国家公园面临的问题

（1）*政局不稳定影响国家公园发展*　由于2007年12月肯尼亚换届选举引发的动乱，导致外国游客数量和旅游收入大幅减少，经济损失惨重，严重影响了肯尼亚的国家公园旅游业，旅游收入大约下降了80%。由于大选骚乱的影响，肯尼亚野生动物服务机构订购的超过200辆反盗猎巡逻车和其他自然保护基础设施的行动被迫暂停实施，进而影响肯尼亚国家公园经营管理水平的提高。

（2）*人和动物冲突严重，导致森林被毁，野生动物的栖息地破坏*　肯尼亚国家公园是大象、犀牛、非洲狮等大型野生动物的栖息地，这些大型动物需要大面积区域生活和活动，但随着国家公园人口的增长，作为野生动物栖息地的森林和大草原被人类开发，用来种植农作物和搭建居民住宅，直接导致人和动物冲突。由于当地人口迅速增长导致动物的栖息地受到破坏，东非历史最悠久的国家公园——肯尼亚内罗毕国家公园内的斑马数量已明显减少，角马几乎已难觅踪迹，其他生存受到威胁的动物还包括汤姆森瞪羚、格兰特瞪羚、黑斑羚、非洲大羚羊和鸵鸟等。

（3）*偷猎、盗猎现象不断*　由于经济贫穷落后，依靠偷猎、盗猎野生动物成为当地居民摆脱贫困的捷径。以肯尼亚最大的国家公园——查沃国家公园为例，该公园占地2.1万km^2。这里是32种大型哺乳动物（其中有几种属于濒危物种）和324种鸟类的家园。幅员辽阔给这里既带来优势也带来问题：优势是查沃适合一些物种如大象、长颈鹿、狮子和犀牛的栖息地需要，问题则是辽阔地域也为盗猎的发生提供了便利条件。盗猎问题一直是查沃国家公园多年来面临的问题。查沃在1970年代曾有大象3.6万只，而到1989年数量降到4 300只。

（4）*火灾影响森林旅游业的发展*　由于国家公园内的人口急剧增加，生产、生活用火引起的火灾对国家公园的发展构成了严重的威胁。纳库鲁湖国家公园是肯尼亚最著名的旅游胜地之一，尤以数量惊人的火烈鸟闻名于世。2007年纳库鲁湖国家公园发生的山火，使该地区野生动植物特别是火烈鸟面临威胁。

7.3.1.3 采取的风景林经营规划措施

（1）*缩小国家公园的面积，减小人和动物冲突*　为了缓和人和动物的尖锐冲突，2008年，肯尼亚修宪会议的代表通过了缩小部分肯尼亚国家公园面积的决议，希望以此让出更多的土地来供国家公园附近的贫困社区居民使用。即将被缩小面积的国家公园和野生动物保护区包括：察沃国家公园，纳库鲁湖国家公园，阿伯德尔山国家公园和狮子山国家保护区。

（2）*制定管理措施，保护森林和野生动植物资源*　这些措施包括两大类，一类是包括严厉打击偷猎、盗猎野生动物、毁林开荒，保护野生动物的生存环境，另一类是减缓野生动物对当地居民的破坏活动，如使用辣椒、烟草制成的绳索以阻止大象破坏农田，进行简单而巧妙的报警，在农场中使用自行车铃声和烟花爆竹吓走闯入的野生动物等。

（3）*制定动物迁移计划*　针对偷猎行为严重的国家公园，肯尼亚野生动物保护局制定动物迁移计划。梅鲁国家公园在很长一段时间里是那些寻求完美荒野的旅行者的首选。但在

20世纪70年代和80年代初，由于盗贼猖獗和偷猎者不断，梅鲁国家公园经历了一个比较长的低迷时期，并失去了原有的地位。肯尼亚开始迁移约2 000只野生动物到一个曾被偷猎者破坏的著名储备禁猎区。被迁移的动物中包括濒临灭绝的格雷维斑马和产于非洲中南部的黑斑羚。这项为期一个月的行动是重建梅鲁国家公园计划的一部分。

（4）通过社区项目，提高当地居民的生活水平　在莱基皮亚建设的佩亚塔保护计划，试图将野生动物保护工作与当地居民的社区经济振兴计划结合在一起。该机构成立于2004年，是世界上最大的由私人开办的野生动物保护机构，其中保护包括黑犀牛在内的非洲77种动物。该机构的负责人理查德·维格说，这个机构聘请了600多名雇员，其中大部分来自于当地的社区。佩亚塔保护计划，在过去的3年里，已经筹集了超过100万美元的资金作为当地的社区经济发展的启动基金。

7.3.2　越南国家公园的风景林经营规划

7.3.2.1　越南国家公园概况

越南地处东南亚半岛东部，三面环海，地形千姿百态，江河湖海纵横交错，海岸线长达3 200km。全国气候宜人，旅游资源相当丰富，拥有许多风光秀丽的海滨度假区和避暑胜地以及悠久的名胜古迹和历史遗址。美国人在越南留下的弹坑遗址和抗美救国战争期间被西方人视为神话的胡志明小道和神奇的地道系统，现已对外开放，这对于西方游客，尤其是美国游客颇具吸引力。

越南的保护区又称为特用林地，根据越南林业部1986年12月20日颁布的第1171/QD号决定，保护区被分为三类：国家公园、自然保护区和历史文化名胜。最早的保护区是成立于1962年的菊芳国家公园（Cuc Phuong national park）。目前越南共有10座国家公园，53个自然保护区，27座历史文化名胜。

近年来，越南已成为欧美日等西方游客的首选目的地之一。2002年，越南共接待外国旅客达262.82万人次，增长12.8%，旅游总收入为15.26亿美元。前来越南的外国旅客中，以旅游为目的的人数为146.2万人次，增长19.6%。

7.3.2.2　越南国家公园面临的问题

目前越南旅游业中还存在不少问题，如基础设施相对落后，管理体制还不够完善，旅游资源开发不规范等。特别是前几年，因政府还未形成一个完整的规划模型，对旅游各个行业和部门缺少引导和职能管理，导致旅游业整体发展不平衡，旅游资源遭受重大的损坏，旅游业发展缓慢。加上在旅游人才方面，无论是人数方面还是质量方面都不能满足需要，其中旅游管理人才，尤其是高级人才奇缺，致使旅游质量还未达到国际标准水平。另外，国外人士对越南政治、文化和旅游环境的了解还不够深入，仍有不少人认为越南的政治环境不够开放、经济还很落后、社会治安不稳定、旅游环境条件较差等。

7.3.2.3　采取的风景林规划措施

越南的国家公园执行的是综合管理制，由国家农业和农村发展部直接领导，具体工作由各公园管理理事会负责，各省人民委员会在政策和方针上给予指导，协助理事会做好保护和发展工作。下面以Bach Ma国家公园为例，介绍越南国家公园风景林经营规划重点。Bach Ma国家公园成立于1986年，面积40 000hm^2，海拔1 000～1 448m，年降水量7 977mm，公园内森林破坏严重，植被以灌木和草地为主，拥有48种哺乳动物，249种鸟类，缓冲区居民61 387人，建有2家宾馆，130座别墅，一个游泳池和一个网球场，执行9项科研项目。

在国家公园管理机构设置上，该公园与风景林经营有关的主要有3个机构：科研处、森林保护处、社区发展中心。风景林规划的重点主要集中在3个方面：

①**造林和生态恢复**：鉴于公园内森林破坏严重，规划的重点是通过科学研究，进行造林和生态恢复；

②**森林保护工作**：执行国家的相关法律制度，保护公园内的森林资源，抓获处罚犯罪分子；

③**社区林业**：针对公园缓冲区居民人口众多，经济发展落后的现状，开展社区研究、社区合作项目。

7.3.3 印度国家公园的风景林规划

7.3.3.1 印度国家公园概况

印度地处南亚次大陆印度半岛，北与喜马拉雅山交界，南接印度洋，西临阿拉伯海，东临孟加拉湾。陆地总面积328 7782km^2，2007年人口调查全国人口11.36亿。由于幅员辽阔、气候温暖湿润，地形变化多样，印度是一个生物种类繁多的国家，占世界生物多样性地区总面积的8%，成为孟加拉虎、独角犀牛、亚洲象、印度野牛等许多濒危野生动植物的避难所和许多候鸟迁徙的理想迁移通道。印度的第一个国家公园——Corbett National Park建于1935年，该公园地处印度喜马拉雅山麓的Uttaranchal邦，总经营面积1 318km^2，其中核心区面积520km^2，缓冲区面积798km^2，主要保护对象为孟加拉虎、豹子、大象、熊、野猪等野生动物。2003年调查表明，该国家公园孟加拉虎的种群数量为143。目前，印度建有80多个国家公园、441个野生动物避难所、23个孟加拉虎自然保护区。

7.3.3.2 印度国家公园面临的问题

（1）*人口众多，导致森林被毁，人和动物冲突严重*　由于人口众多，经济贫困，伐木、采集森林果实，是国家公园内及其附近居民的主要收入来源。孙德尔本斯国家公园位于恒河三角洲，占据10 000km^{2}的陆地与沼泽（一半以上地区在印度，其余部分在孟加拉国）。这里有世界上最大的红树林地区，一些稀有或濒危动物生活在这里，包括孟加拉虎、水生哺乳动物、鸟类和爬行动物。

林业是当地的主要产业，人们为所需之木材、纸浆和燃料，都来采伐树木。由于当地人开发自然资源，红树林正处于不断威胁之中。由于三角洲的水域受红树林隐蔽和受保护，捕鱼业也极为重要，每年出产149 000t水产品。这些水域不仅是许多不同鱼种的丰富的饲料基地，也是虾的主要繁殖场所。森林还为当地人提供大量的蜂蜜和蜂蜡。

由于对林地进行大规模的耕地改造，以及由于在恒河上游开展大规模的引水灌溉工程而引发的土壤盐碱化，使得许多珍稀动物濒于灭绝。如爪哇犀牛、沼泽鹿和亚洲水牛等本地品种的灭绝。大型的印度犀牛现已被列入濒危动物的名单上，1 700种残存动物已后撤到印度东北部的布拉马普特拉河泛滥平原以及尼泊尔中部的沼泽地带。

（2）*经济贫困，偷猎、盗猎现象严重*　在印度11亿人口当中，贫困人口高达7亿。在很多地方，野生动物制品的非法贸易成为当地居民摆脱贫困的唯一途径。一张孟加拉虎皮的价格最高可以卖到1.2万$，每只虎皮的收益比一位农民种植半年芝麻的收入还要多。在印度北方的拉塔穆赫尔国家公园，数百年来，当地部落一直保持着捕杀老虎的习惯。尽管偷猎

者往往会被关进监狱，但每次从监狱出来后，这些人又会因生活所迫而重操旧业。全球至少一半的老虎曾经栖息在印度，但如今估计仅存 1 500 只，比 2001 年时的数量减少了超过 50%。老虎是印度的民族象征之一，过去 6 年里，在印度境内，几乎每天都会有一只老虎被捕杀。

（3）与风景林有关的规划对策对策

①制定严格的法律，严厉打击偷猎和非法交易：早在 1973 年，印度政府就启动了一个“老虎计划”，其目的是阻止由于偷猎和非法交易印度虎（也叫孟加拉虎）导致的老虎数量的下降。这项全国性的保护工作最大限度地限制了人类对老虎栖息地的入侵，以保护印度虎的野生环境。目前，印度全国共有 27 个老虎保护区，遍布全国 17 个邦，占地总面积超过 37 761km^2。

②考虑人的需要，制定缓解人和动物冲突的政策和法规：在印度这个拥有 11 亿人口的国家，土地越来越拥挤。在过去的 20 年当中，为了保护国家公园的野生动物，印度林业部们通过建造带刺的隔离墙、强制迁移的方法试图减少当地居民对国家公园的干扰。这些措施虽然短时期内收到立竿见影的效果，但从长远的观点，却导致人和动物的冲突越演越烈。印度议会通过法案，允许部落居民在野生动物保护区内建筑房屋、平整土地。有限度地允许当地居民在公园放牧，以减少当地居民因作为燃料的牲畜粪便缺少转而采集森林植被现象的发生，从而避免森林遭到破坏。

③开展社区林业计划，提高当地居民的经济水平：Keoladeo 国家公园的林业工作者发现，放牧的印度水牛有助于减少四倍体双穗雀稗的无限制生长，当地居民数百年形成的森林薪材采集活动有助于减少有毒有害杂草香根草和羽穗草的定居。因此，在这些公园，当地居民在公园管理部门的监督下，被允许到林区放牧和采集薪材。一些具有悠久猎捕野生动物传统的社区居民开始接受手工艺品制作培训，学习制作绘有老虎等各种野生动物图案的服装和印有野生动物足迹的肥皂盒，这些手工艺品深受游客欢迎，在丰富旅游市场的同时提高了当地居民的收入水平。

7.4　我国风景林经营规划之路

7.4.1　发达国家风景林经营规划的经验和教训

7.4.1.1　风景林经营规划的经验

由于具有明确的国家公园使命、完备的法规和必要的财政资金保障，国家公园的土地权属明确，加之良好的公众参与和公众决策机制，发达国家的风景林经营规划具有以下特点：

（1）森林资源和野生动物保护工作较好，乱砍滥伐、乱捕滥猎现象基本消失；

（2）风景林经营通常采用近自然的生态系统经营方式，强调规划不改变自然，除极少数的卫生伐、疏伐、透视伐以外，很少采取人工经营措施；

（3）在规划过程中注意吸取公众参与，在决策过程中注意吸收空间信息技术的最新成果，进行多方案比较，规划的科学性较高；

（4）森林经营活动与森林旅游活动紧密地结合在一起，在如在森林中建设木屋、木椅、木桌，针对野营地、道路等一些开发过的地区，移走可能伤人的倒木；

（5）森林经营活动与管理措施措施有机地结合，如在节假日和旅游热点地区设置最大游客容量，在公园入口处，管理人员向游客提供多种游览路线，设置障碍物阻止野生动物进入特定地区以保护幼龄林。

7.4.1.2 风景林经营规划教训

在西方发达国家，国家公园自然资源具有2个最高规划目标："为今后所增加的数以百万计的游客提供对国家公园系统的最高质量的使用和观赏"，同时又要"为了实现其最高目标而保存国家公园的自然、历史和娱乐资源"。这些资源的"最高目标"也就必然被界定为能够服务于"使用和观赏"。在森林旅游业发展过程中，这两个目标的冲突也日趋严重。随着自然区域面积的缩小，公众开始把国家公园视为其荒野体验的主要提供者。可是，随着公园游人数目日渐增多，公园离可以被称为"蛮荒"的状态越来越远。这些教训集中体现在：

（1）*与人争地现象凸现* 在发达国家，与人争地的现象时有发生，特别是在国家公园建立的初期。以美国为例，伴随着第一个国家公园的建立，公园与人争地的冲突也拉开了序幕。在黄石公园建园5年后，公园的卫兵与居住在当地的印第安人部落——肖松尼族人发生了激烈冲突，300人在冲突中丧生。此后，为平息冲突，美国甚至动用了军队将当地的肖松尼族人全部杀害。

（2）*与旅游有关的森林环境问题日益突出* 以美国为例，每年有300多万人涌向约瑟米蒂国家公园。从大雾山国家公园到大峡谷国家公园，交通拥堵成了国家公园的通病。交通拥挤引发了森林空气污染，密集的国家公园车行道、步行道造成森林景观破碎化、林地土壤被压实。一座高耸入云的发电厂，破坏了亚利桑那州格伦峡谷国家游憩区内原始的砂岩与天空的天际线。在比斯坎国家公园的边缘，蔓延的迈阿密城区吞噬着绿地。

（3）*外来物种入侵严重* 在西方发达国家，随着旅游业的发展，国家公园内部及其周边地区人流、物流的急剧增加，外来入侵物种随着旅客和交通工具被引入的概率大大增加，生物入侵构成了影响国家公园风景林健康生长的严重威胁。在美国亚利桑那州的德谢伊峡谷国家纪念地，从欧洲引进的沙枣树和柽柳破坏了当地的土壤，扰乱了野生动物栖息地。在美国黄石公园内已经发现了170多种外来植物物种，其中大部分是有毒物种。

7.4.2 发展中国家风景林经营规划的经验教训

7.4.2.1 风景林经营规划教训

由于人口众多，经济发展落后、贫困人口比重大，加之相关科研水平低、森林资源与野生动物保护法规不完善，发展中国家风景区、国家公园虽然在理论上提出"第一个是保存完好的自然、文化遗产；第二是让广大人民能够且愉快地理解和享受它们"的双重目标，然而在生产和经营实践中，风景区、国家公园的管理者都把工作重点放在旅游经济开发上，从而导致了风景林资源的不当开发。这些教训集中体现在：

（1）*与人争地现象严重，森林和野生动物资源破坏严重* 在发展中国家风景区、国家公园里，存在着大量贫困人口，采集林木和林下植物、放牧、偷猎盗猎野生动物是当地居民的主要收入来源，森林保护成为发展中国家风景林经营规划面临的首要问题。

（2）*旅游资源过度开发，破坏性建设时有发生* 由于经济贫困，国家公园所在地区政府往往把发展森林旅游业当成振兴当地经济的支柱。伴随着各种旅游服务设施的建设，各种宾馆、别墅、度假村、网球场、索道、盘山公路造成大面积森林被采伐，水土流失严重，森林景观破碎化，野生动动植物资源减少。

(3) *在旅游热点地区环境污染严重，影响生态旅游的稳定发展*　在发展中国家的许多国家公园的热点地区，由于游客过多或集中到某个旅游景点，超出了合理的环境容量，使自然环境还未来得及恢复就又迎来新一轮的游客干扰，生态环境遭到严重破坏。同时，由于过多游客集中在部分国家公园和自然保护区，严重干扰了部分野生动物的日常生活，迫使它们不得不离开原来安稳的家园寻找新的栖息地。

(4) *旅游大环境不佳，旅游基础设落后，造成了对风景林资源的破坏*　在许多发展中国家，用来发展森林旅游的风景林大多地处山区及边远地区，道路、通信、宾馆等旅游基础设施的落后，影响到了风景林资源开发和服务旅客的效果。加之政治环境不够开放、经济还很落后、社会治安不稳定、旅游环境条件较差等因素，影响了生态旅游稳定发展。

7.4.2.2　风景林经营规划的经验

贫困人口比重大，森林及野生动物资源破坏严重，风景林经营水平低，法制不完善是发展中国家在发展森林旅游业时面临的共同问题。在风景林经营规划过程中，发展中国家注意与本国的社会经济条件相结合，取得一些值得我国林业工作者借鉴的经验，主要体现在：

(1) *采取分区经营方式，突出重点*　由于发展中国经济落后，森林经营水平较为低下，受制于人力、物力、财力的限制，发展中国家风景林往往采取分级、分类的经营方式，规划的重点集中在著名旅游景点、重点旅游线路上。

(2) *强调人工经营措施对风景林的改造作用*　不同于发达国家，发展中国家的原始森林大多遭到严重破坏，用于发展森林旅游业的风景林大多起源于用材林，美景度较低。发展中国家在风景林规划过程中，开始应用森林美学原理，通过混交、补植、疏伐、整形伐等经营措施，有意识地将用材林引导向风景林。

(3) *重视社区经济发展问题*　人多地少、经济落后是发展中国家的国情，景区内居民的生产、生活活动对风景林的经营状况有着巨大的大影响。发展中国家的风景林规划比较注意与解决居民社会问题相结合，主要的对策包括：返还部分旅游收入用于改造当地社区落后的基础设施；在当地居民迁移过程中注意经济、社会政策的配套，以减少外迁居民的后顾之忧；规划过程中注意吸收当地居民参与生产经营活动，以提高当地居民的收入。

(4) *注重人工风景林的营造*　由于原始森林破坏殆尽，现存的用材林美学观赏价值较低，发展中国家比较注重人工风景林的营建。通过营造梅花、杜鹃、竹园等专题园和具有地方特色的春、夏、秋、冬季相风景林，在丰富旅游资源的同时，改变了景区单调的季相特征。

7.4.3　中国风景林经营规划之路

人口众多、经济文化相对落后、相关法规不完善、森林经营水平低下是中国国情，因此，中国的风景林经营规划，不能照搬西方发达国家垂直领导、政府全额资助的成功经验，在总结发展中国家经验教训，吸收发达国家国家公园管理理念的基础上，探索具有中国特色的风景林经营规划之路。

7.4.3.1　完善相关法律，强化森林资源保护，注意野生动物资源的培育

由于我国风景林大多地处经济落后地区，采集林木和林下产品成为当地居民的主要收入来源。长期的人类干扰，使得在我国风景区、森林公园内，东北虎、华南虎、金丝猴、梅花

鹿等大型野生动物均处于濒危或灭绝状态。与其他发展中国家相比，大型野生动物资源稀缺，是我国森林旅游资源的一大缺憾。因此，完善相关法律，严惩乱砍滥伐森林现象，划定自然保护小区，恢复或引进野生动物资源，是未来风景林经营规划的一项主要内容。

7.4.3.2 突出重点，在点、线绿化的基础上，注重面上的风景林建设

由于人力、财力的限制，我国风景区、森林公园风景林的经营重点，往往放在重要景点、旅游线路两侧的绿化、美化上。对于面上的风景林经营，虽然在规划中提出总的经营原则，在经营实践中尚缺乏具体、可操作的经营措施。另外，面上的风景林经营如何与风景区、森林公园的性质、特征相协调，则缺乏详细的研究。

7.4.3.3 风景林经营措施与森林旅游活动相结合，是今后规划的一个方向

不同的森林旅游活动，对风景林的要求截然不同，观光型、疗养度假型游憩活动需要具有一定开敞程度的风景林，林分平均直径、平均树高、单位蓄积量、林分年龄越大，观光型与疗养度假型游憩活动的适宜度越高。运动型游憩活动（徒步旅行、划船 、游泳 、高尔夫球、羽毛球)、休闲娱乐型游憩活动（散步、林中小憩 、品茶 、对弈、垂钓 、野炊）均需要地势比较平坦的林分开敞空间、大面积的水面、草坪。风景林经营规划如何与旅游活动规划相结合，是今后风景林经营规划的一个研究内容。

7.4.3.4 通过森林公园管理措施，来降低森林旅游活动对风景林影响

在旅游旺季，通过限定每日游客最大数量，来降低游客对森林环境的影响。通过制定、实施具体的经济惩罚制度，来减少游人乱采森林花果行为的发生；通过合理的交通引导，来降低游人对林地土壤的踏实；通过体验式教育，提高游客保护森林、爱护野生动物的公德意识。

7.4.3.5 风景林规划与解决居民社会问题相结合，提高规划的可执行性

由于世代生活在风景区、森林公园，当地居民积累了丰富的森林生态系统管理、野生动植物保护经验。在制定风景林经营规划时，注意听取当地居民的意见，考虑当地居民的生产生活需求，林业经营活动注意吸收当地居民参与，以提高居民的经济收入。在推行风景区、森林公园居民迁移计划时，注意必要的经济补偿和住房、就业、养老等社会、经济配套政策的制定，解决外迁移民的后顾之忧，降低回迁率。

7.4.3.6 采取多情境规划方法进行多方案选优，提高规划方案的科学性

在景观层次的大尺度上进行风景林规划，由于规划范围空间幅度大且变化缓慢、复杂的空间异质性、缺乏重复性和参照系统、研究资金短缺和取样技术方面的问题，加之繁琐的计算、汇总和制图工作，在这种情况下很难进行多方案的比较和选优。建立在以 3S 为核心的 Geomatics 技术之上的多情境规划途径，可以在计算机上进行模拟规划，还可以对各种规划方案进行比较，大大降低了规划多方案选优、汇总和制图的工作量，从而将规划由传统的“野外”搬进了实验室，并将规划变成可测试和可验证的过程，为风景林规划这种复杂多因素交互作用控制下的不确定问题决策提供了新型问题识别和辅助决策方法。

参考文献

[1] 陈红兵，亦辛 . 2006. 试论古代文化、现代文化与生态文化世界观和文化价值取向［J］. 东岳论丛，27（2）：175－178.

[2] 陈应发 . 1994. 美国的森林游憩［J］. 山东林业科技，（1）：41－45.

[3] 陈鑫峰 . 2000. 北京西山区森林景观评价和风景游憩林营建研究——兼论太行山区的森林游憩业建设［D］. 北京：北京林业大学 .

[4] 陈鑫峰，沈国舫 . 2000. 森林游憩的几个重要概念辨析［J］. 世界林业研究，13（2）：69－73.

[5] 但新球著 . 2005. 森林文化与森林景观审美［M］. 贵阳：贵州人民出版社 .

[6] 但新球 . 1994. 公园规划中环境容量的测算和运用［J］. 中南林业调查规划，(4)：56－59.

[7] 党安荣，王晓栋，陈晓峰著 . 2003. ERDAS IMAGINE 遥感图像处理方法［M］. 北京：清华大学出版社 .

[8] 党安荣，贾海峰，易善桢著 . 2003. ArcGis 8 Desktop 地理信息系统应用指南［M］. 北京：清华大学出版社 .

[9] 丁文魁著 . 1988. 风景名胜区研究［M］. 上海：同济大学出版社 .

[10] 董杰 . 2004. 钟山风景名胜区旅游环境容量初探［J］. 西南师范大学学报，29（6）：1041－1045.

[11] 方精云，刘国华，徐嵩龄 . 1996. 我国森林植被的生物量和净生产量［J］. 生态学报，16（5）：497－508.

[12] 冯士雍著 . 1996. 抽样调查理论方法与实践［M］. 上海：上海科学技术出版社 .

[13] 管欣 . 2006. 中国佛教寺庙空间的意境塑造［J］. 安徽农业大学学报（社会科学版），15（2）：116－119.

[14] 菅利荣，李明阳 . 2001. 浙江临安森林景观动态的计算机模拟仿真［J］. 西北林学院学报，16（3）：42－45.

[15] 蒋青 . 1994. 应用农业气候相似矩方法分析假高粱在我国的适生范围［J］. 植物检疫，4（5）：257－262.

[16] 居阅时 . 2004. 帝王陵墓建筑的文化解释［J］. 同济大学学报（社会科学版），15（5）：12－15.

[17] 亢新刚主编 . 2001. 森林资源经营管理［M］. 北京：中国林业出版社 .

[18] 兰思仁著 . 2004. 国家森林公园的理论与实践［M］. 北京：中国林业出版社 .

[19] 李春干，赵德海，卫日强 . 1996. 森林旅游资源等级评价方法的研究［J］. 南京林业大学学报，20（3）：64－68.

[20] 李春干，廖泽刊 . 1994. 森林景观空间配置问题的探讨［J］. 中南林业调查规划，47（1）：58－61.

[21] 李景奇，秦小平 . 1993. 美国国家公园系统与中国风景名胜区比较研究［J］. 中国园林，（3）：70－74.

[22] 李红梅，韩红香，薛大勇 . 2005. 利用 GARP 生态位模型预测日本松干蚧在中国的地理分布［J］. 昆虫学报，48（1）：95－100.

[23] 李明诗，谭莹，潘洁等 . 2006. 结合光谱、纹理及地形特征的森林生物量建模研究［J］. 遥感信息，6－9.

[24] 李明阳 . 1999. 浙江临安森林景观格局变化的研究［J］. 南京林业大学学报（自然科学版），23（3）：71－74.

[25] 李明阳，徐海根.2005. 生物入侵对物种及遗传资源影响的经济评估. 南京林业大学学报（自然科学版），29（2）：99－102.
[26] 李明阳，熊显权，杨劲松.2005. 紫金山风景林格局变化的研究［J］. 中南林业调查规划，24（4）：23－26.
[27] 李明阳，熊显权，杨劲松等.2006. 中山陵风景区的森林美学评价与风景林规划［J］. 北京林业大学学报（社会科学版），5（2）：15－18.
[28] 李明阳，申世广，吴翼等.2007. 南京紫金山风景林多情境规划方法研究［J］. 南京林业大学学报（自然科学版），31（5）：29－33.
[29] 李明阳，王保忠，刘礼.2007. 城市国家森林公园经营区划方法研究［J］. 林业资源管理，(1)：75－79.
[30] 李明阳，刘礼，吴翼等.2007. 基于 Geomatics 可视化功能的风景林美学评价方法研究——以南京梅花山为例［J］. 西南林学院学报，27（2）：11－15.
[31] 李祥妹.2001. 中国人理想景观模式与寺庙园林环境［J］. 人文地理，16（1）：35－39.
[32] 林潇.2007. 中国园林景观评论学的主体论［J］. 北京林业大学学报（社会科学版），(4)：33－36.
[33] 刘安兴，蔡良良，佘光辉.2006. 森林资源二类调查新颁规定的应用分析［J］. 南京林业大学学报（自然科学版），30（2）：127－130.
[34] 刘滨谊，余露.2003. 风景区旅游承载力评价研究和应用———以鼓浪屿发展概念规划为例［J］. 规划师，19（10）：99－104.
[35] 柳尚华著.1989. 美国风景园林［M.］北京：科学技术出版社.
[36] 陆兆苏.1995. 森林美学初探［J］. 华东森林经理，9（3）：24－28.
[37] 陆兆苏.1996. 森林美学与森林公园的建设［J］. 华东森林经理，10（1）：44－49.
[38] 陆兆苏，赵德海，李明阳等.1994. 按照风景林的特点建立森林公园的营林技术体系［J］. 华东森林经理，，8（2）：12 －17.
[39] 陆兆苏，赵德海，赵仁寿等.1991. 南京市钟山风景区森林经理的实践和研究［J］. 华东森林经理，(5)：3－8.
[40] 陆兆苏，余国宝，张治强.1985. 紫金山风景林的动态及其经营对策［J］. 南京林业大学学报，19(3)：21－26.
[41] 吕忠义.2000. 森林公园总体规划理论与技术的探讨［J］. 华东森林经理，14（1）：1－9.
[42] 欧阳勋志，廖为明，彭世揆.2004. 论森林风景资源质量评价与管理［J］. 江西农业大学学报，26(2)：169－173.
[43] 孙中山纪念馆主编.1999. 中山陵园史话［M］. 南京：江苏人民出版社.
[44] 万志洲，李晓储，徐海兵等.2001. 南京中山陵风景区常绿阔叶树种引进及风景林林相改造技术的研究［J］. 江苏林业科技，28（5）：22－25.
[45] 王保忠，王保明，何平.2006. 景观资源美学评价的理论与方法［J］. 应用生态学报，17（9）：1733－1739.
[46] 魏初奖.1997. 松材线虫病在福建省的潜在危险性分析及检疫对策［J］. 福建林业科技，24（1）：54－57.
[47] 王让会，张慧芝.1999. Geomatics 与数字地球［J］. 地球信息科学，2（2）：85－88.
[48] 韦新良.1999. 会稽山旅游度假区森林景观配置研究. 中南林业调查规划，11（1）：16－19.
[49] 邬建国著.2000. 景观生态学——格局、过程、尺度与等级［M］. 北京：高等教育出版社.
[50] 辛建军，刘捷，李玲等.2001. 美国白蛾防治对策与实践［J］. 中国森林病虫，20（4）：44－46.
[51] 谢凝高.2005. 国家风景名胜区功能的发展及其保护利用［J］. 中国园林，(7)：1－7.
[52] 谢凝高.2003. 国家重点风景名胜区若干问题探讨［J］. 规划师，19（7）：21－26.
[53] 谢哲根，徐祖福.2000. 国家森林公园旅游产品的研究［J］. 北京林业大学学报，22（3）：72－75.

[54] 徐高福，余爱红，黄武祥 . 2004. 山地型风景区山林植被规划初探——以千岛湖国家森林公园为例［J］. 林业调查规划，29（增刊）：28 – 29.

[55] 徐海兵，余金保，万志洲 . 2004. 南京中山陵园风景区森林资源消长变化情况调查与分析［J］. 江苏林业科技，31（1）：9 – 11.

[56] 杨红伟 . 2002. 中山陵园风景区系统分析及其格局重组与完善［J］. 现代城市研究，(2)：9 – 13.

[57] 杨锐 . 2003. 美国国家公园规划体系评述［J］. 中国园林，(1)：44 – 46.

[58] 杨锐 . 2001. 美国国家公园体系的发展历程及其经验教训［J］. 中国园林，(1)：62 – 64.

[59] 杨锐 . 2003. 试论国家公园的发展趋势［J］. 中国园林，(7)：10 – 15.

[60] 杨式瑁 . 2001. 论山东森林公园主体景观建设［J］. 山东林业科技，137（6）：30 – 31.

[61] 杨志坚 . 2002. 南京山水与十朝古都胜迹［J］. 资源调查与环境，23（4）：299 – 310.

[62] 俞孔坚 . 1986. 自然风景景观评价方法［J］. 中国园林，(3)：38 – 40.

[63] 俞孔坚 . 1988. 自然风景质量评价研究：BIB—LCJ 审美评判测量法［J］. 北京林业大学学报，10（2）：1 – 7.

[64] 于政中主编 . 1993. 森林经理学（第 2 版）［M］. 北京：中国林业出版社 .

[65] 赵德海 . 1990. 风景林美学评价方法的研究［J］. 南京林业大学学报（自然科学版），14（4）：50 – 55.

[66] 赵鸣，张洁 . 2004. 试论传统思想对我国寺庙园林布局的影响［J］. 中国园林，(9)：63 – 65.

[67] 赵宪文，李崇贵著 . 2001. 基于“3S”的森林资源定量估测［M］. 北京：中国科学技术出版社，18 – 41.

[68] 宗贤 . 1997. 中国陵墓建筑的文化心理特征［J］. 美术观察，(1)：49 – 51.

[69] 曾伟生，周佑明 . 2003. 森林资源一类和二类调查存在的主要问题与对策［J］. 中南林业调查规划，22（4）：8 – 11.

[70] 张国强，贾建中著 . 2003. 风景规划——《风景名胜区规范》实施手册［M］. 北京：中国建筑工业出版社 .

[71] 张荣，翟明普，阎海平 . 2004. 国内外风景游憩林抚育研究进展［J］. 北京林业大学学报（自然科学版），26（2）：109 – 113.

[72] 张晓萍 . 2006. 风景游憩林的营造技术和可持续经营［J］. 福建农业科技，(1)：31 – 34.

[73] 周维权著 . 1996. 中国名山风景区［M］. 北京：清华大学出版社 .

[74] 钟永德，罗明春，袁建琼 . 2004. 森林美学的发展及其在森林景观规划中的应用［J］. 中南林学院学报，24（4）：82 – 87.

[75] Albright, Horace M. 1999. Creating the National Park Service: The Missing Years［M］. Oklahoma: University of Oklahoma Press.

[76] Buhyoff G J, Hull R B, Lien J N. 1986. Prediction of scenic quality for southern pine stands［J］. Forest Science, 32（3）: 769 – 778.

[77] Daniel T. C and R. S. Boster. 1976. Measuring landscape aesthetics: the scenic beauty estimation method［R］. Fort Collins: Rocky Mountain Forest Experimental Station, USDA Forest Service, 10 – 14.

[78] Deardon P A. 1980. Statistical technique for the evaluation of the visual quality of the landscape for land – use purposes［J］. Environment Management, 10: 51 – 68.

[79] Forman R T T. Some general principles of landscape and regional ecology［J］. Landscape Ecology, 1995b, 10: 133 – 142.

[80] Gobster P H. 1999. An ecological aesthetic for forest landscape management［J］. Landscape Journal, 18（1）: 54 – 64.

[81] Gobster P H, Chenoweth R E. 1989. The dimensions of aesthetic preference: A quantitative analysis［J］. Jour-

nal of Environmental Management , 29 (1): 47 - 72.

[82] Genoveva V T. An experiment in greenway analysis and assessment: The Danube River Landscape [J]. Urban Planning, 1995, 33: 283 - 294.

[83] Haigen Xu, Hui Ding, Mingyang Li. 2006. The distribution and economic losses of alien species invasion to China [J] . Biological Invasions, 8: 1498 - 1501.

[84] Haigen Xu, Sheng Qiang, Zhenming Han, etc. 2006. The status and causes of alien species invasion in China [J] . Biodiversity and Conservation, 15: 2897 - 2901.

[85] Higgins S I, Richardson D M, Cowling R M, *et al.* 1999. Predicting the landscape scale distribution of alien plants and their threats to plant diversity [J] . Conservatory Biology, 13: 303 - 313.

[86] Kellom S S. 1975. Forest stand preferences of recreationists [J] . Acta Forestalia Fennica, 146: 1 - 36.

[87] Lange E, 2001. Bishop I. Our visual landscape: analysis, modeling, visualization and protection [J]. Landscape and Urban Planning, 54: 1 - 3.

[88] Levins R. 2001. The strategy of model building in population biology [J] . Landscape and Urban Planning, 54: 5 - 17.

[89] Muhar A. 2001. Three dimensional modeling and visualization of vegetation for landscape simulation [J]. Landscape and Urban Planning, 54: 1 - 3.

[90] Newton, Norman T. 1971. Design on the Land. Harvard University Press.

[91] National Park Service Director's Order on Park Planning [N] . 1998. National Park Service, 3 - 10.

[92] Oku Hirokazu, Fukamachi Katsue. 2006. The differences in scenic perception of forest visitors through their attributes and recreational activity [J] . Landscape and Urban Planning, 75 (1/2): 34 - 42.

[93] Reichard S H and Hamilton. 1997. Predicting invasions of woody plants introduced into North America [J]. Conservatory Biology, 11: 193 - 200.

[94] Rettie, Dwight F. 1995. Our National Park System [M] . University of Illinois Press.

[95] Ringland G. 1998. Scenario Planning, Managing for the Future [M] . John Wiley & Sons Ltd, England.

[96] Sellars, Richard W. 1997. Preserving Nature in the National Parks [M] . Yale University Press.

[97] Staffelbach E. 1984. A new foundation for forest aesthetics [J] . Allgemeine Forstzeitschrift, 39 (1): 179 - 181.

[98] Stehman Stemphen V. 1999. Basic probability sampling designs for thematic map accuracy assessments [J]. International Journal of Remote Sensing, 20 (12): 2423 - 2441.

[99] Stevens Don L Jr. 1997. Variable density grid-based sampling designs for continuous spatial populations [J]. Environmetrics, 8: 164 - 195.

[100] Stevens Don L Jr, Olsen Anthony R. 2004. Spatially balanced sampling of natural resources [J] . Journal of the American Statistical Association. 99 (465): 262 - 278.

[101] Stevens Don L Jr, Olsen Anthony R. 2003. Variance estimation for spatially balanced samples of environmental resources [J] . Environmetrics, 14: 593 - 610.

[102] Vodak M C, Roberts P L, Wellman J D. 1985. Scenic impacts of eastern hardwood management [J] . Forest Science, 31 (2): 289 - 301.

[103] Wirth, Conrad I. 1980. Parks, Politics, and the People. University of Oklahoma Press.

[104] Wolfram S. 1983. Statistical mechanics of cellular automation [J] . Reviews of Modern Physics, 55: 601 - 644.

[105] Wolfram S. 1984. Cellular automation as models of complexity [J] . Nature, 311: 419 - 424.

[106] Zube E H, D G Pitt and T W Anderson. 1975. Perception and measurement of scenic resources in the southern Connecticut River Valley [R] . Ambrest: Institute of Man and his Environment, 202 - 26.

附录

附录1 《森林公园总体设计规范》（LY/T 5132－95）中风景林经营规划相关技术规定

5. 植物景观工程

5.1 一般规定

5.1.1 森林公园的生产经营区按原森林经营方案及有关林业规定经营；森林旅游区森林的经营方向是为森林旅游服务，采取的各种经营措施必须与游览观光及各种旅游功能需要相适应。

5.1.2 森林旅游区的森林植被兼顾景观、休憩、疗养、保健、科研、保护生态环境等多种旅游功能。应根据需要，因地制宜地合理布局、统一安排。

5.1.3 以保护好现有森林植被为前提，逐步形成多树种、多层次、乔灌藤草相结合的较完整的区系植物群落，提高游览观光价值和防护功能。总体上保持良好的森林生态环境，微观上为游人提供不同植被群落多彩多姿的观赏内容。

5.1.4 风景林及防护林严禁以单纯取材为主要目的的采伐利用，应根据景观需要采取定向培育及卫生采伐。

5.2 植物景观设计

5.2.1 森林植物景观是森林公园景观的主体，包含主景、配景和衬景。

5.2.2 森林植物景观，应以现有森林植被为基础，按景观需要，结合造林（种草、种花）、改造和整形抚育等措施进行设计。不应大砍大造，应保持森林植被原始状态。

5.2.3 对于森林公园内尚存的宜林地，应结合景观需要，进行人工造林（种草、种花）、植株应自然配置。

5.2.4 对于生长不良且无景观价值的残次林、或由于景观单调而切实需要调整的成过熟人工林，应进行改造。改造后的新出景观应具有特色，并应与总体相协调。

5.2.5 植物景观应突出区系地带性植物群落的特色；充分利用森林植物群落结构、树种、植物干、花、叶、果等形态与色彩，形成不同结构景观与四季景观，并重点突出具有特色的植物景观。

5.2.6 植物景观布局应突出局部特色和多样性，总体上应合理搭配、相互协调。

5.2.7 妥善安排苗木、草花、花卉来源。新建、扩建苗圃，应符合现行《育苗技术规程》（GB6001－85）的规定。

5.2.8 植物景观设计内容包括植物景观平面布置、面积、植被及其景观特色、采取的技术措施、种苗与花卉需要量及其来源等。

6. 保护工程

6.1 一般规定

6.1.1 森林公园工程建设，应将保护放在首位，坚持开发与保护相结合的原则，确保自然生态环境的良性循环。

6.1.2 森林公园保护工程应从实际出发，结合地区特点，选定建设方案。

6.1.3 保护工程设施的设置应符合下列要求：

6.1.3.1 因地制宜，就地取材，便于施工；

6.1.3.2 保护工程设施坚固、适用，并与周围景观相协调；

6.1.3.3 保护工程设施宜进行艺术处理，起到点景、美景的作用。

6.1.4 应根据保护对象的特性和科学管理的技术要求，确定适宜、有效的保护措施。

6.1.5 对于危及物种生长、生存的病虫害、地方性疾病和污染现象，必须提出积极的防治措施。

6.1.6 保护工程设计内容，包括方案制定，保护对象分类，保护措施确定，保护设施设置等。

6.2 生物资源保护

6.2.1 植物资源保护

6.2.1.1 森林公园的植物资源，必须贯彻“保护、培育、合理开发利用”的方针。

6.2.1.2 森林防火：

（1）森林防火工程建设，必须贯彻“预防为主，积极消灭”的方针。

（2）森林防火主要包括了望、阻隔、预测预报、通信、道路、巡逻、检查、防火机场、防火站等工程建设，应根据地区特点和保护性质，设置相应的安全防火设施。

（3）了望塔（台）、观测站等巡逻了望工程的设置，必须通视良好、视野宽阔、控制范围广，其设置位置、结构形式、色彩和高度，均应与公园景观相协调。

（4）野营、野炊等野外用火的旅游场所，必须设置防火设施。

（5）在有火险地段，应设置防火隔离带（或防火线）。隔离带宽度一般为20～30m，最低宽度不应小于树高的1.5倍。

（6）各种森林防火工程建设，必须以提高防火效率，增强防火能力，有利于林火管理为准则。

（7）森林防火工程设计，应符合现行《森林防火工程技术标准》的规定。

6.2.1.3 森林病虫鼠害防治

（1）森林病虫鼠害的防治，必须贯彻“预防为主，综合治理”的方针和“谁经营，谁防治”的责任制度。

（2）森林病虫鼠害的防治，宜采用生物防治措施为主；所选用的天敌，以本地区或附近地区具有的种类为主，需引入外地天敌必须经过本地试验后方可采用。

（3）化学防治必须遵守有关规定，防止环境污染，保证人畜安全，减少杀伤有益生物。

（4）预测预报站、检疫检验室等设施的建立，应根据目的和任务确定其规模及设置位置，并与景观相协调。

6.2.1.4 森林公园工程建设，不得破坏或影响自然植被和植物种的生长、繁衍环境。

6.2.1.5　对数量不多或逐渐减少的珍贵植物，应根据各自特点，确定适宜的恢复和发展措施。

6.2.1.6　在森林公园内采集标本、野生药材和其他林副产品，必须经管理机构同意，并应限制数量，在指定区域内进行。

6.2.2　野生动物资源保护

6.2.2.1　森林公园的野生动物资源，必须贯彻“加强保护、积极驯养繁殖、合理开发利用”的方针。

6.2.2.2　在森林公园开发建设中，应监视、监测环境对野生动物的影响。森林公园建设项目，不得对国家或者地方重点保护野生动物及其生存环境产生不利影响。

6.2.2.3　森林公园除狩猎、垂钓等特定区域外，禁止猎捕和其他妨碍野生动物生息繁衍的活动。

6.2.2.4　对保护对象有逃散可能和植被景观易受破坏的地段，以及适宜圈养、半圈养的场所，应根据需要设置围墙、隔网、栅栏等防护设施。

6.2.2.5　引入野生动物必须慎重，以适合本区生长的种类为准。不得因物种引入而影响本区域生境和野生动物的生存。

6.3　景观资源保护

6.3.1　森林公园的一切景物和自然环境，必须严格保护，不得损毁、破坏或随意改变。

6.3.2　景观资源保护，必须符合下列规定：

6.3.2.1　地质遗址、遗迹、历史古迹和珍稀、濒危物种分布区域，具有重大科学文化价值的区域，采取特殊保护；

6.3.2.2　中心景区采取重点保护；

6.3.2.3　一般景区采取常规保护。

6.3.3　在珍贵景物和重要景点上，应根据需要设置适宜的保护设施，但不得增建其他工程设施。

6.3.4　森林公园游览区及游人有效视野范围内的林木，不得进行生产性的经营和采伐活动。采取的经营措施必须符合景观要求。

6.3.5　古树名木严禁砍伐或移植，并应采取有效的技术措施为其创造良好的生态环境，维护其正常生长。

6.3.6　森林公园的古建筑物保护，必须贯彻“修旧如旧”的方针，保持其原历史风貌。

6.3.7　禁止在森林公园内毁林开垦和毁林采石、采砂、采土以及其他毁林、破坏景观的行为。

6.3.8　森林公园必须根据环境容量确定合理的出游览接待规模，有计划地组织游览活动，不得无限制地超容量接纳游览者。

附录2 《风景名胜区条例》中风景名胜区经营规划法规

2006年9月6日国务院第149次常务会议通过

第三章 规 划

第十二条 风景名胜区规划分为总体规划和详细规划。

第十三条 风景名胜区总体规划的编制，应当体现人与自然和谐相处、区域协调发展和经济社会全面进步的要求，坚持保护优先、开发服从保护的原则，突出风景名胜资源的自然特性、文化内涵和地方特色。

风景名胜区总体规划应当包括下列内容：

（一）风景资源评价；

（二）生态资源保护措施、重大建设项目布局、开发利用强度；

（三）风景名胜区的功能结构和空间布局；

（四）禁止开发和限制开发的范围；

（五）风景名胜区的游客容量；

（六）有关专项规划。

第十四条 风景名胜区应当自设立之日起2年内编制完成总体规划。总体规划的规划期一般为20年。

第十五条 风景名胜区详细规划应当根据核心景区和其他景区的不同要求编制，确定基础设施、旅游设施、文化设施等建设项目的选址、布局与规模，并明确建设用地范围和规划设计条件。

风景名胜区详细规划，应当符合风景名胜区总体规划。

第十六条 国家级风景名胜区规划由省、自治区人民政府建设主管部门或者直辖市人民政府风景名胜区主管部门组织编制。

省级风景名胜区规划由县级人民政府组织编制。

第十七条 编制风景名胜区规划，应当采用招标等公平竞争的方式选择具有相应资质等级的单位承担。

风景名胜区规划应当按照经审定的风景名胜区范围、性质和保护目标，依照国家有关法律、法规和技术规范编制。

第十八条 编制风景名胜区规划，应当广泛征求有关部门、公众和专家的意见；必要时，应当进行听证。

风景名胜区规划报送审批的材料应当包括社会各界的意见以及意见采纳的情况和未予采纳的理由。

第十九条 国家级风景名胜区的总体规划，由省、自治区、直辖市人民政府审查后，报国务院审批。

国家级风景名胜区的详细规划，由省、自治区人民政府建设主管部门或者直辖市人民政府风景名胜区主管部门报国务院建设主管部门审批。

第二十条　省级风景名胜区的总体规划，由省、自治区、直辖市人民政府审批，报国务院建设主管部门备案。

省级风景名胜区的详细规划，由省、自治区人民政府建设主管部门或者直辖市人民政府风景名胜区主管部门审批。

第二十一条　风景名胜区规划经批准后，应当向社会公布，任何组织和个人有权查阅。

风景名胜区内的单位和个人应当遵守经批准的风景名胜区规划，服从规划管理。

风景名胜区规划未经批准的，不得在风景名胜区内进行各类建设活动。

第二十二条　经批准的风景名胜区规划不得擅自修改。确需对风景名胜区总体规划中的风景名胜区范围、性质、保护目标、生态资源保护措施、重大建设项目布局、开发利用强度以及风景名胜区的功能结构、空间布局、游客容量进行修改的，应当报原审批机关批准；对其他内容进行修改的，应当报原审批机关备案。

风景名胜区详细规划确需修改的，应当报原审批机关批准。

政府或者政府部门修改风景名胜区规划对公民、法人或者其他组织造成财产损失的，应当依法给予补偿。

第二十三条　风景名胜区总体规划的规划期届满前2年，规划的组织编制机关应当组织专家对规划进行评估，作出是否重新编制规划的决定。在新规划批准前，原规划继续有效。

第四章　保　　护

第二十四条　风景名胜区内的景观和自然环境，应当根据可持续发展的原则，严格保护，不得破坏或者随意改变。

风景名胜区管理机构应当建立健全风景名胜资源保护的各项管理制度。

风景名胜区内的居民和游览者应当保护风景名胜区的景物、水体、林草植被、野生动物和各项设施。

第二十五条　风景名胜区管理机构应当对风景名胜区内的重要景观进行调查、鉴定，并制定相应的保护措施。

第二十六条　在风景名胜区内禁止进行下列活动：

（一）开山、采石、开矿、开荒、修坟立碑等破坏景观、植被和地形地貌的活动；

（二）修建储存爆炸性、易燃性、放射性、毒害性、腐蚀性物品的设施；

（三）在景物或者设施上刻划、涂污；

（四）乱扔垃圾。

第二十七条　禁止违反风景名胜区规划，在风景名胜区内设立各类开发区和在核心景区内建设宾馆、招待所、培训中心、疗养院以及与风景名胜资源保护无关的其他建筑物；已经建设的，应当按照风景名胜区规划，逐步迁出。

第二十八条　在风景名胜区内从事本条例第二十六条、第二十七条禁止范围以外的建设活动，应当经风景名胜区管理机构审核后，依照有关法律、法规的规定办理审批手续。

在国家级风景名胜区内修建缆车、索道等重大建设工程，项目的选址方案应当报国务院建设主管部门核准。

第二十九条　在风景名胜区内进行下列活动，应当经风景名胜区管理机构审核后，依照有关法律、法规的规定报有关主管部门批准：

（一）设置、张贴商业广告；

（二）举办大型游乐等活动；

（三）改变水资源、水环境自然状态的活动；

（四）其他影响生态和景观的活动。

第三十条　风景名胜区内的建设项目应当符合风景名胜区规划，并与景观相协调，不得破坏景观、污染环境、妨碍游览。

在风景名胜区内进行建设活动的，建设单位、施工单位应当制定污染防治和水土保持方案，并采取有效措施，保护好周围景物、水体、林草植被、野生动物资源和地形地貌。

第三十一条　国家建立风景名胜区管理信息系统，对风景名胜区规划实施和资源保护情况进行动态监测。

国家级风景名胜区所在地的风景名胜区管理机构应当每年向国务院建设主管部门报送风景名胜区规划实施和土地、森林等自然资源保护的情况；国务院建设主管部门应当将土地、森林等自然资源保护的情况，及时抄送国务院有关部门。

第五章　利用和管理

第三十二条　风景名胜区管理机构应当根据风景名胜区的特点，保护民族民间传统文化，开展健康有益的游览观光和文化娱乐活动，普及历史文化和科学知识。

第三十三条　风景名胜区管理机构应当根据风景名胜区规划，合理利用风景名胜资源，改善交通、服务设施和游览条件。

风景名胜区管理机构应当在风景名胜区内设置风景名胜区标志和路标、安全警示等标牌。

第三十四条　风景名胜区内宗教活动场所的管理，依照国家有关宗教活动场所管理的规定执行。

风景名胜区内涉及自然资源保护、利用、管理和文物保护以及自然保护区管理的，还应当执行国家有关法律、法规的规定。

第三十五条　国务院建设主管部门应当对国家级风景名胜区的规划实施情况、资源保护状况进行监督检查和评估。对发现的问题，应当及时纠正、处理。

第三十六条　风景名胜区管理机构应当建立健全安全保障制度，加强安全管理，保障游览安全，并督促风景名胜区内的经营单位接受有关部门依据法律、法规进行的监督检查。

禁止超过允许容量接纳游客和在没有安全保障的区域开展游览活动。

第三十七条　进入风景名胜区的门票，由风景名胜区管理机构负责出售。门票价格依照有关价格的法律、法规的规定执行。

风景名胜区内的交通、服务等项目，应当由风景名胜区管理机构依照有关法律、法规和风景名胜区规划，采用招标等公平竞争的方式确定经营者。

风景名胜区管理机构应当与经营者签订合同，依法确定各自的权利义务。经营者应当缴纳风景名胜资源有偿使用费。

第三十八条　风景名胜区的门票收入和风景名胜资源有偿使用费，实行收支两条线管理。

风景名胜区的门票收入和风景名胜资源有偿使用费应当专门用于风景名胜资源的保护和

管理以及风景名胜区内财产的所有权人、使用权人损失的补偿。具体管理办法，由国务院财政部门、价格主管部门会同国务院建设主管部门等有关部门制定。

第三十九条　风景名胜区管理机构不得从事以营利为目的的经营活动，不得将规划、管理和监督等行政管理职能委托给企业或者个人行使。

风景名胜区管理机构的工作人员，不得在风景名胜区内的企业兼职。

附录3 中国森林公园风景资源质量等级评定（GB/T 18005－1999）

1 范围

本标准规定了我国森林公园风景资源质量等级评定的原则与方法，作为森林公园保护、开发、建设和管理的依据。

本标准适用于我国已建和待建各级森林公园。

2 引用标准

下列标准所引用的条文，通过在本标准中引用而构成为本标准的条文。本标准出版时，所示版本均为有效。所有标准都会被修订，使用本标准的各文应探讨使用下列标准最新版本的可能性。

GB3096—1996 大气环境质量标准

GB3838—1988 地面水环境质量标准

GB15618—1995 土壤环境质量标准

3 定义

本标准采用下列定义。

3.1 风景资源（landscape Resources）

以景物环境为载体的，自然形成或人类创造的，有普遍社会价值的财富。

3.2 森林风景资源（Forest Landscape Resources）

森林资源及其环境要素中凡能对旅游者产生吸引力，可以为旅游业所开发利用，并可产生相应的社会效益、经济效益和环境效益的各种物质和因素。

3.3 风景资源质量（Landscape Resources Quality）

风景资源所具有的科学、文化、生态和旅游等方面的价值。

3.4 森林公园（Forest Park）

具有一定规模和质量的森林风景资源与环境条件，可以开展森林旅游，并按法定程序申报批准的森林地域。

3.5 权数（Weighted Number）

统计计算中，用来衡量各变量在总体中作用大小的数值。

4 森林公园风景资源质量评价

4.1 评价原则

4.1.1 以对森林公园风景资源的详细调查为基础，按风景资源的特性和相关程度进行分类、分级。

4.1.2 通过评价，进行森林公园风景资源质量的综合性评定。

4.1.3 应能反映森林公园风景资源质量状况和环境特征，重点分析以森林为主体的风景资源的相对地位和开发森林旅游的可行性。

4.2 森林公园风景资源质量评价分值按指定的评价方法进行评价获得，满分值为30分。

4.3　评价方法

通过对风景资源的评价因子评分值加权计算获得风景资源基本质量分值，结合风景资源组合状况评分值和特色附加分评分值获得森林风景资源质量评价分值。

4.4　风景资源基本质量评价

森林公园风景资源分为地文资源、水文资源、生物资源、人文资源和天象资源五类。每类资源各包括五项评价因子，按评价因子间的相互地位和重要性确定评分值，评分值之和为该资源类的权数。

4.4.1　风景资源类型

4.4.1.1　地文资源

包括典型地质构造、标准地层剖面、生物化石点、自然灾变遗迹、名山、火山熔岩景观、蚀余景观、奇特与像形山石、沙（砾石）地、沙（砾石）滩、岛屿、洞穴及其他地文景观。

4.4.1.2　水文资源

包括风景河段、漂流河段、湖泊、瀑布、泉、冰川及其他水文景观。

4.4.1.3　生物资源

包括各种自然或人工栽植的森林、草原、草甸、古树名木、奇花异草等植物景观；野生或人工培育的动物及其他生物资源及景观。

4.4.1.4　人文资源

包括历史古迹、古今建筑、社会风情、地方产品及其他人文景观。

4.4.1.5　天象资源

包括雪景、雨景、云海、朝晖、夕阳、佛光、蜃景、极光、雾凇及其他天象景观。

4.4.2　风景资源评价因子

4.4.2.1　典型度

指风景资源在景观、环境等方面的典型程度。

4.4.2.2　自然度

指风景资源主体及所处生态环境的保全程度。

4.4.2.3　多样度

指风景资源的类别、形态、特征等方面的多样化程度。

4.4.2.4　科学度

指风景资源在科普教育、科学研究等方面的价值。

4.4.2.5　利用度

指风景资源开展旅游活动的难易程度和生态环境的承受能力。

4.4.2.6　吸引度

指风景资源对旅游者的吸引程度。

4.4.2.7　地带度

指生物资源水平地带性和垂直地带性分布的典型特征程度。

4.4.2.8　珍稀度

指风景资源含有国家重点保护动植物、文物各级别的类别、数量等方面的独特程度。

4.4.2.9　组合度

指各风景资源类型之间的联系、补充、烘托等相互关系程度。

4.4.3 对五类风景资源的评分值进行一次加权计算，计算出风景资源的基本质量评价分值

4.4.4 风景资源组合状况评价

森林公园风景资源的组合状况用组合度评价。

4.4.5 特色附加分

风景资源单项要素在国内外具有重要影响或特殊意义，按附加分规定分值进行评分。

4.5 风景资源质量评价计算

4.5.1 风景资源基本质量评价分值按式（1）计算：

$$B = \sum X_i F_i / \sum F \quad (1)$$

式中：B——风景资源基本质量评分值；

X——风景资源类型评分值；

F——风景资源类型权数。

4.5.2 风景资源组合状况按满分 1.5 分对组合度（Z）评分。

4.5.3 特色附加分（T）按满分 2 分评分。

4.5.4 森林公园风景资源质量评价分值按式（2）计算：

$$M = B + Z + T \quad (2)$$

式中：M——森林公园风景资源质量评价分值；

B——风景资源基本质量评分值；

Z——风景资源组合状况评分值；

T——特色附加分。

4.5.5 森林公园风景资源质量评价计算方法参照附录 B（略）。

4.5.6 评价因子的评分值越接近于权数，表示风景资源的基本质量越接近于理想状态值。

5 森林公园区域环境质量评价

5.1 森林公园区域环境质量评价分值按指定环境要素进行评价获得，满分值为 10 分。

5.2 森林公园区域环境质量评价指标包括：

大气质量、地表水质量、土壤质量、负离子含量、空气细菌含量。

5.3 森林公园区域环境质量评价分值（H）计算由各项指标评分值累加获得。

见附录 C（略）。

6 森林公园旅游开发利用条件评价

6.1 森林公园旅游开发利用条件评价分值按指定开发利用条件指标进行评价获得，满分值 10 分

6.2 森林公园旅游开发利用条件评价指标包括：

公园面积、旅游适游期、区位条件、外部交通、内部交通、基础设施条件。

6.3 森林公园旅游开发利用条件评价分值（l）由各项指标评分值累加获得。

见附录 D（略）。

7 森林公园风景资源质量等级评定

7.1 森林公园风景资源质量等级评定分值按式（3）计算：

$$N = M + H + L \tag{3}$$

式中：N——森林公园风景资源质量等级评定分值；

M——森林风景资源质量评价分值；

H——森林公园区域环境质量评价分值；

L——森林公园旅游开发利用条件评价分值。

7.2　森林公园风景资源质量等级评定分值满分为50分

7.3　森林公园风景资源质量等级确定标准

按风景资源质量评定分值划分为三级：

一级为40～50分，符合一级的森林公园风景资源，多为资源价值和旅游价值高，难以人工再造，应加强保护，制定保全、保存和发展的具体措施。

二级为30～39分，符合二级的森林公园风景资源，其资源价值和旅游价值较高，应当在保证其可持续发展的前提下，进行科学、合理的开发利用。

三级为20～29分，符合三级的森林公园风景资源，在开展风景旅游活动的同时进行风景资源质量和生态环境质量的改造、改善和提高。

三级以下的森林公园风景资源，应首先进行资源的质量和环境的改善。